职业教育·市政工程类专业教材

Shizheng Gongcheng Jiliang yu Jijia

市政工程计量与计价

蔡英娟　主　编
岳英龙　杜　鑫　副主编
李爱冰　主　审

人民交通出版社股份有限公司
北　京

内 容 提 要

本教材根据高等职业教育工程造价专业教学标准，结合职业教育的发展需要，参照最新版《全国一级造价工程师职业资格考试大纲》标准，有机融入造价工程师职业资格考试相关内容和对应职业岗位技能需求，以实现“岗课证”的有机融合。

本教材以培养学生职业技能为目标，结合实际工程——某大街跨沁水河大桥施工图设计项目，通过典型工作任务分析，以具体工作任务为学习载体，将传统市政计价课程内容进行重组整合，设计五个学习情境，15个学习任务。由工作任务引出学习内容，引导学生在逐步解决问题的过程中学习、掌握理论知识，充分体现了“做中教、做中学”的理念。

本书可作为高等职业教育工程造价、市政工程技术及相关专业教材，同时可供造价工程师资格考试人员学习参考。

本教材配有丰富的教学资源，包括视频、定额文件、施工图等，读者可通过扫封面上的二维码进行观看和学习；本教材配教学课件，教师可通过加入“职教路桥教学研讨群”（QQ：561416324）获取。

图书在版编目（CIP）数据

市政工程计量与计价 / 蔡英娟主编. — 北京 ：人民交通出版社股份有限公司，2023.10

ISBN 978-7-114-18708-7

Ⅰ.①市… Ⅱ.①蔡… Ⅲ.①市政工程—工程造价—高等职业教育—教材 Ⅳ.①TU723.32

中国国家版本馆 CIP 数据核字（2023）第 051971 号

职业教育 · 市政工程类专业教材

书　　名： 市政工程计量与计价
著 作 者： 蔡英娟
责任编辑： 任雪莲
责任校对： 孙国靖　卢　弦
责任印制： 张　凯
出版发行： 人民交通出版社股份有限公司
地　　址： （100011）北京市朝阳区安定门外外馆斜街 3 号
网　　址： http://www.ccpcl.com.cn
销售电话： （010）59757973
总 经 销： 人民交通出版社股份有限公司发行部
经　　销： 各地新华书店
印　　刷： 北京虎彩文化传播有限公司
开　　本： 787×1092　1/16
印　　张： 20.25
字　　数： 450 千
版　　次： 2023 年 10 月　第 1 版
印　　次： 2023 年 10 月　第 1 次印刷
书　　号： ISBN 978-7-114-18708-7
定　　价： 55.00 元

前·言

编写理念

本教材根据高等职业教育工程造价专业教学标准进行编写，结合职业教育的发展需要，参照最新版《全国一级造价工程师职业资格考试大纲》标准，遵循“三基”（基本理论、基本知识、基本技能）、“五性”（思想性、科学性、先进性、启发性、适用性）、“三特定”（特定目标、特定对象、特定限制）的原则，有机融入了造价工程师职业资格考试相关内容和对应职业岗位技能需求，实现了“岗课证”的有机融合。

内容特色

本教材在内容编写及体例设计上主要突出以下几方面特色：

1.“情境+任务”式教材体系架构

本教材以任务为主线来讲解市政工程计量与计价的相关知识，通过情境引领、任务驱动的方式，引导学生在逐渐解决问题并完成任务的过程中学习、掌握理论知识。本教材以真实的工作任务为载体确定学习领域，充分考虑任务、实例的典型性，每个学习情境下设有多个具体的学习任务，学生带着目标、问题学习，打破了传统的思维模式，激发了学生的求知欲。

2. 教材内容与职业标准对接

本教材根据市政工程造价人员岗位技能要求，将课程内容与职业标准相结合，由企业提供真实项目案例，及时将行业新技术、新工艺、新规范融入教材内容，适应新业态、新职业和新岗位要求。教材结合造价人员历年考试真题，每个学习情境后面设有知识测试与能力训练习题，使教材内容与造价工程师岗位标准和职业能力需求紧密结合。

3.“互联网+”创新型教材

本教材有效应用现代信息技术，建设了丰富的立体化、数字化教学资源。设有微课视频、教学课件、习题库、案例库等共享资源，体现了“互联网+”创新型教材的建设理念，能有效服务教学内容和教学目的，有利于教师授课和学生线上线下学习。

教材网站（https://zjy2.icve.com.cn/teacher/mainCourse/courseHome.html?courseOpenId=vtt1anus37lbddbrq1dp7w）

本书由烟台职业学院蔡英娟担任主编，并负责全书的构思、编写组织和统稿工作；烟台职业学院岳英龙、广联达科技股份有限公司杜鑫担任副主编。具体分工为：蔡英娟负责学习情境一～四，岳英龙负责附表和附图，杜鑫负责学习情境五。利丰建设管理有限公司李爱冰总工担任主审，对本书内容进行了认真审核，提出了许多宝贵意见，在此深表感谢！

本教材编写历经两年多，几经修改，在编写理念、结构、内容、体例等方面进行了大胆的探索和创新。

编者虽力求使本教材完美，但书中仍难免存在一些不足、缺陷甚至错误，诚请广大读者批评指正，并将建议及时反馈至主编邮箱：625246978@ qq. com，以便后续修订完善。

编 者

2023 年 6 月

本书配套资源列表

续上表

序号	资源名称	资源形式	页码
31	5.1.2 工程设置	视频	187
32	5.1.3 添加图纸	视频	188
33	5.1.4 校核尺寸	视频	189
34	5.2.1 识别中心线	视频	191
35	5.2.2 定义路面结构层	视频	191
36	5.2.3 路面内部点识别	视频	192
37	5.2.4 定义路缘石	视频	193
38	5.2.5 布置路缘石	视频	196
39	5.2.6 布置树池	视频	197
40	5.2.7 横断面法路基建模	视频	198
41	5.2.8 纵断面法路基建模	视频	202
42	5.2.9 路基编辑	视频	202
43	5.3 排水图纸	图纸	205
44	5.3.1 识别排水平面图	视频	206
45	5.3.2 识别排水纵断面图	视频	208
46	5.3.3 排水原图校对	视频	210
47	5.3.4 查看排水计算表	视频	211
48	5.3.5 按管布置沟槽	视频	212
49	5.3.6 查看沟槽截面	视频	213
50	5.3.7 汇总计算与查看报表	视频	213

资源使用说明：

1. 扫描封面二维码，注意每个码只可激活一次；

2. 长按弹出界面的二维码关注“交通教育出版”微信公众号并自动绑定资源；

3. 公众号弹出“购买成功”通知，点击“查看详情”，进入后即可查看资源；

4. 也可进入“交通教育出版”微信公众号，点击下方菜单“用户服务-图书增值”，选择已绑定的教材进行观看。

目·录

Contents

导学

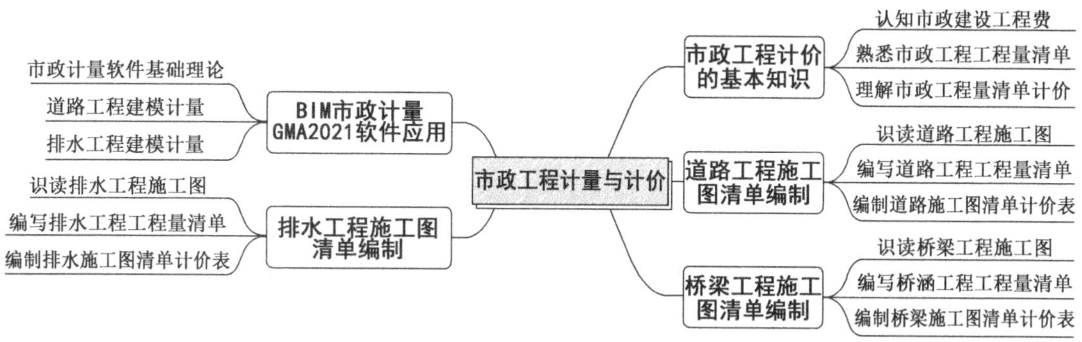

一、本课程的地位、性质和任务

市政工程计量与计价课程是一门专业性、实践性和应用性很强的专业课程，属于建设工程造价管理学科体系的范畴。市政工程是城市建设中最基础、最重要、最基本的工程体系之一。市政工程计量与计价是市政工程建设过程中的一个重要环节，它是指对市政工程建设过程中所需的各种材料、设备、人力等进行计量，并根据计量结果进行费用的计价，以便为市政工程建设提供经济合理、科学有效的管理手段。

市政工程计量与计价课程是一门实用性很强的专业课程，既有理论知识，又有实践操作。该课程是在客观实践的基础上，对市政工程施工图、市政工程计量与计价等重点环节进行深入研究，旨在培养学生在市政工程建设中具备独立分析工程图、正确计量与计价等方面的专业能力，为其未来从事市政工程建设施工、管理等方面工作打下扎实的基础。

本课程的主要任务是：

(1)学习市政工程施工图的主要内容，能够对不同类型、不同规模的市政工程图纸进行合理分析与正确识读。

(2)学习市政工程造价的编制原则、编制依据、编制步骤与方法，具备计量与计价等方面的专业能力。

(3)学习市政工程计量与计价的基本知识，具有运用现代计量、计价理论和技术手段进行实际工程建模的能力。

此外，在培养学生专业素质的同时进一步培养学生认真负责的工作态度、严谨细致的工作作风和积极进取的创新精神。

二、本课程设计思路

本课程的总体设计思路是基于工作过程的需要，以行动为导向、任务为载体，进行课程总体设计。即以职业岗位确定工作任务→以工程造价的形成过程为导向确定行动领域→以真实的工作任务为载体确定学习领域→以学生职业能力培养为核心探索工学结合的教学方法→分阶段实行过程控制和考核。

本课程立足于学生职业技能素质和关键能力的培养。按照情境学习理论的观点，只有在实际情境中学生才可能获得真正的职业能力，并获得理论认知水平的提升。因此本课程将传统市政计价课程内容进行重组与整合，设计了 5 个学习情境、15 个学习任务。通过典型工作任务分析，以具体工作任务为学习载体，由工作任务引出学习内容，引导学生在逐渐解决问题过程中学习和掌握理论知识，在教学设计上突出“以真实的工程任务为主线、教师为主导、学生为主体”的现代职教理念。

三、本课程的内容与要求

本课程的主要内容包括市政工程计价的基本知识、道路工程施工图清单编制、桥梁工程施工图清单编制、排水工程施工图清单编制以及市政计量软件的应用等。

主要内容与要求：

(1)通过学习市政工程计价的基本知识，认知市政建设工程费的组成内容及计算程序，熟悉市政工程工程量清单表的内容，理解市政工程量清单计价的原理，掌握清单综合单价的计算方法。

(2)市政工程施工图清单编制，结合实际工程——某大街跨沁水河大桥施工图设计项目，分为三步：识读工程施工图→编写工程量清单→编制施工图清单计价表。学习内容上，由识图→算量→计价层层递进。学生在熟悉市政工程基本知识的基础上，完成相应工程施工图的识读，掌握相关清单工程量计算规则，熟悉相应工程施工图清单计价编制实例之后，便可以举一反三完成其他市政工程的工程量清单编制及清单计价。

本课程清单项目组价部分的内容采用《山东省市政工程消耗量定额》(2016 版)进行讲解，虽然山东省定额在其他省(区、市)不适用，但清单计价原理、计价步骤等内容是全国通用的，清单项目组价过程中定额部分的内容，其他省(区、市)读者可以使用书中的工程案例，采用本省(区、市)的定额进行学习和练习。

学习情境一

市政工程计价的基本知识

学习目标

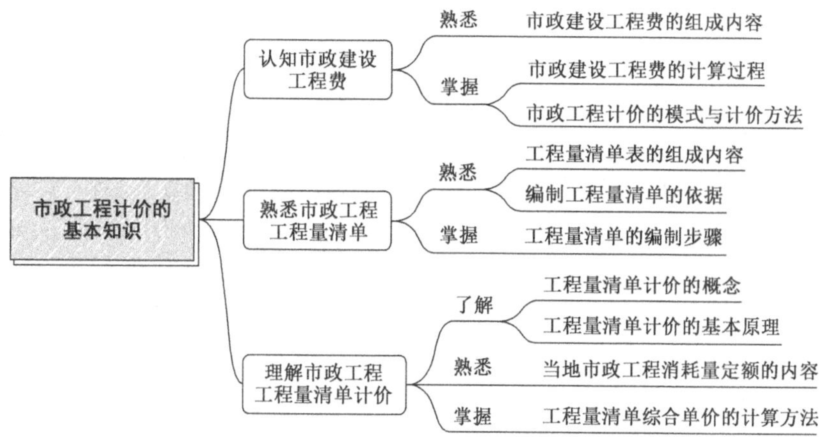

0.《注册造价工程师管理办法》

学习任务一 认知市政建设工程费

任务描述

某市拟投资建设一条城市支路，某公司造价人员根据施工图纸，按正常的施工组织设计和工期，并结合市场价格计算出分部分项工程清单项目费为5700万元（其中人工费+机械费为1400万元），措施项目清单费为1200万元，单价措施费为1000万元（其中人工费+机械费为250万元），其他项目清单费为100万元。请指出上述市政建设工程费采用的是哪种划分方式？其组成内容有哪些？其计算程序如何？

知识导图

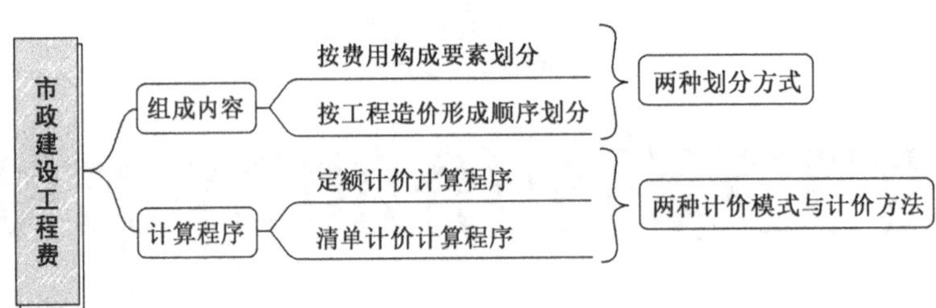

相关知识

1.1.1 市政建设工程费用组成

一、市政建设工程费的组成

根据住房和城乡建设部、财政部关于印发《建筑安装工程费用项目组成》的通知(建标〔2013〕44号),各省(自治区、直辖市)住房和城乡建设有关部门结合当地实际,制定了各省(自治区、直辖市)的费用组成与计算方法。如2016年山东省住房和城乡建设厅发布了《山东省建设工程费用项目组成及计算规则》。该规则所称建设工程费用是广义的建安费,是指一般工业与民用建筑工程的建筑、装饰、安装、市政、园林绿化等工程的建筑安装工程费用,以下称市政建设工程费。

市政建设工程费有两种划分方式:按费用构成要素划分、按工程造价形成顺序划分。

1. 按费用构成要素划分

按费用构成要素划分,市政建设工程费由人工费、材料费、施工机具使用费、企业管理费、利润、规费和税金组成,如图1-1-1所示。

(1)人工费

人工费是指按工资总额构成规定,支付给从事建筑安装工程施工的生产工人和附属生产单位工人的各项费用。具体包括:计时工资或计件工资,奖金,津贴补贴,加班加点工资及特殊情况下支付的工资。计算人工费的基本要素有两个,即人工工日消耗量和人工工日单价。

①人工工日消耗量:是指在正常施工生产条件下,完成规定计量单位的建筑安装产品所消耗的生产工人的工日数量。

②人工工日单价:是指直接从事建筑安装工程施工的生产工人在每个法定工作日的工资、津贴及奖金等。

人工费的基本计算公式为:

$$人工费=\sum(人工工日消耗量\times人工工日单价) \tag{1-1-1}$$

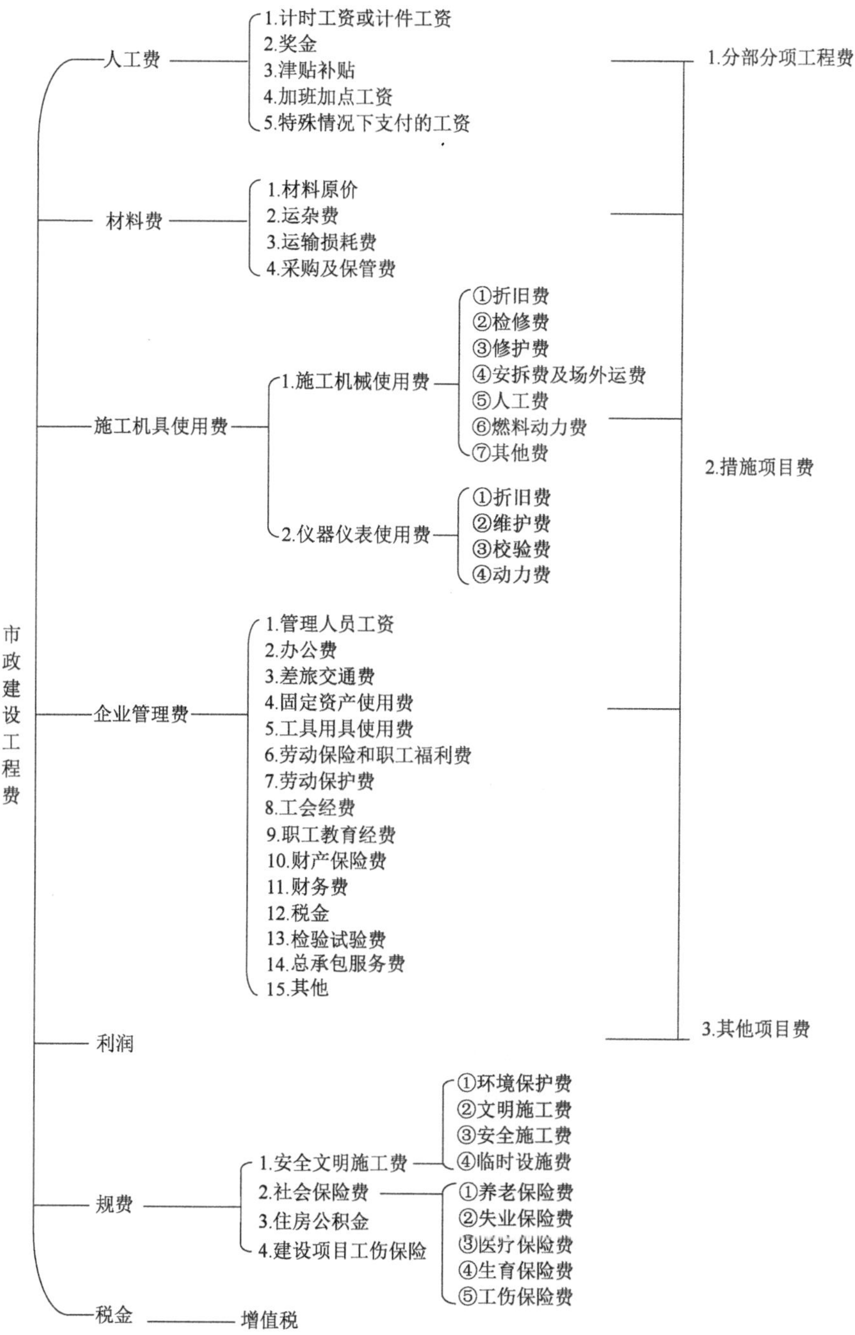

图 1-1-1 市政建设工程费组成(按费用构成要素划分)

(2)材料费

材料费是指施工过程中耗费的原材料、辅助材料、构配件、零件、半成品或成品的费用。

计算材料费的基本要素有两个,即材料消耗量和材料单价。

①材料消耗量:在正常施工生产条件下,完成规定计量单位的建筑安装产品所消耗的各类材料的净用量和不可避免的损耗量。

②材料单价：建筑材料从其来源地运到施工工地仓库直至出库形成的综合平均单价。材料费由材料原价、运杂费、运输损耗费、采购及保管费组成。

材料单价的计算公式为：

材料单价 =［（材料原价 + 运杂费）×（1 + 材料运输损耗率）］×（1 + 采购及保管费费率） (1-1-2)

材料费的基本计算公式为：

材料费 = ∑（材料消耗量 × 材料单价） (1-1-3)

练一练：某工程采购一批 ϕ12mm 的螺纹钢筋 200t，钢筋供应价格为 4280 元/t，运费为 60 元/t，运输损耗率为 0.25%，采购及保管费费率为 1%，则该钢筋的采购单价为（　　）。

A. 3999.9 元　　B. 4030 元　　C. 4350.85 元　　D. 4394.36 元

（3）施工机具使用费

施工机具使用费是指施工作业所发生的施工机械、施工仪器仪表的使用费或其租赁费。

①施工机械使用费：以施工机械台班消耗量乘以施工机械台班单价表示，即

施工机械使用费 = ∑（施工机械台班消耗量 × 施工机械台班单价） (1-1-4)

施工机械台班单价由下列 7 项费用组成：

a. 折旧费：指施工机械在规定的使用年限内，陆续收回其原值的费用。

b. 检修费：指施工机械在规定的使用年限内，按规定的检修时间间隔进行必要的检修，以恢复其正常功能所需的费用。

c. 维护费：指施工机械在规定的使用年限内，按规定的维护时间间隔进行各级维护和临时故障排除所需的费用。

d. 安拆费及场外运费：安拆费是指施工机械（大型机械除外）在现场进行安装与拆卸所需的人工、材料、机械和试运转费用以及机械辅助设施的折旧、搭设、拆除等费用；场外运费是指施工机械整体或分体自停放地点运至施工现场或由一施工地点运至另一施工地点的运输、装卸、辅助材料等费用。

e. 人工费：指机上司机和其他操作人员的人工费。

f. 燃料动力费：指施工机械在运转作业中所耗用的燃料及水、电等费用。

g. 其他费：指施工机械按照国家规定应缴纳的车船税、保险费及检测费等。

②仪器仪表使用费：与施工机械使用费类似，仪器仪表使用费采用仪器仪表台班消耗量乘以仪器仪表台班单价表示，即

仪器仪表使用费 = ∑（仪器仪表台班消耗量 × 仪器仪表台班单价） (1-1-5)

仪器仪表台班单价由下列 4 项费用组成：

a. 折旧费：指施工仪器仪表在使用年限内，陆续收回其原值的费用。

b. 维护费：指施工仪器仪表各级维护、临时故障排除所需的费用及保证仪器仪表正常使用所需备件（备品）的维护费用。

c. 校验费：指国家与地方政府规定的标定与检验的费用。

d. 动力费：指施工仪器仪表在使用过程中所耗用的电费。

（4）企业管理费

企业管理费是指施工企业组织施工生产和经营管理所需的费用。具体包括：

①管理人员工资:指按规定支付给管理人员的计时工资、奖金、津贴补贴、加班加点工资及特殊情况下支付的工资等。

②办公费:指企业管理办公用的文具、纸张、账表、印刷、邮电、书报、办公软件、现场监控、会议、水电、烧水和集体取暖降温(包括现场临时宿舍取暖降温)等费用。

③差旅交通费:指职工因公出差、调动工作的差旅费、住勤补助费、市内交通费和误餐补助费,职工探亲路费,劳动力招募费,职工退休、退职一次性路费,工伤人员就医路费,工地转移费以及管理部门使用的交通工具的油料、燃料等费用。

④固定资产使用费:指管理和试验部门及附属生产单位使用的属于固定资产的房屋、设备、仪器等的折旧、大修、维修或租赁费。

⑤工具用具使用费:指企业施工生产和管理使用的不属于固定资产的工具、器具、家具、交通工具和检验、试验、测绘、消防用具等的购置、维修和摊销费。

⑥劳动保险和职工福利费:指由企业支付的职工退职金、按规定支付给离休干部的经费,集体福利费、夏季防暑降温费、冬季取暖补贴、上下班交通补贴等。

⑦劳动保护费:指企业按规定发放的劳动保护用品的支出,如工作服、手套、防暑降温饮料以及在有碍身体健康的环境中施工的保健费用等。

⑧工会经费:指企业按《中华人民共和国工会法》规定的全部职工工资总额比例计提的工会经费。

⑨职工教育经费:指按职工工资总额的规定比例计提,企业为职工进行专业技术和职业技能培训,专业技术人员继续教育、职工职业技能鉴定、职业资格认定以及根据需要对职工进行各类文化教育所发生的费用。

⑩财产保险费:指施工管理用财产、车辆等的保险费用。

⑪财务费:指企业为施工生产筹集资金或提供预付款担保、履约担保、职工工资支付担保等所发生的各种费用。

⑫税金:指企业按规定缴纳的房产税、车船使用税、土地使用税、印花税、城市维护建设税、教育费附加及地方教育附加、水利建设基金等。

⑬检验试验费:指施工企业按照有关标准规定,对建筑以及材料、构件和建筑安装物进行一般鉴定、检查所发生的费用,包括自设试验室进行试验所耗用的材料等费用。不包括新结构、新材料的试验费,对构件做破坏性试验及其他特殊要求检验试验的费用和建设单位委托检测机构进行检测的费用,此类检测发生的费用,由建设单位在工程建设其他费用中列支,但对施工企业提供的具有合格证明的材料进行检测不合格的,该检测费由施工企业支付。

⑭总承包服务费:指总承包人为配合、协调发包人根据国家有关规定对于专业工程发包、自行采购材料、设备等进行现场接收、管理(非指保管)以及施工现场管理、竣工资料汇总整理等服务所需的费用。

⑮其他:包括技术转让费、技术开发费、投标费、业务招待费、绿化费、广告费、公证费、法律顾问费、审计费、咨询费、保险费等。

企业管理费一般采用取费基数乘以费率的方法计算。工程造价管理机构在确定计价定额中的企业管理费时,以市政定额人工费与施工机具使用费之和作为计算基数,其费率根据历年积累的工程造价资料,辅以调查数据确定。

(5)利润

利润是指施工单位从事建筑安装工程施工所获得的盈利,由施工企业根据企业自身需求并结合建筑市场实际自主确定。

(6)规费

规费是指按国家法律、法规规定,由省级政府和省级有关权力部门规定必须缴纳或计取的费用。具体包括:

①安全文明施工费:

a. 环境保护费:施工现场达到环保部门要求所需要的各项费用。

b. 文明施工费:施工现场文明施工所需要的各项费用。

c. 安全施工费:施工现场安全施工所需要的各项费用。

d. 临时设施费:施工企业为进行建设工程施工所必须搭设的生活和生产用的临时建筑物、构筑物和其他临时设施的费用。

②社会保险费:

a. 养老保险费:企业按照规定标准为职工缴纳的基本养老保险费。

b. 失业保险费:企业按照规定标准为职工缴纳的失业保险费。

c. 医疗保险费:企业按照规定标准为职工缴纳的基本医疗保险费。

d. 生育保险费:企业按照规定标准为职工缴纳的生育保险费。

e. 工伤保险费:企业按照规定标准为职工缴纳的工伤保险费。

③住房公积金:企业按规定标准为职工缴纳的住房公积金。

④建设项目工伤保险:建设项目确定中标企业后,建设单位在项目开工前将工伤保险费一次性拨付给总承包单位,由总承包单位为该建设项目所有在岗职工统一办理工伤保险参保登记和缴费手续。建设项目工伤保险,应在建设项目所在地参保。

建设单位在办理施工许可手续时,应当提交建设项目工伤保险参保证明,作为保证工程安全施工的具体措施之一。安全施工措施未落实的项目,住房和城乡建设主管部门不予核发施工许可证。

(7)税金

税金是指按国家税法规定应计入建筑安装工程造价内的增值税。增值税按税前造价乘以增值税税率确定。其中,税前造价为人工费、材料费、施工机具使用费、企业管理费、利润和规费之和。

2. 按工程造价形成顺序划分

按工程造价形成顺序划分,市政建设工程费由分部分项工程费、措施项目费、其他项目费、规费和税金组成,如图 1-1-2 所示。

(1)分部分项工程费

分部分项工程费是指各专业工程的分部分项工程应予列支的各项费用。

①专业工程是指按现行国家计量规范划分的房屋建筑与装饰工程、通用安装工程、市政工程、园林绿化工程等各类工程。

②分部分项工程是指按现行国家计量规范或现行消耗量定额对各专业工程划分的项目。如房屋建筑与装饰工程可划分为土石方工程、地基处理与边坡支护工程、桩基工程、砌筑工程、钢筋及混凝土工程等。

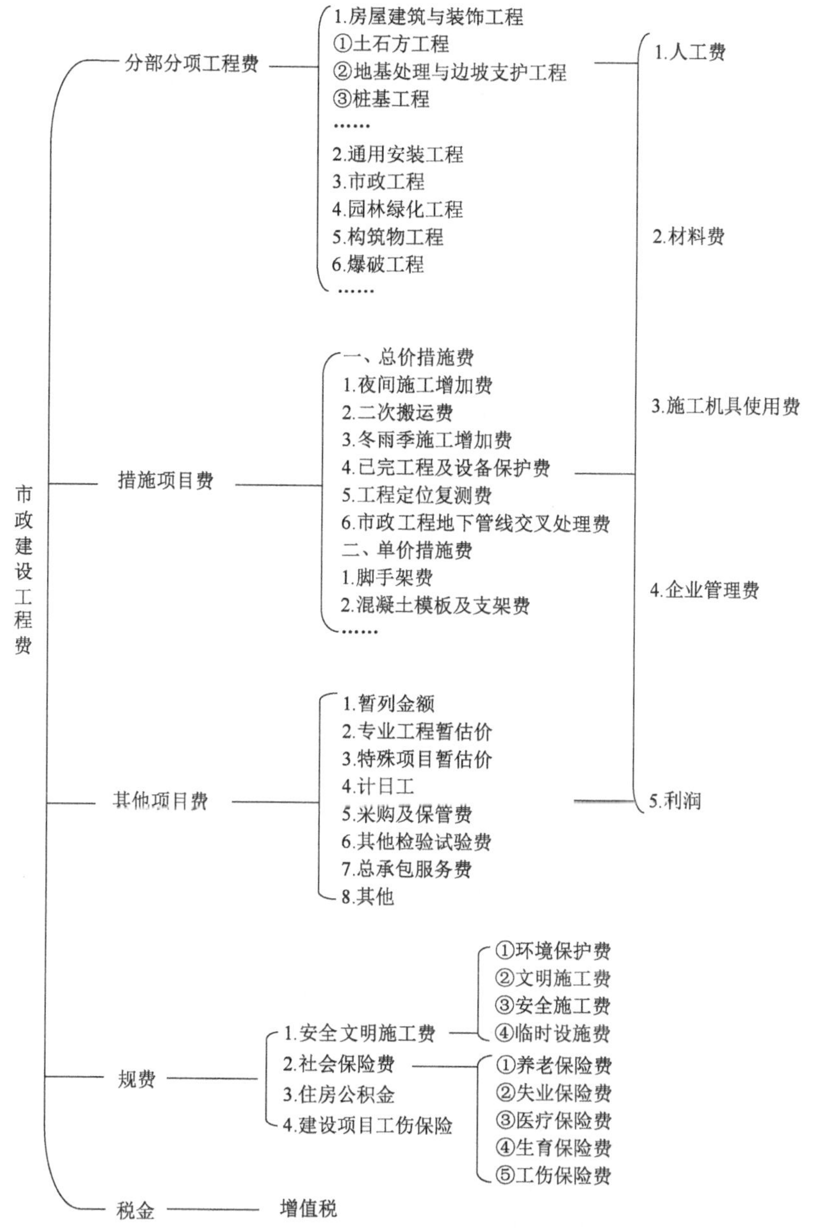

图 1-1-2　市政建设工程费用组成(按工程造价形成顺序划分)

(2)措施项目费

措施项目费是指为完成工程项目施工,发生于该工程施工前和施工过程中的技术、生活、安全、环境保护等方面的项目费用。措施项目费可分为总价措施费和单价措施费。

①总价措施费:各省(区、市)建设行政主管部门根据建筑市场状况和多数企业经营管理情况、技术水平等测算发布了费率的措施项目费用。总价措施费主要包括:

a.夜间施工增加费:因夜间施工所发生的夜班补助费、夜间施工降效、夜间施工照明设备摊销及照明用电等费用。

b. 二次搬运费：因施工场地条件限制而发生的材料、构配件、半成品等一次运输不能到达堆放地点，必须进行二次或多次搬运所发生的费用。

c. 冬季、雨季施工增加费：在冬季或雨季施工需增加的临时设施、防滑、排除雨雪，人工及施工机械效率降低等费用。

d. 已完工程及设备保护费：竣工验收前，对已完工程及设备采取的必要保护措施所发生的费用。

e. 工程定位复测费：工程施工过程中进行全部施工测量放线和复测工作的费用。

f. 市政工程地下管线交叉处理费：施工过程中对现有施工场地内各种地下交叉管线进行加固及处理所发生的费用，不包括地下管线改移发生的费用。

②单价措施费：消耗量定额中列有子目，并规定了计算方法的措施项目费用。单价措施费与分部分项工程费的计算方法基本相同。市政工程单价措施项目见表 1-1-1。

市政工程单价措施项目一览表 表 1-1-1

<table>
<tr><th>序号</th><th>措施项目名称</th><th>备　注</th></tr>
<tr><td>1</td><td>混凝土模板及支架</td><td rowspan="11">施工围挡费用是指施工需要的固定式施工护栏的搭拆、运输费用，施工围挡购置费的摊销或租赁使用费以及日常维护费用</td></tr>
<tr><td>2</td><td>脚手架</td></tr>
<tr><td>3</td><td>大型机械进出场及安拆</td></tr>
<tr><td>4</td><td>筑岛、围堰</td></tr>
<tr><td>5</td><td>便道、便桥</td></tr>
<tr><td>6</td><td>混凝土泵送</td></tr>
<tr><td>7</td><td>施工围挡</td></tr>
<tr><td>8</td><td>施工排水、降水</td></tr>
<tr><td>9</td><td>地上、地下设施，建筑物临时保护设施（包括对已建成地上、地下设施和建筑物进行遮盖、封闭、隔离等必要保护措施）</td></tr>
<tr><td>10</td><td>洞内临时设施（包括通风、供水、供气、供电、照明、通信及洞内外轨道铺设）</td></tr>
<tr><td>11</td><td>交通维护及疏导（包括周边道路的交通诱导标志、临时交通信号灯、交通协勤人员、现场路面隔离设施等，按实际发生计取）</td></tr>
</table>

（3）其他项目费

①暂列金额：建设单位在工程量清单中暂定并包含在工程合同价款中的一笔款项，用于施工合同签订时尚未确定或不可预见的材料、设备、服务的采购，施工中可能发生的工程变更、合同约定调整因素出现时的工程价款调整，以及发生的索赔、现场签证等费用。

暂列金额包含在投标总价和合同总价中，但只有施工过程中实际发生了，并且符合合同约定的价款，才能纳入竣工结算价款中。暂列金额扣除实际发生金额后的余额，仍归建设单位所有。

暂列金额一般可按分部分项工程费的 10% ~15% 估列。

②专业工程暂估价：建设单位根据国家相应规定，预计需由专业承包人另行组织施工、实施单独分包（总承包人仅对其进行总承包服务），但暂时不能确定准确价格的专业工程价款。

专业工程暂估价应区分不同专业，并按有关计价规定估价，其仅作为计取总承包服务费的基础，不计入总承包人的工程总造价。

③特殊项目暂估价：未来工程中肯定发生、其他费用项目均未包括，但由于材料、设备或技

术工艺的特殊性，没有可参考的计价依据，事先难以准确确定其价格，且对造价影响较大的项目费用。

④计日工：在施工过程中，承包人完成建设单位提出的工程合同范围以外的零星项目或工作所需的费用。计日工，不仅指人工，零星项目或工作使用的材料、机械均应计列于本项之下。即

$$计日工 = \Sigma(各人工、材料、机械数量 \times 计日工单价) \tag{1-1-6}$$

⑤采购及保管费：采购、供应和保管材料、设备过程中所需要的各项费用。包括采购费、仓储费、工地保管费、仓储损耗。

⑥其他检验试验费：检验试验费中未包含的相应规范规定之外要求增加鉴定、检查的费用，新结构、新材料的试验费用，对构件做破坏性试验及其他特殊要求检验试验的费用，建设单位委托检测机构进行检测的费用。此类检验试验发生的费用，在该项中列支。

建设单位对施工单位提供的具有出厂合格证明的材料要求进行再检验，经检测不合格的，该检测费用由施工单位支付。

⑦总承包服务费：定义同前。

$$总承包服务费 = 专业工程暂估价(不含设备费) \times 相应费率 \tag{1-1-7}$$

⑧其他：包括工期奖惩、质量奖惩等，均可计列于本项之下。

(4)规费和税金：规费和税金的构成和计算同前。

1.1.2 市政建设工程费计算程序

二、市政建设工程费计算程序

市政建设工程费的计算程序有两种，分别是定额计价计算程序（表1-1-2）、工程量清单计价计算程序（表1-1-3）。

定额计价计算程序表 表1-1-2

序号	费用名称	计算方法
一	分部分项工程费	Σ{[定额Σ(人工工日消耗量×人工工日单价)+Σ(材料消耗量×材料单价)+Σ(施工机械台班消耗量×施工机械台班单价)]×分部分项工程量}
	计费基础 JD_1	详见表1-1-4计费基础说明
二	措施项目费	2.1+2.2
	2.1 单价措施费	Σ{[定额Σ(人工工日消耗量×人工工日单价)+Σ(材料消耗量×材料单价)+Σ(机械台班消耗量×台班单价)]×单价措施项目工程量}
	2.2 总价措施费	JD_1×相应费率
	计费基础 JD_2	详见表1-1-4计费基础说明
三	其他项目费	3.1+3.2+3.3+…+3.8
	3.1 暂列金额 3.2 专业工程暂估价 3.3 特殊项目暂估价 3.4 计日工 3.5 采购及保管费 3.6 其他检验试验费 3.7 总承包服务费 3.8 其他	按建设工程费用项目组成内容相应规定计算

续上表

序号	费用名称	计算方法
四	企业管理费	$(JD_1+JD_2)\times$管理费费率
五	利润	$(JD_1+JD_2)\times$利润率
六	规费	6.1+6.2+6.3+6.4
	6.1 安全文明施工费	(一+二+三+四+五)×费率
	6.2 社会保险费	
	6.3 住房公积金	按工程所在地设区市相关规定计算
	6.4 建设项目工伤保险	
七	税金	(一+二+三+四+五+六)×税率
八	工程费用合计	一+二+三+四+五+六+七

工程量清单计价计算程序表 表 1-1-3

序号	费用名称	计算方法
一	分部分项工程费	$\Sigma(J_1\times$分部分项工程量)
	分部分项工程综合单价	$J_1=1.1+1.2+1.3+1.4+1.5$
	1.1 人工费	每计量单位Σ(工日消耗量×人工单价)
	1.2 材料费	每计量单位Σ(材料消耗量×材料单价)
	1.3 施工机械使用费	每计量单位Σ(机械台班消耗量×台班单价)
	1.4 企业管理费	$JQ_1\times$管理费费率
	1.5 利润	$JQ_1\times$利润率
	计费基础JQ_1	详见表 1-1-4 计费基础说明
二	措施项目费	2.1+2.2
	2.1 单价措施费	Σ{[每计量单位Σ(工日消耗量×人工单价)+Σ(材料消耗量×材料单价)+Σ(机械台班消耗量×台班单价)+$JQ_2\times$(管理费费率+利润率)]×单价措施项目工程量}
	计费基础JQ_2	详见表 1-1-4 计费基础说明
	2.2 总价措施费	Σ[($JQ_1\times$分部分项工程量)×措施费费率+($JQ_1\times$分部分项工程量)×省发措施费费率×H×(管理费费率+利润率)]
三	其他项目费	3.1+3.2+3.3+…+3.8
	3.1 暂列金额 3.2 专业工程暂估价 3.3 特殊项目暂估价 3.4 计日工 3.5 采购保管费 3.6 其他检验试验费 3.7 总承包服务费 3.8 其他	按建设工程费项目组成内容相应规定计算
四	规费	4.1+4.2+4.3+4.4

续上表

序号	费用名称	计算方法
	4.1 安全文明施工费	(一+二+三)×费率
	4.2 社会保险费	
	4.3 住房公积金	按工程所在地设区市相关规定计算
	4.4 建设项目工伤保险	
五	税金	(一+二+三+四)×税率
六	工程费用合计	一+二+三+四+五

计费基础说明 表 1-1-4

<table>
<tr><th>专业工程</th><th colspan="3">计费基础</th><th>计算方法</th></tr>
<tr><td rowspan="10">市政工程</td><td rowspan="10">人工费+机械费</td><td rowspan="5">定额计价</td><td rowspan="2">JD_1</td><td>分部分项工程的省价人机费之和</td></tr>
<tr><td>Σ{[分部分项工程定额Σ(工日消耗量×省人工单价)+Σ(机械消耗量×省台班单价)]×分部分项工程量}</td></tr>
<tr><td rowspan="2">JD_2</td><td>单价措施项目的省价人机费之和+总价措施费中的省价人机费之和</td></tr>
<tr><td>Σ{[单价措施项目定额Σ(人机消耗量×省人机单价)×单价措施项目工程量]}+Σ(JD_1×省发措施费费率×H)</td></tr>
<tr><td>H</td><td>总价措施费中人机费含量(%)</td></tr>
<tr><td rowspan="5">工程量清单计价</td><td rowspan="2">JQ_1</td><td>分部分项工程每计量单位的省价人机费之和</td></tr>
<tr><td>分部分项工程每计量单位Σ(工日消耗量×省人工单价)+Σ(机械消耗量×省台班单价)</td></tr>
<tr><td rowspan="2">JQ_2</td><td>单价措施项目每计量单位的省价人机费之和</td></tr>
<tr><td>单价措施项目每计量单位Σ(工日消耗量×省人工单价)+Σ(机械消耗量×省台班单价)</td></tr>
<tr><td>H</td><td>总价措施费中人机费含量(%)</td></tr>
</table>

注:1."省"均指"省(区、市)",后同。

2."人机费"指人工、施工机械使用费。

一般计税法下建设工程费费率如表 1-1-5 所示。

一般计税法下建设工程费费率 表 1-1-5

(1)措施费费率 单位:%

工程名称	费用名称					
	夜间施工费	二次搬运费	冬季、雨季施工增加费	已完工程及设备保护费	工程定位复测费	地下管线交叉处理费
道路工程	0.61	1.05	0.38	0.58	0.12	0.28
桥涵工程	0.36	1.43	0.36	0.60	0.07	0.36
隧道工程	0.30	1.23	0.31	0.61	0.07	0.20
给水工程	1.28	1.69	1.28	0.67	0.28	1.02
排水工程	0.41	1.18	0.42	0.47	0.09	0.71
燃气工程	0.94	1.18	0.95	0.61	0.62	0.80

续上表

工程名称	费用名称					
	夜间施工费	二次搬运费	冬季、雨季施工增加费	已完工程及设备保护费	工程定位复测费	地下管线交叉处理
供热工程	0.92	1.22	0.93	0.49	0.48	0.74
水处理工程	0.40	0.70	0.41	0.70	0.09	0.23
垃圾处理工程	0.75	1.24	0.77	0.54	0.18	0.75
路灯工程	0.53	0.75	0.74	0.68	0.10	0.46

注:市政工程措施费中人机费所占百分数均为45%。

(2)企业管理费费率、利润率

单位:%

工程名称		企业管理费			利润		
		Ⅰ	Ⅱ	Ⅲ	Ⅰ	Ⅱ	Ⅲ
市政工程	道路工程	20.3	17.4	16.2	11.4	6.6	3.8
	桥涵工程	19.7	19.0	18.2	12.9	7.6	5.5
	隧道工程	15.4	14.0	12.5	10.5	7.0	5.4
	给水工程	39.1	35.4	22.0	24.7	22.2	13.3
	排水工程	19.7	17.2	15.8	10.9	6.2	4.9
	燃气工程	27.3	24.3	20.8	22.6	16.2	9.8
	供热工程	28.9	23.6	18.2	20.9	18.2	11.8
	水处理工程	18.8	16.6	—	9.2	6.2	—
	垃圾处理工程	39.6	38.1	—	15.1	13.9	—
	路灯工程	30.2	22.4	20.6	12.6	8.9	8.1

注:1. 企业管理费费率中,不包括总承包服务费费率。总承包服务费费率按3%计。

2. 市政工程类别划分标准,参见表1-1-6。

(3)规费费率

单位:%

费用名称	工程名称									
	道路工程	桥涵工程	隧道工程	排水工程	给水工程	燃气工程	供热工程	水处理工程	垃圾处理工程	路灯工程
安全文明施工费	4.35				3.45			4.35		4.14
其中:1. 安全施工费	1.74									
2. 环境保护费	0.20									
3. 文明施工费	0.60									
4. 临时设施费	1.81				0.91			1.81		1.60
社会保险费	1.52									
住房公积金	按工程所在地设区市相关规定计算									
建设项目工伤保险										

市政工程类别划分标准表

表 1-1-6

<table>
<tr><th colspan="2">工 程 名 称</th><th colspan="3">工程类别划分标准</th></tr>
<tr><td rowspan="6">道路工程</td><td>Ⅰ类</td><td>主干道</td><td>1. 沥青混凝土路面
2. 水泥混凝土路面</td><td>面层厚≥12cm
面层厚≥24cm</td></tr>
<tr><td rowspan="2">Ⅱ类</td><td>次干道</td><td>1. 沥青混凝土路面
2. 水泥混凝土路面</td><td>8cm≤面层厚＜12cm
20cm≤面层厚＜24cm</td></tr>
<tr><td colspan="2">广场、停车场</td><td>面积≥10000m²</td></tr>
<tr><td rowspan="2">Ⅲ类</td><td>支路</td><td>1. 沥青混凝土路面
2. 水泥混凝土路面</td><td>面层厚＜8cm
面层厚＜20cm</td></tr>
<tr><td>其他</td><td>1. 广场、停车场
2. 自行车专用道
3. 单独施工的人行道
4. 运动类场地
5. 单独施工的交通设施工程</td><td>面积＜10000m²</td></tr>
<tr style="display:none"></tr>
<tr><td rowspan="3">桥涵工程</td><td>Ⅰ类</td><td colspan="3">(1)单跨跨径≥30m，且多孔跨径总长≥100m
(2)二层或桥面最高高度为≥16m 的立交桥
(3)立交箱涵顶进</td></tr>
<tr><td>Ⅱ类</td><td colspan="3">(1)10m≤单跨跨径＜30m，且 50m≤多孔跨径总长＜100m
(2)桥面最高高度＜16m 的立交桥
(3)人行天桥单跨跨径≥30m</td></tr>
<tr><td>Ⅲ类</td><td colspan="3">(1)单跨跨径＜10m，且多孔跨径总长＜50m
(2)圆管涵、拱涵、盖板涵、箱涵等涵洞
(3)人行天桥单跨跨径＜30m</td></tr>
<tr><td rowspan="3">隧道工程</td><td>Ⅰ类</td><td colspan="3">断面面积≥35m²</td></tr>
<tr><td>Ⅱ类</td><td colspan="3">10m²≤断面面积＜35m²</td></tr>
<tr><td>Ⅲ类</td><td colspan="3">断面面积＜10m²</td></tr>
<tr><td rowspan="3">排水工程</td><td>Ⅰ类</td><td colspan="3">(1)顶管工程
(2)干管管径≥1200mm
(3)沟渠、综合管廊、各类地下管沟净断面面积≥6m²</td></tr>
<tr><td>Ⅱ类</td><td colspan="3">(1)600mm≤干管管径＜1200mm
(2)2m²≤沟渠、综合管廊、各类地下管沟净断面面积＜6m²
(3)导向钻进拖管管径≥300mm</td></tr>
<tr><td>Ⅲ类</td><td colspan="3">(1)干管管径＜600mm
(2)沟渠、综合管廊、各类地下管沟净断面面积＜2m²
(3)导向钻进拖管管径＜300mm</td></tr>
<tr><td rowspan="3">给水工程</td><td>Ⅰ类</td><td colspan="3">(1)管道试验压力≥1MPa
(2)管径 DN≥1000mm</td></tr>
<tr><td>Ⅱ类</td><td colspan="3">0.7MPa≤管道试验压力＜1MPa</td></tr>
<tr><td>Ⅲ类</td><td colspan="3">Ⅰ类、Ⅱ类以外的其他工程</td></tr>
</table>

续上表

工程名称		工程类别划分标准	
燃气工程	Ⅰ类	(1)高压、次高压工程 (2)焊缝有无损检测要求且管径≥300mm	
	Ⅱ类	(1)焊缝有无损检测要求且管径<300mm (2)焊缝没有无损检测要求且管径≥300mm	
	Ⅲ类	Ⅰ类、Ⅱ类以外的其他工程	
供热工程	Ⅰ类	干管管径≥500mm,且干管总长度≥2000m	
	Ⅱ类	(1)干管管径≥500mm,且干管总长度<2000m (2)300mm≤干管管径<500mm,且干管总长度≥2000m	
	Ⅲ类	Ⅰ类、Ⅱ类以外的其他工程	
水处理工程	Ⅰ类	(1)污水处理厂 (2)雨水泵站 (3)污水泵站 (4)净水厂、取水厂	设计日平均处理水量≥30000m³/d 设计最大流量≥10000L/s 设计最大流量≥600L/s 设计日处理水量≥50000m³/d
	Ⅱ类	Ⅰ类以外的其他工程	
垃圾处理工程	Ⅰ类	(1)生活垃圾卫生填埋 (2)生活垃圾焚烧	日处理规模≥1200t/d 处理规模限于县级以上生活垃圾焚烧工程
	Ⅱ类	生活垃圾卫生填埋	日处理规模<1200t/d
路灯工程	Ⅰ类	(1)高杆灯≥15m (2)桥面路灯 (3)高架桥路灯	
	Ⅱ类	(1)高杆灯<15m (2)包箍灯臂长≥0.7m (3)桥栏装饰灯 (4)地灯 (5)地缆 (6)电力、通信线路等双层排管且根数≥12根	
	Ⅲ类	Ⅰ类、Ⅱ类以外的其他工程	

点睛 工程类别的确定,以单位工程为划分对象,一个单位工程只能确定一个工程类别。单位工程的类别划分按主体工程确定,附属工程按主体工程类别取定。

工程类别划分说明:

(1)工程类别的确定,以单位工程为划分对象。单位工程的类别划分按主体工程确定,附属工程按主体工程类别取定。工程类别划分标准中有两个指标的,确定工程类别时,需满足其中一项指标。

(2)道路工程。

①道路工程按面层厚度划分,需同时满足两个条件;如仅满足一个条件,应降低一个类别执行。

②小区内道路、厂(场)区道路执行市政定额时,按上述标准降低一个类别执行。

③道路沥青混凝土单独罩面工程,按原道路工程类别降低一个类别执行。

④单独施工的挡土墙按道路工程Ⅲ类标准执行。

(3)桥涵工程。

①单跨跨径指两桥墩中线间距离或桥墩中线与台背前缘间距,涵洞指净跨径。

②桥涵工程总长指两个桥台侧墙或八字尾端间的距离(无桥台的桥梁为桥面系行车道长度)。

③立交箱涵顶进是指穿越城市道路及铁路的立交箱涵顶进工程。

④涵洞是指单跨跨径 <5m,且多孔跨径总长 <8m 的桥涵。

⑤地下人行通道采用明挖工艺施工的参照箱涵类别标准执行,采用暗挖工艺施工的参照隧道类别标准执行。

(4)隧道工程中隧道断面面积指隧道设计尺寸净面积,不含预留变形量和允许超挖量。

(5)给水工程按管径划分工程类别,施工设计图中各段输、配水主干管所连接的各类管径支管(包括各类进户、附属设备、联络、与原设管等的连接管),其发生各项工程量,均按所属各段输、配水主干管执行同一工程类别取费。

(6)排水工程。

①排水管道工程按主干管的管径确定工程类别。若管道中同时存在多种管径时,管道长度按管径 DN≥1200mm、管径 DN≥600mm、管径 DN<600mm 三段分别累计,以三者最大长度段为划分依据,确定为Ⅰ类、Ⅱ类和Ⅲ类工程。若仅有管径≥600mm 管道时,以二者数值最大者为准。

②顶管工程、拖管工程、沟渠、各类地下管沟、综合管廊,均按排水工程类别单独确定。

③单独施工的河道清淤、河道及护岸铺砌按排水工程Ⅲ类标准执行。

(7)供热工程中总干管长度指供回水管之和。

(8)垃圾处理工程中垃圾卫生填埋渗滤液处理作为一个单位工程时单独确定工程类别,参照水处理工程的类别标准执行。

(9)水处理工程中污水处理厂、雨水泵站、污水泵站、净水厂中的所有构筑物、市政管线均按主体项目类别取费;地上建筑物执行土建、装饰工程定额及相应取费标准。

(10)路灯工程高杆灯≥15m 的数量占总工程量 20% 及以上且≥5 盏时,工程类别可确定为路灯Ⅰ类工程。

三、市政工程计价模式的区别与联系

市政工程计价模式分为定额计价模式、工程量清单计价模式两种。

1. 两者的区别

(1)计价方法不同。

定额计价模式采用工料单价法,工程量清单计价模式采用综合单价法。

工料单价法是指分部分项工程项目与单价措施工程项目按工料单价计算,而企业管理费、利润、规费、税金及其他项目费等按规定程序单独列项计算的一种计价方法。

$$工料单价 = 1\ 个规定计量单位的(人工费 + 材料费 + 施工机具使用费) \quad (1\text{-}1\text{-}8)$$

综合单价法是指分部分项工程清单项目与单价措施清单项目按综合单价计算，而规费、税金及其他项目费等按规定程序单独列项计算的一种计价方法。

$$综合单价 = 1\ 个规定计量单位的(人工费 + 材料费 + 施工机具使用费) + 取费基数 \times (企业管理费率 + 利润率) \quad (1\text{-}1\text{-}9)$$

(2)费用表现形式不同。

工程量清单计价的费用主要包括清单分部分项工程费、措施项目费、其他项目费、规费、税金等，定额计价的费用主要包括定额分部分项工程费、措施项目费、其他项目费、企业管理费、利润、规费、税金等。

(3)工程量计算规则的依据不同。

工程量清单计价模式下工程量计算的依据是《市政工程工程量计算规范》(GB 50857—2013)(以下简称《规范》)，为全国统一的计算规则。

定额计价模式下工程量计算的依据是各省、自治区、直辖市制定的消耗量定额，如《山东省市政工程消耗量定额》(2016 版)是山东省范围内的统一计算规则。

(4)风险分担不同。

工程量清单计价模式下，工程量清单在招标文件发出前由招标人提供，招标人承担工程量计算的风险，投标人承担投标报价的风险。

定额计价模式下，工程量在招标文件发出后由各投标人自行计算，故工程量计算风险和报价风险均由投标人承担。

(5)项目划分不同。

工程量清单计价模式下的项目基本以一个“综合实体”考虑，通常一个项目包括多项工程内容。定额计价模式下，一般一个项目只包括一项工程内容。如“混凝土管道铺设”工程量清单项目包括管道垫层、基础、管座、接口、管道铺设、闭水试验等多项工程内容，而“混凝土管道铺设”定额项目只包括管道铺设这一项工程内容。

2. 两者的联系

工程量清单项目一般包括多项工作内容。计价时，首先需将清单项目分解成若干个组合工作内容，再按其对应的定额项目计算规则计算其工程量并套用定额子目。也就是说，工程量清单计价活动中，存在着定额计价的成分。

特别提示

使用国有资金投资的建设工程，必须采用工程量清单计价。非国有资金投资的建设工程，宜采用工程量清单计价。

任务实施

请根据任务描述，通过学习相关知识，思考完成如下问题，并将结果填写在表1-1-7空格内。

市政建设工程费认知表

表1-1-7

序号	任务
1	按费用构成要素组成划分，市政建设工程费由哪几部分组成？
2	按工程造价形成顺序划分，市政建设工程费由哪几部分组成？
3	措施项目费包括哪些内容？
4	任务描述中的建设工程费采用哪种计价模式？应采用哪种计价方法？
5	综合单价法与工料单价法的计算程序有何不同？

【例1-1-1】 某城镇市政广场专业土石方工程，总面积为6万m^2。工程建设合同工期为4个月，拟于10月份开工。建设方委托某咨询公司编制施工图预算，要求采用工料单价法编制，不考虑风险因素。其中分部分项工程费和措施项目费如表1-1-8所示，企业管理费费率和利润率分别为3.5%和2.5%。规费2和规费3根据该地规定，费率分别为0.22%和0.15%（取费基数同规费1）。

试根据以上工程情况，结合定额计价计算程序的学习，思考并完成表1-1-8的填写。

注：不发生的其他项目费金额均填"0"，税金按3.5%考虑，计算结果保留至小数点后2位。

工料单价法工程费汇总表

表 1-1-8

序号	费用名称		费率(%)	计算式	金额(万元)
一	分部分项工程费+措施项目费			—	6500
	其中	省价人机费		—	1600
二	其他项目费				
三	企业管理费				
四	利润				
五	规费				
	5.1 规费 1		2.18%	(一+二+三+四)×费率	
	5.2 规费 2		0.22%	(一+二+三+四)费率	
	5.3 规费 3		0.15%	(一+二+三+四)费率	
六	税金		3.5%		
七	工程费用合计		—		

【做中学 学中做】

通过小组合作讨论，深入理解市政建设工程费的工程量清单计算程序。根据任务描述，试按综合单价法编制该项目施工图的预算造价(相关费率见表 1-1-9)，将计算结果填入表 1-1-9中。

综合单价法工程费用汇总表

表 1-1-9

序号	费用名称	计算方法	金额(万元)
一	分部分项工程费	Σ(分部分项工程量×综合单价)	
	1.1 人工费+机械费		
二	措施项目费		
	2.1 单价措施费	Σ(单价措施项目工程量×综合单价)	
	其中:人工费+机械费		
	2.2 总价措施费		
三	其他项目费		
四	规费		
	4.1 安全文明施工费	(一+二+三)×4.10%	
	4.2 社会保险费	(一+二+三)×1.52%	
	4.3 住房公积金	(一+二+三)×0.22%	
	4.4 建设项目工伤保险	(一+二+三)×0.16%	
五	税金	(一+二+三+四)×9.00%	
六	工程费用合计	一+二+三+四+五	

任务总结与评价

姓名			学号		成绩	
任务名称		认知市政建设工程费				
评价内容			优秀	良好	合格	继续努力
任务实施	知识点一	熟悉市政建设工程费的组成内容				
	知识点二	熟悉市政工程计价的模式与方法				
	知识点三	掌握市政建设工程费的计算程序				
问题与感想						
任务综合评价						

学习任务二 熟悉市政工程工程量清单

任务描述

某公司参加一个市政工程项目的招投标活动，该项目资金来源以国有资金为主。招标单位预发了该项目工程施工图纸、招标文件以及工程量清单。该公司按招标文件的要求编制标书并进行了工程量清单报价。请问：（1）什么是工程量清单？（2）工程量清单包含哪些内容？

知识导图

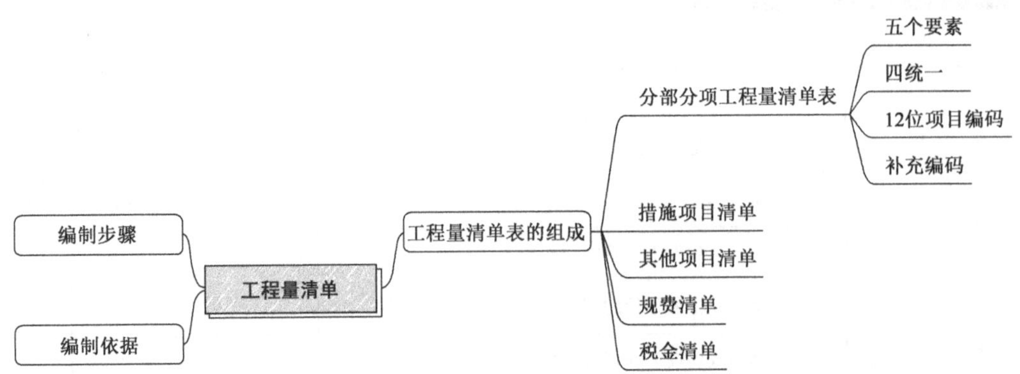

相关知识

1.2 市政工程量清单

一、工程量清单的概念及组成

1. 工程量清单的概念

工程量清单是载明建设工程分部分项工程项目、措施项目、其他项目的名称和相应数量，以及规费、税金等内容的明细清单。

工程量清单分为招标工程量清单和已标价工程量清单。

招标工程量清单是指招标人依据国家标准、招标文件、设计文件以及施工现场实际情况编制的，随招标文件发布，供投标报价的工程量清单。

已标价工程量清单是合同文件组成部分的投标文件中已标明价格，且经承包人确认的工程量清单，包括其说明和表格。

工程量清单是招标文件不可或缺的组成部分，是投标人进行投标报价的依据。采用工程量清单方式招标，工程量清单必须作为招标文件的组成部分，其准确性和完整性应由招标人负责。

2. 工程量清单的组成

工程量清单主要内容包括：清单编制说明、分部分项工程量清单、措施项目清单、其他项目清单、规费清单和税金清单等。具体格式可扫二维码查阅。

1.2.1 工程量清单表

1）清单编制说明

清单编制说明应包括以下内容：

（1）工程概况：包括建设规模、工程特征、计划工期、施工现场情况、自然地理条件、环境保护要求等。

(2)工程招标和专业工程分包范围。

(3)工程量清单编制依据。

(4)工程质量、材料、施工等的特殊要求。

(5)其他需要说明的问题。

2)分部分项工程量清单

分部分项工程量清单应根据《规范》附录规定的"五个要素",即项目编码、项目名称、项目特征、计量单位和工程量计算规则进行编制。

分部分项工程量清单编制采用规范规定的、统一的项目编码、项目名称、计量单位和工程量计算规则,这是分部分项工程量清单编制的"四统一"原则。分部分项工程项目清单示例见表1-2-1。

分部分项工程项目清单示例 表1-2-1

序号	项目编码	项目名称	项 目 特 征	计量单位	工程量
1	040501001001	混凝土管道及基础铺设	1. 土方开挖(综合土质、深度); 2. 排除地下障碍物、工作面内排水、基坑底夯实; 3. 土方回填(密实度≥0.95); 4. 土方场内外运输(运距综合考虑); 5. *D*250mm 钢筋混凝土管铺设(承插口管II级); 6. 120°商品混凝土(C15)基础; 7. 水泥砂浆接口(或橡胶圈接口)	m	1000

(1)项目编码

项目编码是分部分项工程和单价措施项目清单名称的数字标识。项目编码由五级12位阿拉伯数字组成,其中前9位由《规范》附录统一提供,后3位应根据附录中的项目名称和项目特征,结合拟建工程实际情况,由工程量清单编制人从001开始顺序编制。以040203007001为例,各级项目编码含义如图1-2-1所示。

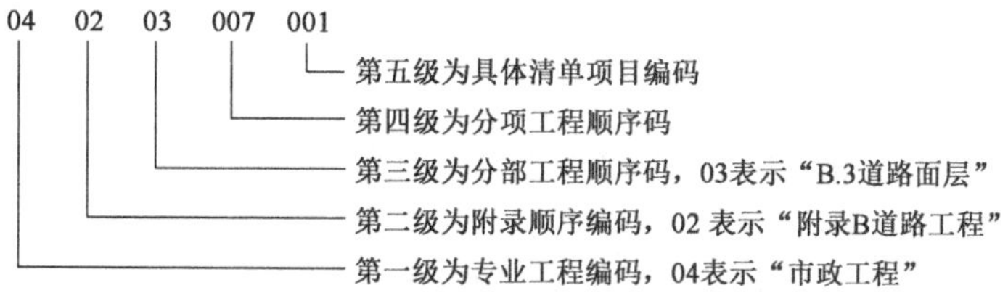

图1-2-1 各级项目编码的含义

特别提示

如果项目名称相同,则一、二、三、四级项目编码是相同的;如果项目特征有一项及以上不同,则第五级项目编码不同,由001开始顺序编制。同一招标工程的项目编码不得有重码。

(2)项目名称

项目名称应按《规范》附录中的项目名称结合拟建工程的实际情况确定。该附录表中的“项目名称”为分项工程项目名称,是形成分部分项工程项目清单的项目名称的基础。即在编制分部分项工程项目清单时,以该附录中的分项工程项目名称为基础,考虑项目的规格、型号、材质等特征要求,结合拟建工程的实际情况,使其工程量清单项目名称具体化、细化,以反映影响工程造价的主要因素。

(3)项目特征

项目特征是构成分部分项工程项目、单价措施项目自身价值的本质特征。项目特征是对项目的准确描述,是确定一个清单项目综合单价不可缺少的重要依据,是区分清单项目的依据,是履行合同义务的基础。在编制工程量清单时,必须对项目特征进行准确和全面的描述。项目特征应按《规范》附录中规定的项目特征,结合拟建工程项目的实际情况予以描述,应能满足确定综合单价的需要。

(4)计量单位

计量单位应按《规范》附录中规定的计量单位确定。附录中有两个及以上计量单位的,应结合拟建工程项目的实际情况,确定其中一个为计量单位。同一工程项目的计量单位应一致。

(5)工程量

工程量主要是通过《规范》附录中规定的工程量计算规则计算得到。该工程量计算规则是对清单项目工程量计算的规定。

工程计量时,每一项目汇总的有效位数应遵守下列规定:

①以“t”为单位,应保留小数点后三位数字,第四位小数四舍五入。

②以“m”“m^2”“m^3”“kg”为单位,应保留小数点后两位数字。

③以“个”“件”“根”等为单位,应取整数。

随着工程建设中新材料、新技术、新工艺等的不断涌现,《规范》附录所列的工程量清单项目不可能包含所有项目。在编制工程量清单时,当出现《规范》附录中未包含的清单项目时,编制人应作补充。编制补充项目时,应注意以下三个方面:

①补充项目的编码由《规范》的代码与 B 和三位阿拉伯数字组成,并应从 001 起顺序编制。例如,市政工程如需补充项目,则其编码应从 04B001 开始顺序编制。

②在工程量清单中应附补充项目的项目名称、项目特征、计量单位、工程量计算规则和工作内容。

③将编制的补充项目报省级或行业工程造价管理机构备案,省级或行业工程造价管理机构应汇总报住房和城乡建设部标准定额研究所。

特别提示

分部分项工程量清单是不可调整的闭口清单,投标人对招标文件中所提供的分部分项工程量清单逐一计价,对清单所列内容不允许做任何更改变动。投标人如认为清单内容有不妥或遗漏,只能通过质疑的方式由招标人做统一的修改更正,并将修正后的工程量清单发给所有投标人。

3)措施项目清单

措施项目是表明为完成工程项目施工,发生于工程施工准备和施工过程中的技术、生活、安全、环境保护等方面的项目。

措施项目中可以计算工程量的项目(单价措施项目),采用分部分项工程项目清单的方式编制,列出项目编码、项目名称、项目特征、计量单位和工程量,见表1-2-2;不能计算工程量的项目(总价措施项目),以“项”为计量单位进行编制,见表1-2-3。

单价措施项目清单与计价表 表1-2-2

序号	项目编码	项目名称	项目特征	计量单位	工程量	金额(元)	
						综合单价	合价
1	040402012001	锚杆支护	1.竖井环向锚管; 2.锚管直径:32mm; 3.锚管长度:2.5m; 4.水平间距:1m; 5.竖直间距:两榀一打,上下错开; 6.注浆	m	3737		
2	DB031	全断面注浆加固	1.隧道断面:2.0m×2.3m,单孔暗挖隧道; 2.长导管:导管长度及间距依据设计要求及投标方案确定; 3.浆液:根据设计要求及地质情况确定; 4.封掌子面	m	445		

总价措施项目清单与计价表 表1-2-3

序号	项目编码	子目名称	计算基础	费率(%)	金额(元)	备注
1	011707001001	安全文明施工	分部分项合计	3.97	33930.8	
2	011707002001	夜间施工				
3	011707003001	非夜间施工照明				
4	011707004001	二次搬运				
5	011707005001	冬季、雨季施工				

特别提示

措施项目清单为可调整清单。对招标文件中所列措施项目,投标人可根据企业自身特点做适当的变更或增减。

4)其他项目清单

其他项目清单是指除分部分项工程项目清单、措施项目清单所包含的内容以外,因招标人的特殊要求而发生的与拟建工程有关的其他费用项目和相应数量的清单。工程建设标准的高低、工程的复杂程度、工程的工期长短、工程的组成内容、发包人对工程管理的要求等都直接影响其他项目清单的具体内容。其他项目清单包括暂列金额、暂估价(包括材料暂估价、专业工程暂估价)、计日工、总承包服务费。其他项目清单宜按表1-2-4的格式编制,出现未包含在表格中内容的项目,可根据工程实际情况补充。

其他项目清单与计价汇总表 表1-2-4

序号	项目名称	计量单位	金额(元)
1	暂列金额	项	
2	暂估价		
2.1	材料暂估价		
2.2	专业工程暂估价		
3	计日工		
4	总承包服务费		

5)规费、税金清单

规费是根据国家法律、法规规定,由省级政府或省级有关部门规定施工企业必须缴纳的,应计入建筑安装工程造价的费用。规费主要包括:安全文明施工费(安全施工费、文明施工费、环境保护费、临时设施费)、社会保障费(养老保险费、医疗保险费、失业保险费、工伤保险费、生育保险费)、住房公积金等。出现计价规范未列的项目,应根据税务部门的规定列项。

税金主要是指增值税。出现计价规范未列的项目,应根据税务部门的规定列项。

规费、税金清单与计价表如表1-2-5所示。

规费、税金清单与计价表 表1-2-5

序号	项目名称	计算基础	费率(%)	金额(元)
1	规费			
1.1	安全文明施工费			
1.2	社会保障费			
1.3	住房公积金			
1.4	建设项目工伤保险费			
2	税金			
合计				

二、工程量清单的编制依据

(1)现行《市政工程工程量计算规范》(GB 50857)和现行《建设工程工程量清单计价规范》(GB 50500)。

(2)经审定通过的施工设计图纸及其说明。

(3)与建设工程项目有关的标准、规范、技术资料。

(4)拟定的招标文件及施工组织设计或施工方案。

(5)国家或省级、行业建设主管部门颁发的计价定额和办法等。

三、工程量清单的编制步骤

工程量清单的编制步骤一般包括：

(1)熟悉工程资料，识读设计文件及相关资料，了解施工现场有关情况。

(2)划分项目，确定分部分项工程量清单项目名称。

(3)编写分部分项工程量清单的内容并计算工程量。

(4)按统一格式编制措施项目清单及其他项目清单等。

(5)复核，编制工程量清单说明、扉页、封面。

任务实施

请你根据任务描述，通过学习相关知识，思考并完成如下问题，并将结果填写在表1-2-6内。

市政工程工程量清单认知表 表1-2-6

序号	任　务
1	什么是工程量清单？什么是招标工程量清单？两者有何区别？
2	工程量清单包含哪些内容？
3	在编写分部分项工程量清单时必须载明的“五个要素”是什么？
4	清单项目的项目编码由几位数字组成？可分为几级编码？

续上表

序号	任　务
5	工程量清单的编制步骤是什么?
6	根据任务描述,该建设工程发承包应采用什么计价模式?

任务总结与评价

<table>
<tr><td colspan="2">姓名</td><td></td><td>学号</td><td></td><td>成绩</td><td></td></tr>
<tr><td colspan="2">任务名称</td><td colspan="5">熟悉市政工程工程量清单</td></tr>
<tr><td colspan="3">评价内容</td><td>优秀</td><td>良好</td><td>合格</td><td>继续努力</td></tr>
<tr><td rowspan="3">任务实施</td><td>知识点一</td><td>熟悉工程量清单表的组成内容</td><td></td><td></td><td></td><td></td></tr>
<tr><td>知识点二</td><td>了解工程量清单的编制依据</td><td></td><td></td><td></td><td></td></tr>
<tr><td>知识点三</td><td>掌握工程量清单的编制步骤</td><td></td><td></td><td></td><td></td></tr>
<tr><td colspan="2">问题与感想</td><td colspan="5"></td></tr>
<tr><td colspan="2">任务综合评价</td><td colspan="5"></td></tr>
</table>

学习任务三 理解市政工程工程量清单计价

任务描述

某市拟建一条城市支路，招标工程量清单中提供的“挖一般土方（三类土）”清单项目的工程量为 $8707.1m^3$，某投标单位的施工方案考虑主要采用斗容量 $0.6m^3$ 的反铲挖掘机挖土并装车，机械挖土占总方量的95%，余下的5%用人工开挖。已知企业管理费费率为16.2%，利润费率为3.8%，请计算该清单项目的综合单价。

知识导图

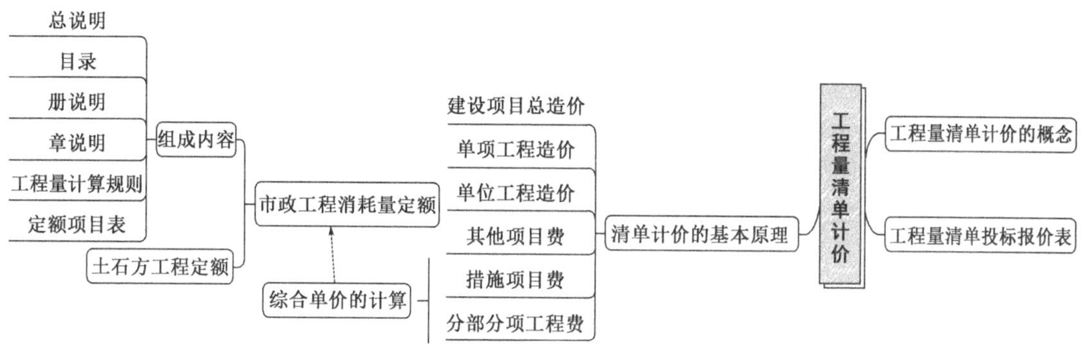

相关知识

1.3 市政工程量清单计价

一、工程量清单计价的概念及投标报价表的组成

1. 工程量清单计价的概念

工程量清单计价是指计算完成工程量清单所需的全部费用，包括分部分项工程项目费、措施项目费、其他项目费、规费和税金。

2. 工程量清单投标报价表的组成

工程量清单投标报价表应采用统一的格式，其组成内容有：投标总价，总说明，工程项目费汇总表，单项工程费汇总表，单位工程费汇总表，分部分项工程量清单与计价表，工程量清单综合单价分析表，措施项目清单计价汇总表，措施项目清单与计价表(一)，措施项目清单与计价表(二)，其他项目清单与计价汇总表，暂列金额明细表，特殊费用项目暂估价表，计日工表，总承包服务费清单与计价表，规费、税金项目清单与计价表，材料暂估价一览表，工料机汇总表。

1.3.1 工程量清单投标报价表

工程量清单投标报价表各组成内容的具体格式可扫二维码查阅。

二、工程量清单计价的基本原理

工程量清单计价的基本原理可以描述为：按照工程量清单计价规范及各专业工程量计算规范规定的清单项目设置和工程量计算规则，针对具体工程的施工图纸和施工组织设计计算出各个清单项目的工程量，然后依据规定的方法计算出综合单价，并汇总各清单合价，得出工程总价。

(1)分部分项工程费 = Σ(分部分项工程清单项目工程量 × 综合单价)

(2)措施项目费 = Σ各措施项目费

(3)其他项目费 = 暂列金额 + 暂估价 + 计日工 + 总承包服务费

(4)单位工程造价 = 分部分项工程费 + 措施项目费 + 其他项目费 + 规费 + 税金

(5)单项工程造价 = Σ各单位工程造价

(6)建设项目总造价 = Σ各单项工程造价

其中，综合单价的计算步骤如下：

(1)根据工程量清单项目名称和项目特征，结合拟建工程的具体情况及施工组织设计或施工方案，以山东省为例，参照《山东省建设工程消耗量定额与工程量清单衔接对照表》(市政工程专业)，分析确定清单项目所包括的全部组合工作内容，并根据套用的消耗量定额确定各项组合工作内容的定额子目。

(2)计算清单项目各组合工作内容的工程量。按套用的消耗量定额工程量计算规则进行计算。

(3)依据市场价格或参照各省(区、市)工程造价管理机构发布的价格信息，确定各组合工作内容 1 个定额计量单位的人工费、材料费、施工机具使用费。

(4)根据各省(区、市)建设工程费费率，结合工程实际与市场竞争情况，确定企业管理费费率、利润率，计算各组合工作内容 1 个定额计量单位的企业管理费和利润。

企业管理费、利润均按取费基数(人工费 + 机械费)乘以相应的管理费费率、利润率计算。

(5)合计清单项目各组合工作内容的人工费，除以清单项目的工程量，计算出 1 个规定计量单位清单项目的人工费。按同样的方法计算出 1 个规定计量单位清单项目的材料费、施工机具使用费、企业管理费、利润。

(6)合计 1 个规定计量单位清单项目的人工费、材料费、施工机具使用费，以及企业管理费、利润，即为该清单项目的综合单价。

特别提示

清单项目的工程量是按清单的计算规则计算的，清单项目组合工作内容的工程量是按定额的计算规则计算的；另外，清单工程量与定额工程量的计量单位也是不同的，注意两者的区别。

三、市政工程消耗量定额

基于消耗量定额是市政工程工程量清单计价的重要依据，在对清单项目组价的过程中，正确计算组合工作内容的定额工程量是编制投标报价文件的重要工作，因此，学习市政工程消耗量定额十分必要。

市政工程消耗量定额是指在市政施工过程中，为生产质量合格的单位工程产品所需消耗的人工、材料、机械台班的数量标准。

特别提示

下面以《山东省市政工程消耗量定额》(2016 版)[以下简称《定额》]为例进行介绍。

1. 市政工程消耗量定额的组成内容

《定额》由总说明、目录、册说明、章说明、工程量计算规则、定额项目表组成。

(1)总说明

总说明综合说明了定额的作用、适用范围、编制依据、编制原则和指导思想，阐明了定额中人工、材料、机械台班消耗量包含的内容，以及定额使用的有关规定、注意事项等。在学习《定额》前应首先了解并熟悉这部分内容。

《定额》共分十册：第一册《通用工程》、第二册《道路工程》、第三册《桥涵工程》、第四册《隧道工程》、第五册《给水工程》、第六册《排水工程》、第七册《燃气与集中供热工程》、第八册《水处理工程》、第九册《生活垃圾处理工程》、第十册《路灯工程》。

(2)册说明

全套定额共十册，每册结合不同的单位工程分别列项。册说明主要介绍每册所包含的章内容、册定额的适用条件和编制依据等。

(3)章说明

章说明主要介绍本章定额的适用条件、本章节内主要定额子目的工作内容，以及套用定额时定额系数如何换算。

(4)工程量计算规则

章说明后的工程量计算规则详细规定了本章定额子目的工程量计算规则和计算要求。

(5)定额项目表

定额项目表是消耗量定额的最核心内容，也是篇幅最多的一部分，根据分部分项工程的划分，每个分项子目都对应一个定额项目表。每个定额项目表列有分项工程的名称、主要工作内容、计量单位、定额编号、项目名称以及各种人、材、机消耗量的名称、单位和消耗量等信息。山东省市政工程消耗量定额项目表示例见表 1-3-1。

山东省市政工程消耗量定额项目表示例　　表 1-3-1

项目名称:反铲挖掘机挖土

工作内容:挖土,将土堆放在一边或装车,清理机下余土,清理边坡,工作面内人工排水等辅助性工作。

计量单位:100m³

定额编号			1-1-109	1-1-110	1-1-111	1-1-112	1-1-113	1-1-114
项目名称			反铲挖掘机(斗容量 0.6m³)					
			不装车			装车		
			一、二类土	三类土	四类土	一、二类土	三类土	四类土
名称		单位	消耗量					
人工	综合工日	工日	0.400	0.400	0.400	0.400	0.400	0.400
机械	履带式单斗挖掘机(液压)0.6m³	台班	0.267	0.319	0.364	0.329	0.391	0.446
	履带式推土机 75kW	台班	0.026	0.032	0.036	0.109	0.129	0.147

注:挖坑、槽土方按相应定额子目机械消耗量乘以系数 1.2,其他不变。

1.3.2　土石方工程定额

下面我们以土石方工程定额为例来学习《定额》的应用。

2. 土石方工程定额

“土石方工程”是《定额》第一册《通用工程》的第一章。本章包括:土方工程,石方工程,沟槽、基坑回填,共 330 个定额子目。土石方工程定额项目表可扫二维码查阅。

土石方工程按照施工方法均可分为人工土(石)方与机械土(石)方,其主要计算项目有挖土(石)方、运土(石)方、填方等。本章定额适用于各类市政工程(有关专业册注明不适用本章定额的除外)。

(1)土、岩石的分类(表 1-3-2、表 1-3-3)

土的分类　　表 1-3-2

土的分类	土的名称	开挖方法
一、二类土	粉土、砂土(粉砂、细砂、中砂、粗砂、砾砂)、粉质黏土、弱~中盐渍土、软土(淤泥质土、泥炭、泥炭质土)、软塑红黏土、冲填土	用锹,少许用镐、条锄开挖。机械能全部直接铲挖满载者
三类土	黏土、碎石土(圆砾、角砾)、混合土、可塑红黏土、硬塑红黏土、强盐渍土、素填土、压实填土	主要用镐、条锄,少许用锹开挖。机械需部分刨松方能铲挖满载者或可直接铲挖但不能满载者
四类土	碎石土(卵石、碎石、漂石、块石)、坚硬红黏土、超盐渍土、杂填土	全部用镐、条锄挖掘,少许用撬棍挖掘。机械需普遍刨松方能铲挖满载者

岩石分类　　表 1-3-3

<table>
<tr><th colspan="2">岩石分类</th><th>岩石名称</th><th>开挖方法</th><th>单轴饱和抗压强度(MPa)</th></tr>
<tr><td colspan="2">极软岩</td><td>1. 全风化的各种岩石
2. 各种半成岩</td><td>部分用手凿工具、部分用爆破法开挖</td><td><5</td></tr>
<tr><td rowspan="2">软质岩</td><td>软岩</td><td>1. 强风化的坚硬岩或较硬岩
2. 中等风化～强风化的较软岩
3. 未风化～微风化的页岩、泥岩、泥质砂岩等</td><td>用风镐和爆破法开挖</td><td>5～15</td></tr>
<tr><td>较软岩</td><td>1. 中等风化～强风化的坚硬岩或较硬岩
2. 未风化～微风化的凝灰岩、千枚岩、泥灰岩、砂质泥岩等</td><td rowspan="3">用爆破法开挖</td><td>15～30</td></tr>
<tr><td rowspan="2">硬质岩</td><td>较硬岩</td><td>1. 微风化的坚硬岩
2. 未风化～微风化的大理岩、板岩、石灰岩、白云岩、钙质砂岩等</td><td>30～60</td></tr>
<tr><td>坚硬岩</td><td>未风化～微风化的花岗岩、闪长岩、辉绿岩、玄武岩、安山岩、片麻岩、石英岩、石英砂岩、硅质砾岩、硅质石灰岩等</td><td>>60</td></tr>
</table>

(2)干湿土的划分及换算说明

土方定额是按干土编制的，如挖湿土时，按相应定额子目人工、机械消耗量乘以系数 1.18，干、湿土工程量分别计算。采用井点降水的土方应按干土计算。

干、湿土的划分：以地质勘测资料为准，含水率≥25%为湿土；或以地下常水位为准，常水位以上为干土，以下为湿土。如采用降水措施的，应以降水后的水位为地下常水位。

【例 1-3-1】 人工挖沟槽三类湿土，挖深 5m，试确定套用的定额子目及人工消耗量。

【解】 根据《定额》"土石方工程"章说明第二条：挖湿土时，人工乘系数为 1.18，所以定额套用时需进行换算。

按人工挖沟槽湿土(三类土、挖深 6m 内)套用定额子目：[1-1-15]H。

人工工日消耗量指标 $=64.947\times1.18=68.887$(工日/100m^3)

(3)沟槽、基坑、平整场地和一般土(石)方工程量计算

沟槽、基坑、平整场地和一般土(石)方的划分：底宽 7m 以内、底长大于底宽 3 倍按沟槽计算；底长小于底宽 3 倍且底面积在 150m^2 以内按基坑计算；厚度在 30cm 以内就地挖、填土按平整场地计算；超过上述范围的土(石)方按一般土(石)方计算。

【例 1-3-2】 请根据以下条件判断土方开挖的类型及套用的定额子目。

(1)已知某构筑物基础采用人工开挖，底长 8m、底宽 3m，挖深为 2m，土质为三类土，试确定套用的定额子目。

(2)已知某工程采用人工挖、填土方，底长 500m、底宽 40m，挖方、填方深度均不超过 25cm，试确定套用的定额子目。

【解】 (1)按人工挖基坑(三类土、挖深2m),套用定额子目:[1-1-22]

(2)按人工平整场地,套用定额子目:[1-1-208]

特别提示

常见的市政工程中,管道工程的土石方开挖一般属于挖沟槽土石方;桥梁工程的土石方开挖一般属于挖基坑土石方;道路工程的路基土石方通常按一般土石方计算。

①挖沟槽(图1-3-1)工程量计算公式如下。

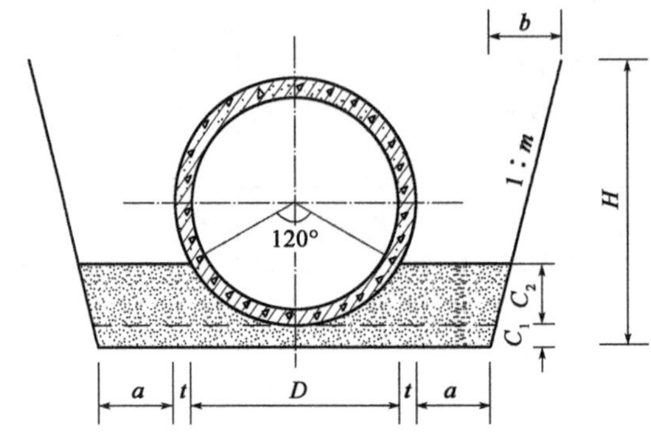

图1-3-1 沟槽开挖断面示意图

$$V = S_{断} \times L \tag{1-3-1}$$

即

$$V = (A + 2a + mH) \times H \times L \tag{1-3-2}$$

图中和式中:V——沟槽挖方体积,m^3;

L——沟槽开挖长度,即管段的长度,m;

$S_{断}$——某管段沟槽开挖平均断面面积,m^2;

A——管道结构宽度,m,$A = 2t + D$;

a——管沟底部每侧工作面宽度,见表1-3-4;

m——放坡系数,见表1-3-5;

H——沟槽开挖平均深度,m;

D——管道内径,m;

t——管道壁厚,m。

槽、坑底部每侧工作面宽度表(cm) 表1-3-4

管道结构宽度	混凝土管道		其他管道	构 筑 物	
	基础≤90°	基础>90°		无防潮层	有防潮层
50以内	40	40	30	40	60
100以内	50	50	40		
250以内	60	50	40		
250以外	70	60	50		

人工挖沟槽与基坑,若深度较深、土质较差,为了防止坍塌和保证安全,需要将沟槽或基坑边壁修成一定的倾斜坡度,称为放坡。沟槽边坡坡度以沟槽挖深H与边坡底宽b之比表示,即:

$$边坡坡度 = \frac{H}{b} = 1 : m \tag{1-3-3}$$

管道结构宽度：无管座的按管道外径计算，有管座的按管道基础外缘计算，构筑物按基础外缘计算，如设挡土板则每侧另增加15cm。

挖土交叉处产生的重复工程量不扣除。基础土方放坡，自基础(含垫层)底标高算起。如在同一断面内遇有多类土，其放坡系数可按各类土占全部深度百分比进行加权计算，参见表1-3-5。

放 坡 系 数 表 表1-3-5

土的类别	放坡起点深度(m)	人工开挖	机械开挖		
			沟槽、坑内	沟槽、坑边	顺沟槽方向坑上
一、二类土	1.20	1:0.50	1:0.33	1:0.75	1:0.50
三类土	1.50	1:0.33	1:0.25	1:0.67	1:0.33
四类土	2.00	1:0.25	1:0.10	1:0.33	1:0.25

【例1-3-3】 人工开挖某沟槽，一、二类土深度为1.5m，三类土深度为1m，求沟槽边坡坡度。

【解】 放坡系数 $m = (1.5 \div 2.5) \times 0.5 + (1 \div 2.5) \times 0.33 = 0.43$

因此，沟槽边坡坡度为1:0.43。

②挖基坑工程量计算。

常见的基坑形式有方形基坑和圆形基坑。

a.方形基坑。当方形基坑不需放坡时，挖成的形状为立方体；放坡时挖成的形状为倒置的棱台体，如图1-3-2所示。

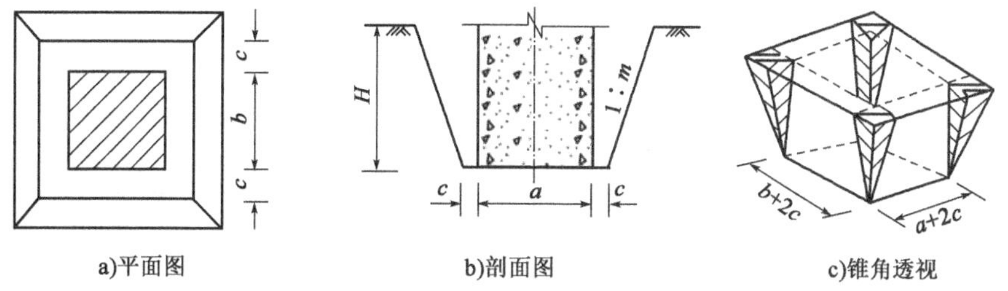

图1-3-2 放坡的方形基坑开挖示意图

放坡的方形基坑挖方工程量计算公式为：

$$V = (a + 2c + mH) \times (b + 2c + mH) \times H + \frac{1}{3} m^2 H^3 \tag{1-3-4}$$

式中：a——基坑内基础底面长度，m；

b——基坑内基础底面宽度，m；

c——工作面宽度，m；

m——放坡系数；

H——基坑开挖深度，m；

V——基坑挖方体积，m^3。

b. 圆形基坑。当圆形基坑不需放坡时，挖成的形状为圆柱体；需要放坡时，挖成的形状为倒置的圆台体，如图 1-3-3 所示。

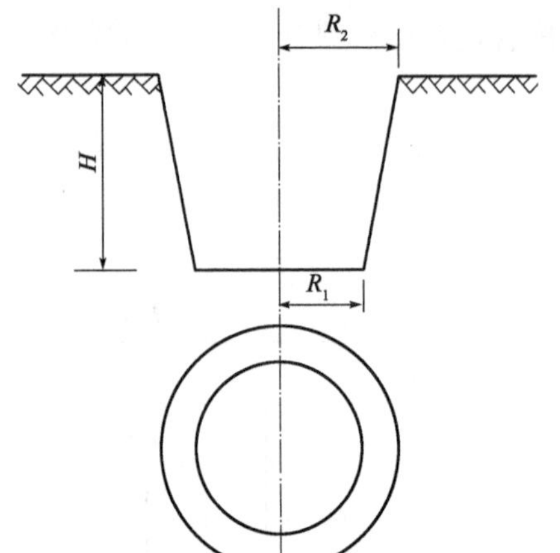

图 1-3-3 放坡的圆形基坑开挖示意图

放坡的圆形基坑挖方工程量计算公式为：

$$V = \frac{1}{3}\pi H(R_1^2 + R_2^2 + R_1 R_2) \qquad (1\text{-}3\text{-}5)$$

式中：H——基坑开挖深度，m；

R_1——坑底半径，m；

R_2——坑面半径，m。

③挖一般土（石）方工程量计算。

道路工程一般挖土（石）方工程量可采用横断面法计算。

常见的市政道路路基横断面形式有填方路基、挖方路基和半填半挖路基。根据路基横断面图（道路逐桩横断面图）可以确定每个断面处的挖方面积，将相邻两断面挖方面积的平均值乘以相邻两断面中心线长度可计算相邻两断面间的挖方工程量，合计便可得整条道路的挖方工程量，即：

$$V = \sum\left(\frac{F_i + F_j}{2} \times L_{ij}\right) \qquad (1\text{-}3\text{-}6)$$

式中：V——道路挖方总体积，m^3；

F_i、F_j——道路相邻两截面的挖方面积，m^2；

L_{ij}——道路相邻两截面的中心线长度，m。

横断面法又称积距法。计算时，通常可利用道路工程逐桩横断面图或土（石）方计算表进行土（石）方工程量的计算。

【例 1-3-4】 已知某道路工程，起止桩号为 K0 + 000 ~ K0 + 135，其各桩的挖方、填方断面面积见表 1-3-6，试计算 K0 + 000 ~ K0 + 050 段填挖方量。

土方工程量计算表 表 1-3-6

桩号	距离(m)	挖方		填方	
		横断面面积(m^2)	体积(m^3)	横断面面积(m^2)	体积(m^3)
K0 + 000	—	11.5	—	3.2	—
	50		657.5		80
K0 + 050		14.8		0	
	40		460		122
K0 + 090		8.2		6.1	
	45		486		137.25
K0 + 135	—	13.4	—	0	—
合计	—	—	1603.5	—	339.25

【解】 $V_{挖方}=\frac{11.5+14.8}{2}\times 50=657.5(m^3)$

$V_{填方}=\frac{3.2+0}{2}\times 50=80(m^3)$

④平整场地工程量计算。

平整场地工程量按施工组织设计尺寸以面积计算。

⑤定额套用及换算说明。

a. 大型支撑基坑开挖定额适用于地下连续墙、混凝土板桩、钢板桩等围护跨度大于8m的深基坑开挖。

b. 除大型支撑基坑土方开挖定额子目外，机械挖土方中如需人工辅助开挖(包括切边、修整底边和修整沟槽底坡度)，机械挖土按实挖土方量的95%计算，人工挖土按实挖土方量的5%执行底层土质相应子目乘以系数1.5。

c. 除大型支撑基坑土方开挖子目外，在支撑下挖土，按实挖体积，人工挖土子目乘以系数1.43，机械挖土子目乘以系数1.2。先开挖后支撑的不属于支撑下挖土。

d. 反铲挖掘机挖坑槽土(石)方按反铲挖掘机挖土(石)定额子目机械消耗量乘以系数1.2，其他不变。

e. 推土机推土或铲运机铲土的平均土层厚度小于30cm时，推土机台班乘以系数1.25，铲运机台班乘以系数1.17。

【例1-3-5】 某Y1～Y3雨水管道长70m，采用*D*600钢筋混凝土管、135°的C15钢筋混凝土条形基础。已知原地面平均标高为4.300m，沟槽底平均标高为1.200m，地下常水位标高为3.300m，条形基础宽度为0.88m，土质为三类土，采用斗容量为1.0m³的反铲挖掘机在沟槽边作业，距离槽底30cm用人工辅助清底。试计算该管道沟槽开挖的工程量并确定套用的定额子目。

【解】 沟槽开挖的工程量及套用的定额子目见表1-3-7。

沟槽开挖工程量计算表 表1-3-7

序号	项目名称及特征	计算式	定额子目编码
1	人工挖沟槽 (三类土、湿土)	已知沟槽平均挖深3.1m，基础底宽0.88m，由题查表1-3-4得基础每侧工作面宽度为0.5m，查表1-3-5得放坡系数为0.67，则人工挖沟槽工程量 = $(0.88+2\times 0.5+0.67\times 0.3)\times 0.3\times 70=43.701(m^3)$	[1-1-14]H (人工消耗量×1.5×1.18)
2	反铲挖土机挖沟槽 (三类土、湿土)	挖沟槽湿土深2.1m， 挖湿土工程量 = $(0.88+2\times 0.5+0.67\times 2.1)\times 2.1\times 70=483.189(m^3)$ 反铲挖土机挖湿土工程量 = $483.189-43.701=439.488(m^3)$	[1-1-116]H (机械消耗量×1.2×1.18)
3	反铲挖土机挖沟槽 (三类土)	挖沟槽总工程量 = $(0.88+2\times 0.5+0.67\times 3.1)\times 3.1\times 70=858.669(m^3)$ 反铲挖土机挖干土工程量 = $858.669-483.189=375.48(m^3)$	[1-1-116]H (机械消耗量×1.2)

(4)回填方

①定额工程量计算规则

管沟回填应扣除管径200mm以上的管道、基础、垫层和各种构筑物所占的体积。坑槽回填工程量计算公式为:

$$V_{回填} = V_{挖} - V_{应扣} \tag{1-3-7}$$

式中:$V_{挖}$——挖方量(包括沿线各种井室所需增加的挖方量),m^3;

$V_{应扣}$——管径大于200mm的管道、基础、垫层和各种构筑物所占的体积,m^3。

【例1-3-6】 某雨水管道Y1~Y2长25m,采用$D600$钢筋混凝土Ⅱ级管,管道基础如图1-3-4所示。已知Y1、Y2为1000mm×1000mm的矩形检查井,检查井所占空间体积为2.25m^3/座,沟槽平均挖深2m,采用人工挖二类土,用挖出的原素土回填至原地面标高。计算该段管道沟槽的挖方量及回填方量。(图中尺寸、材料用量见表1-3-8)

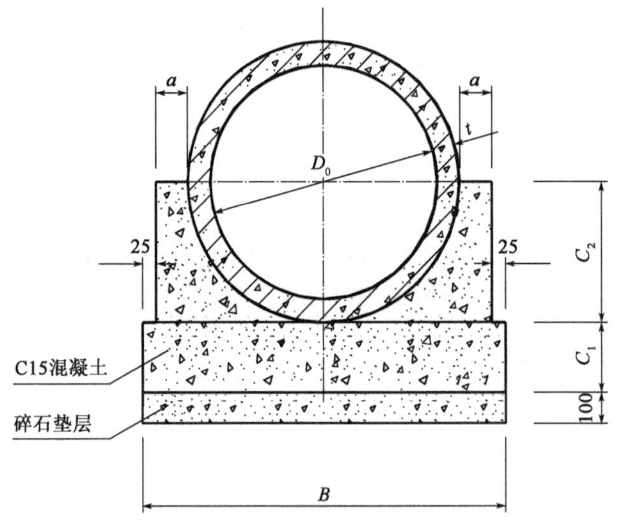

图1-3-4 管道基础结构图(尺寸单位:mm)

参数表 表1-3-8

管径 D_0(mm)	Ⅱ、Ⅲ级管						
	各部尺寸(mm)					材料用量(m^3/m)	
	t	α	B	C_1	C_2	碎石	C15混凝土
600	55	110	980	110	355	0.10	0.234
1000	100	125	1500	200	600	0.15	0.604

【解】 由题查表1-3-4得基础每侧工作面宽度为0.5m,查表1-3-5得放坡系数为0.5,该段管道沟槽的挖方量 $V_{挖} = (0.9 + 2 \times 0.5 + 0.5 \times 2) \times 2 \times 25 = 145(m^3)$

管道所占体积 $V_{管道} = (0.355^2 \times \pi) \times (25 - 1) = 9.50(m^3)$

基础和垫层所占体积 $V_{基础+垫层}=(0.234+0.10)\times(25-1)=8.02(m^3)$

则该段管道沟槽的回填方量 $V_{填}=145-9.50-8.02-2.25=125.23(m^3)$

②定额套用及换算说明

定额中回填土(包括松填、夯填、碾压)均已考虑了5m内就近取土因素,超过5m按以下规定计算:

a.就地取余松土或堆积土回填时,除按填方定额执行外,另按运土方定额计算土方运输费用。

b.外购土者,据实计算土方费用。

(5)土石方运输

①定额工程量计算规则

土方的挖、推、铲、装、运等体积均以天然密实体积计算,填方按设计的回填体积(压实后体积)计算。不同状态的土方体积,按表1-3-9系数换算。

土方体积换算表 表1-3-9

虚方体积	天然密实体积	压实后体积	松填体积
1.00	0.77	0.67	0.83
1.20	0.92	0.80	1.00
1.30	1.00	0.87	1.08
1.50	1.15	1.00	1.25

所以,运输土方的工程量计算公式为:

$$V_{运}=V_{挖}-V_{填}\times1.15 \tag{1-3-8}$$

$V_{运}$值为正,则表示有余土需外运;$V_{运}$值为负,则表示需运入土方用于回填。

②定额套用及换算说明

土石方运距应以挖土重心至填土重心或弃土重心最近距离计算,挖土重心、填土重心、弃土重心按施工组织设计确定。如遇下列情况应增加运距。

a.人力及人力车运土、石方上坡坡度大于15%,推土机、铲运机重车上坡坡度大于5%,斜道运距按斜道长度乘以表1-3-10中的系数计算。

运距系数表 表1-3-10

项 目	推土机、铲运机			人力及人力车
坡度(%)	5~10	15以内	25以内	15以上
系数	1.75	2	2.5	5

b.拖式铲运机(斗容量$3m^3$)加27m转向距离,其余型号铲运机加45m转向距离。

【例1-3-7】 某道路工程,挖土方量为$1800m^3$,填土方量为$500m^3$,挖、填土考虑场内平衡,试计算其土方外运量。

【解】 $V_{运}=V_{挖}-V_{填}\times1.15=1800-1.15\times500=1225(m^3)$

【例 1-3-8】 双轮翻斗车运湿土，斜道长 50m，坡度为 20%，试确定斜道运距并确定套用的定额子目。

【解】 斜道运距 =50×5=250(m)。

套用定额子目：[1-1-43]H+[1-1-44]H×4。

由于市政工程项目所涉及的工程类别较多，结构类型复杂，所以其他项目定额工程量的计算规则和计算方法的具体运用需要我们在工程实践中慢慢积累和总结，这里不再一一赘述。

任务实施

请你根据任务描述，通过学习相关知识，深入理解工程量清单计价的基本原理。通过小组讨论，完成任务描述中清单项目综合单价的计算，并将计算结果填写至表 1-3-11。

工程量清单综合单价计算表

单位工程名称：某城市支路工程　　　　表 1-3-11

序号	编码	名称	单位	工程量	综合单价组成(元)					合计(元)
					人工费	材料费	机械费	管理费和利润	小计	
1		挖一般土方(三类土)								
2		斗容量 $0.6m^3$ 反铲挖掘机挖土装车(三类土)								—
3		人工挖土方(三类土)								—

任务总结与评价

<table>
<tr><td colspan="2">姓名</td><td></td><td>学号</td><td></td><td>成绩</td><td></td></tr>
<tr><td colspan="2">任务名称</td><td colspan="5">理解市政工程工程量清单计价</td></tr>
<tr><td colspan="3">评价内容</td><td>优秀</td><td>良好</td><td>合格</td><td>继续努力</td></tr>
<tr><td rowspan="3">任务实施</td><td>知识点一</td><td>理解工程量清单计价的基本原理</td><td></td><td></td><td></td><td></td></tr>
<tr><td>知识点二</td><td>熟悉市政工程消耗量定额的组成内容</td><td></td><td></td><td></td><td></td></tr>
<tr><td>知识点三</td><td>掌握工程量清单综合单价的计算方法</td><td></td><td></td><td></td><td></td></tr>
</table>

续上表

问题与感想	
任务综合评价	

知识测试与能力训练

一、单选题

1. 根据现行建筑安装工程费项目组成规定，下列费用项目属于按造价形成划分的是(　　)。

A. 人工费　　B. 企业管理费　　C. 利润　　D. 税金

2. 职工的养老保险费属于(　　)。

A. 规费　　B. 措施费　　C. 间接费　　D. 企业管理费

3. 下列费用中属于安全文明施工费的是(　　)。

A. 脚手架费　　B. 临时设施费

C. 二次搬运费　　D. 夜间施工照明

4. 根据工程造价的形成顺序，脚手架工程费应计入建筑安装工程(　　)。

A. 措施项目费　　B. 分项工程费

C. 规费　　D. 施工机械使用费

5. 分部分项工程量清单的项目编码按五级设置，其中第二级表示(　　)。

A. 分部工程顺序码　　B. 专业工程代码

C. 分项工程顺序码　　D. 附录顺序码

6. 根据现行规范有关规定，分部分项工程量清单的项目编码，按五级设置，其中第五级表示(　　)。

A. 专业工程代码　　B. 分部工程顺序码

C. 拟建工程清单项目顺序码　　D. 附录顺序码

7. 根据现行规范有关规定，工程量清单中的工程量乘以综合单价得到的是(　　)费用。

A. 建设项目　　B. 单项工程

C. 单位工程　　D. 分部分项工程

8. 相应于建设项目组成层次的划分，工程造价的顺序是(　　)。

A. 分部分项工程造价→单项工程造价→单位工程造价→建设项目总造价

B. 分部分项工程造价→单位工程造价→单项工程造价→建设项目总造价

C. 单项工程造价→单位工程造价→分部分项工程造价→建设项目总造价

D. 单位工程造价→单项工程造价→分部分项工程造价→建设项目总造价

二、多选题

1. 我国现行建筑安装工程费，按费用构成要素划分包括(　　)。

A. 人工费　　B. 利润和税金

C. 措施项目费　　D. 企业管理费

2. 按现行规范规定，分部分项工程量清单应按统一的(　　)进行编制。

A. 项目编码　　B. 项目名称

C. 项目特征　　D. 计量单位

E. 工程量计算规则

3. 在市政工程的补充清单项目中，补充编码是由(　　)组成的。

A. 04　　B. 01　　C. B　　D. 3 位阿拉伯数字

4. 综合单价是指一个规定计量单位项目所需的除规费、税金以外的全部费用，包括人工费、(　　)、利润。

A. 措施项目费　　B. 材料费

C. 施工机具使用费　　D. 企业管理费

5. 建设项目组成层次的划分主要有(　　)。

A. 分部工程　　B. 单项工程

C. 单位工程　　D. 分项工程

三、计算题

某新建道路工程全长 280m，路宽 7m，土的类别为三类，填方要求密实度达到 95%。请完成下列土方工程量计算表(题表 1-1)，并分别计算挖土和填土体积。

土方工程量计算表 题表 1-1

桩号	距离(m)	挖土			填土		
		横断面面积(m^2)	平均断面面积(m^2)	体积(m^3)	横断面面积(m^2)	平均断面面积(m^2)	体积(m^3)
K0 +000	—	2.75	—	—	2.46	—	—
	35						
K0 +035		2.13			2.69		
	11						
K0 +046		0			9.36		
	32						
K0 +078		0			8.43		
	65						
K0 +143		1.24			4.42		
	72						
K0 +215		5.25					
	65						
K0 +280	—	2.35	—	—	2.68	—	—
合计		—	—		—	—	

回 执考链接

某雨水管道工程长 360m，采用直径为 DN1000 的钢筋混凝土Ⅱ级管(2m 一节)，基础采用 180°的 C15 混凝土基础(图 1-3-4)。管道接口采用钢丝网水泥砂浆接口。设计采用 ϕ1500mm 雨水检查井(流槽式)共 9 座，平均布置(工程起点及终点处均设有检查井)，检查井所占空间体积为 10.5m^3/座，检查井最大水平投影面积为 4m^2/座，每座井位加宽部分的挖方面积为 1m^2。具体参数见题表 1-2。

参数表 题表 1-2

管径(mm)	Ⅱ、Ⅲ级管						
	各部尺寸(mm)					碎石用量(m^3/m)	C15 混凝土用量(m^3/m)
	t	a	B	C_1	C_2		
1000	100	125	1500	200	600	0.15	0.604

已知：沟槽平均深度为 3.2m，沟槽用挖出的原素土回填至原地面标高。设井字支撑下挖土(木挡土板、木支撑)。沟槽挖土采用 1m^3 反铲挖掘机挖三类土方(不装车，无人工辅助开挖)，挖、填土方不计场内运输费用，沟槽采用机械回填，余方弃运按 1m^3 反铲挖掘机装车，8t 自卸车运 3km 考虑。

试计算本工程的土方挖、填、运的定额工程量。

学习情境二

道路工程施工图清单编制

学习目标

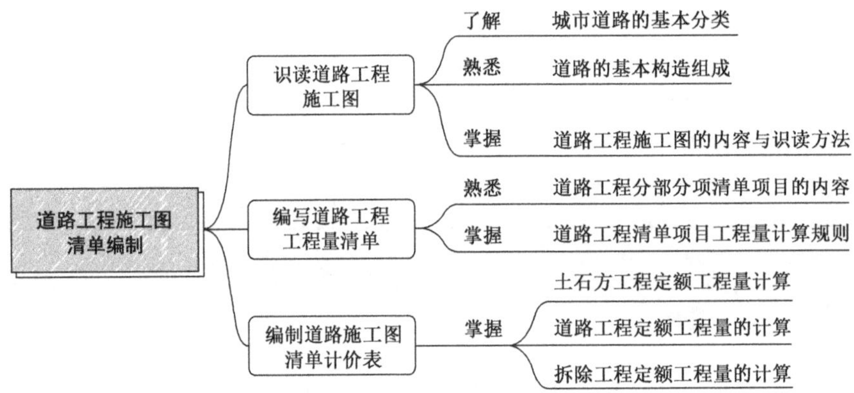

学习任务一 识读道路工程施工图

任务描述

请认真识读某大街跨沁水河大桥道路工程施工图，通过道路工程基本知识的学习，熟悉该项目道路的路幅形式及其基本构造组成；通过小组讨论，完成该道路工程施工图的识读任务，并将识读结果填写至表 2-1-1 中。

知识导图

相关知识

2.1 城市道路的分类与组成

一、城市道路的分类

1. 按交通功能分类

《城市道路工程设计规范》(CJJ 37—2012)(2016 年版)按道路在道路网中的地位、交通功能以及对沿线的服务功能等,将城市道路分为四个等级,即快速路、主干路、次干路和支路。

(1)快速路

快速路是城市大容量、长距离、快速交通的通道,具有四条以上的车道。快速路对向车行道之间应设中央分隔带。快速路两侧不应设置吸引大量车流、人流的公共建筑物的出入口。

(2)主干路

主干路是城市道路网的骨架,连接城市各主要分区,以交通功能为主。自行车交通量大时,应采用机动车与非机动车分隔的形式。主干路两侧不宜设置吸引大量车流、人流的公共建筑物的出入口。

(3)次干路

次干路是城市的交通干路,以区域性交通功能为主,起集散交通的作用,兼有服务功能。次干路两侧可设置公共建筑物的出入口。

(4)支路

支路是连接次干路与居住区、工业区、交通设施等的道路,应解决局部地区交通,以服务功能为主。

2. 按平面布置分类

《城市道路工程设计规范》(CJJ 37—2012)(2016 年版)规定,道路横断面布置类型主要有单幅路、两幅路、三幅路和四幅路。

(1)单幅路(图 2-1-1)

机动车与非机动车混合行驶。

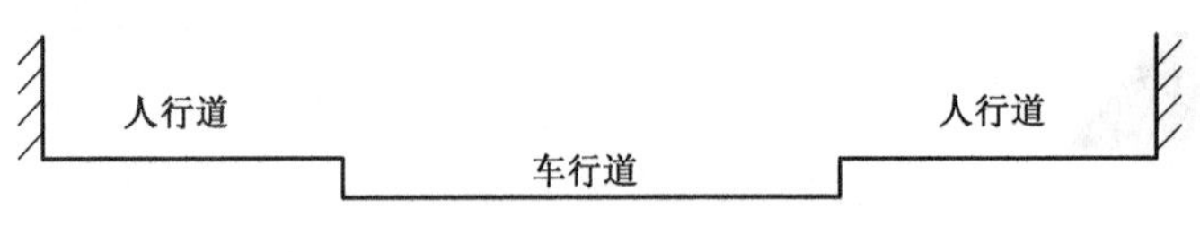

图 2-1-1 单幅路横断面示意

(2)两幅路(图 2-1-2)

机动车与非机动车分流向混合行驶。

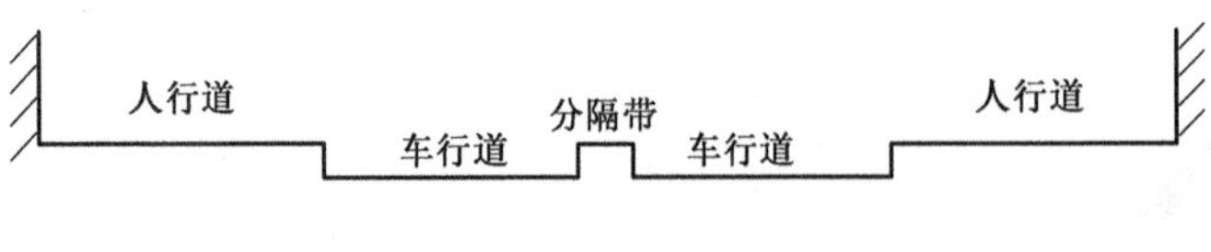

图 2-1-2 两幅路横断面示意

(3)三幅路(图 2-1-3)

机动车与非机动车分道行驶,非机动车分流向行驶。

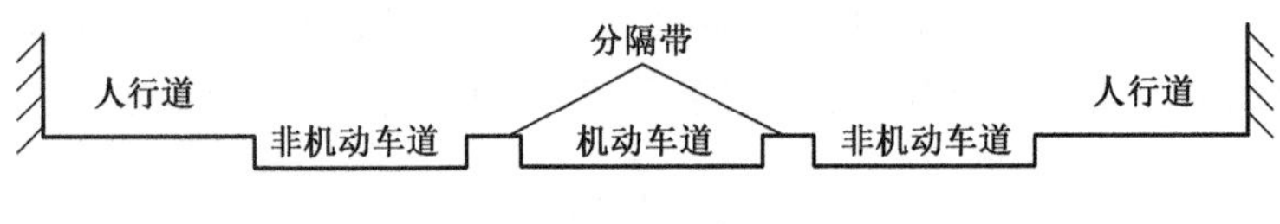

图 2-1-3 三幅路横断面示意

(4)四幅路(图 2-1-4)

机动车与非机动车分道、分流向行驶。

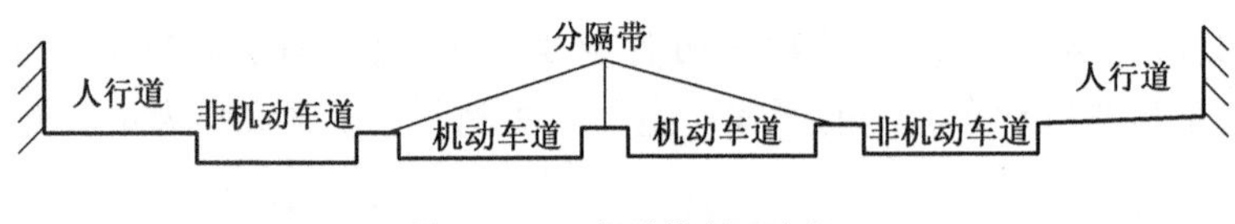

图 2-1-4 四幅路横断面示意

二、道路的构造组成

道路是一种带状构筑物,主要承受汽车荷载的反复作用和经受各种自然因素的长期影响。路基和路面是道路工程的主要组成部分。

1. 路基

路基是路面的基础,位于路面以下,由土石材料修筑而成,是贯穿道路全线的条形结构物。

路基按填挖形式可分为路堤、路堑和半填半挖式路基。高于原始地面的填方路基,称为路堤;低于原始地面的挖方路基,称为路堑;介于路堤和路堑之间的称为半填半挖式路基,如图 2-1-5所示。

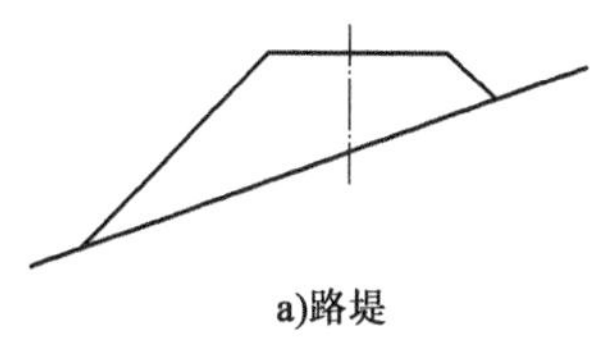

a)路堤

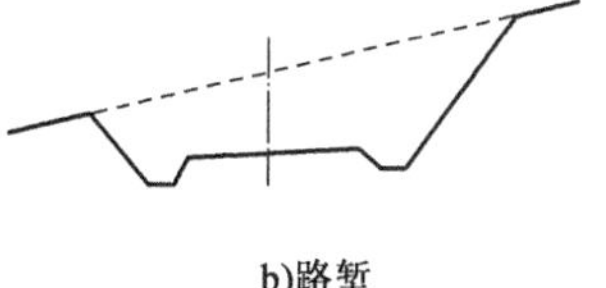

b)路堑

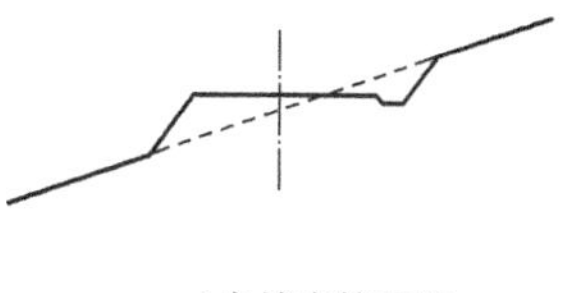

c)半填半挖路基

图 2-1-5 路基横断面形式示意图

2. 路面

路面是铺筑在路基顶面,用不同材料或混合料分层铺筑而成的供车辆行驶的一种层状结构物。路面结构可由面层、基层、底基层和必要的功能层组合而成。

1)路面结构层

(1)面层

面层位于整个路面结构的最上层,是直接承受行车荷载作用、大气降水和温度变化影响的路面结构层。面层采用不同材料分层铺筑时,可分为表面层、中面层和下面层。面层应具有平整、抗车辙、抗疲劳开裂、抗低温开裂和抗水损坏等性能,表面层混合料尚应具有抗滑和耐磨损性能。常用的面层材料有水泥混凝土和沥青混合料。

(2)基层和底基层

基层设置在面层之下,主要承受由面层传来的车辆荷载作用,并将其扩散到底基层和土基中。基层可分两层铺筑,其上层仍称为基层,下层则称为底基层。基层和底基层应具有足够的承载能力、抗疲劳开裂性能、耐久性和水稳定性。基层和底基层的材料类型主要有无机结合料稳定类、粒料类、沥青结合料类和水泥混凝土。

(3)功能层

路面结构功能层主要有防冻层、透层、黏层、封层等。《公路沥青路面设计规范》(JTG D50—2017)规定,季节性冻土地区路面厚度不满足防冻要求时,应增设防冻层。防冻层宜采用粗砂、砂砾和碎石等粒料类材料。沥青结合料类材料层间应设置黏层;在沥青结合料类材料层与其他材料层间应设置封层,宜设置透层。粒料类基层和无机结合料稳定类基层顶面宜设置透层,可采用稀释沥青和乳化沥青等。

2)路面类型

根据路面的力学特性,路面可分为柔性路面、刚性路面和半刚性路面三种。

(1)柔性路面。主要是指除水泥混凝土以外的各类基层和各类沥青面层、碎石面层等所组成的路面。其主要力学特点是,整体刚度较小,路面结构本身的抗弯拉强度较低,变形较大,但有足够的抗压强度,柔性好,行车舒适性较好。如沥青混凝土路面。

(2)刚性路面。主要是指用水泥混凝土作为面层或基层的路面。其主要力学特点是,在行车荷载作用下产生板体作用,其强度高,刚性大,路面在荷载作用下产生的弯沉变形较小。路面的破坏取决于荷载作用下所产生的疲劳弯拉应力。如水泥混凝土路面。

(3)半刚性路面。主要是指以沥青混合料作为面层,无机结合料稳定类材料作为基层的路面。这种无机结合料稳定类基层材料在前期具有柔性路面的力学特性,而后期强度增长较大,最终强度比柔性路面高、比刚性路面低。如水泥或石灰粉煤灰稳定粒料类基层的沥青路面。

三、道路工程图

道路工程图主要采用路线平面图、道路纵断面图、道路横断面图，综合表达路线的空间位置、线形和尺寸。

1.路线平面图

路线平面图是用标高投影法将路线的走向、平面线形（直线和曲线），以及沿线两侧一定范围内的地形地物等，从上而下投影所绘制的水平投影图。如图 2-1-6 所示为某道路路线平面图，主要是用来表现道路的走向、平面线形、路线定位及两侧地形地物情况等内容。

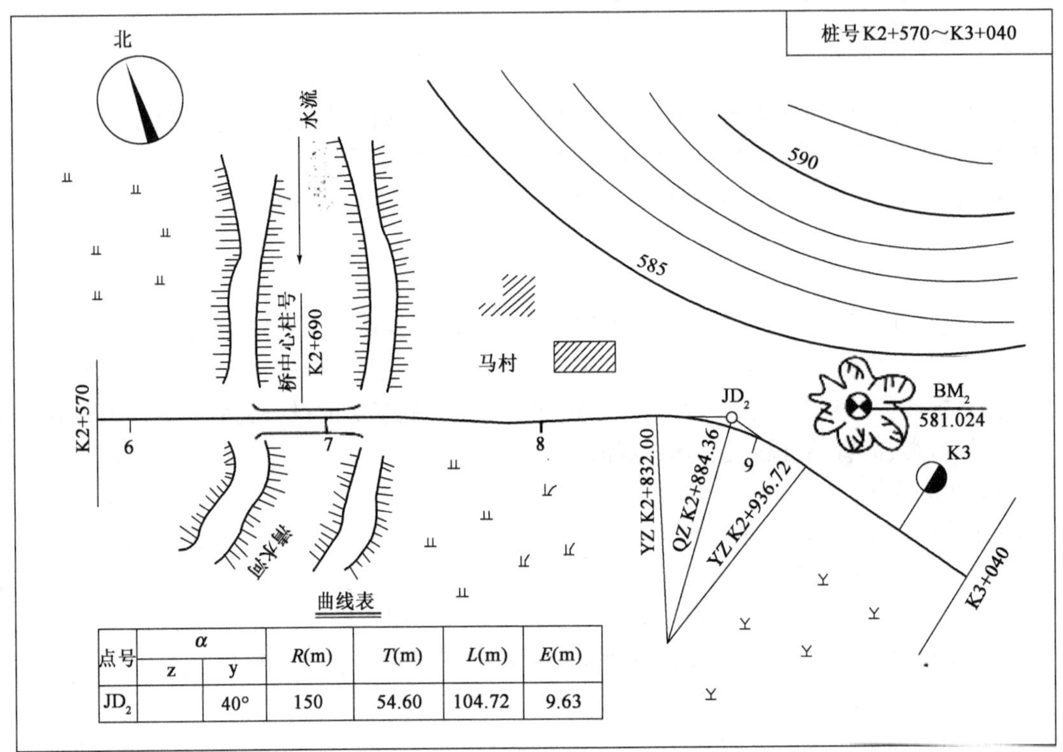

点号	α		R(m)	T(m)	L(m)	E(m)
	z	y				
JD_2		40°	150	54.60	104.72	9.63

图 2-1-6 某道路路线平面图（标高单位：m）

(1)道路路线平面图的识读

①首先了解地形地物情况：根据平面图图例及等高线的特点，了解图样反映的地形地物状况、地面各控制点标高、构筑物的位置、道路周围建筑的情况、已知水准点的位置和编号、坐标网参数或地形点方位等。

②识读道路设计情况：依次识读道路中心线、机动车道、非机动车道、人行道、分隔带、交叉路口及道路平曲线设置情况等。

③了解道路方位及走向，路线控制点坐标、里程桩号等。

④根据道路用地范围，了解原有建筑物及构筑物的拆除范围以及拟拆除部分的性质、数量，所占农田的性质及数量等。

⑤结合路线纵断面图，掌握道路的填挖工程情况。

(2)道路路线平面图在编制施工图预算中的主要作用

道路平面图提供了道路直线段长度、交叉口转弯角度及半径、路幅宽度等数据,可用于计算道路各结构层的面积,并按各结构层的具体施工方法,套用相应的预算定额。

2. 路线纵断面图

路线纵断面图是指沿道路中心线,用假想的铅垂面进行剖切,展开后进行正投影所得到的图样。路线纵断面图主要反映道路沿纵向的设计高程变化、地质情况、填挖情况、原地面标高、桩号等多项内容及其数据,如图 2-1-7 所示。

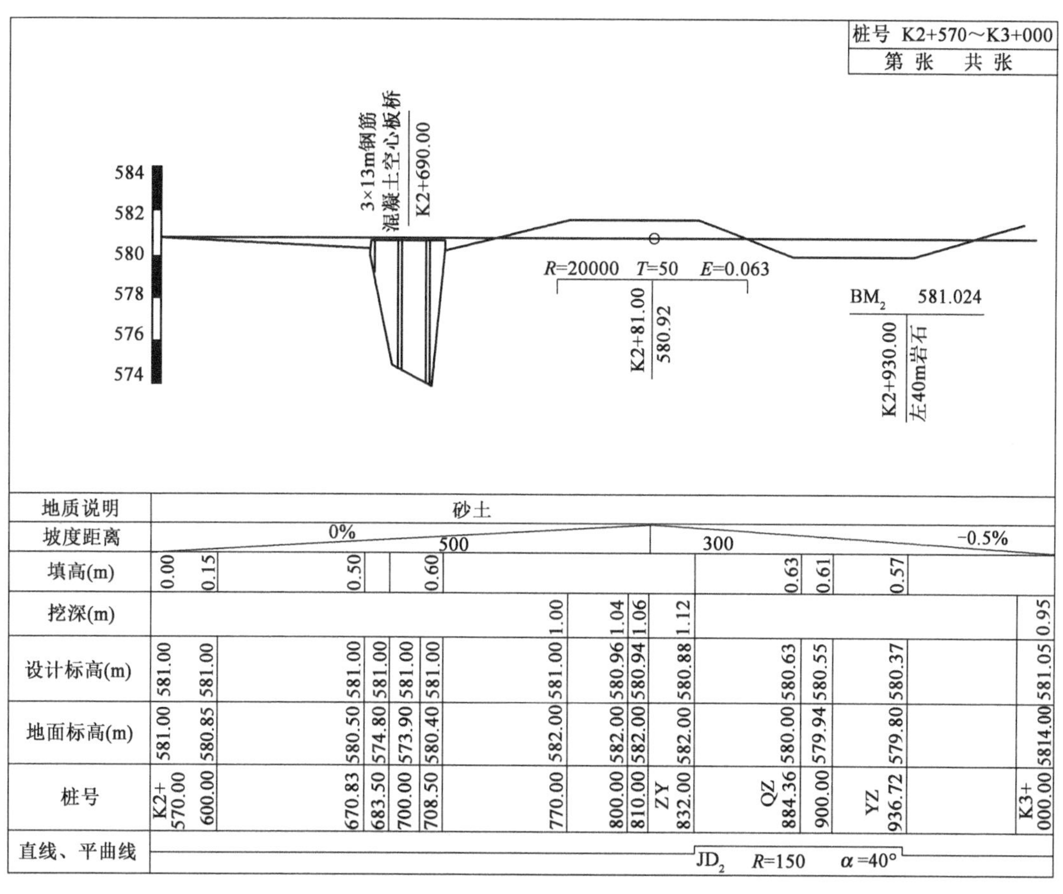

桩号 K2+570～K3+000
第 张 共 张
584
582
580
578
576
574
3×13m钢筋混凝土空心板桥
K2+690.00
R=20000 T=50 E=0.063
K2+81.00
580.92
BM2 581.024
K2+930.00
左40m岩石
地质说明 砂土
坡度距离 0% 500 300 -0.5%
填高(m) 0.00 0.15 0.50 0.60 0.63 0.61 0.57
挖深(m) 1.00 1.04 1.06 1.12 0.95
设计标高(m) 581.00 581.00 581.00 581.00 581.00 581.00 581.00 580.96 580.94 580.88 580.63 580.55 580.37 581.05
地面标高(m) 581.00 580.85 580.50 574.80 573.90 580.40 582.00 582.00 582.00 582.00 580.00 579.94 579.80 5814.00
桩号 K2+570.00 600.00 670.83 683.50 700.00 708.50 770.00 800.00 810.00 ZY 832.00 QZ 884.36 900.00 YZ 936.72 K3+000.00
直线、平曲线 JD2 R=150 α=40°

图 2-1-7 某道路路线纵断面图

(1)路线纵断面图的识读

路线纵断面图应结合图样部分和测设数据部分识读,并与道路路线平面图对照,了解图样所表示的确切内容。

①找到图样的纵向、横向比例并读懂道路沿线的标高变化,对照资料数据表,得出道路的准确标高。

②识读竖曲线起止点对应的里程桩号,图样中竖曲线的符号与竖曲线本身长短对应。读懂图样中注明的各几何要素。

③确定路线中的构筑物,识读其图例、编号、所在位置桩号等。

④根据里程桩号、路面设计标高和原地面标高,读懂道路路线的填挖情况。

⑤根据资料表中的坡度、坡长、平曲线示意图及相关数据,读懂路线线形的空间变化情况。

(2)路线纵断面图在编制施工图预算中的作用

通过比较原地面标高和设计标高数据,可知路基的挖填方情况。当设计标高高于原地面标高时,为填方路基;当设计标高低于原地面标高时,为挖方路基。

3. 道路横断面图

道路横断面是指垂直于道路中心线方向的断面。道路横断面图可分为标准横断面图和路基横断面图,如图 2-1-8 和图 2-1-9 所示。

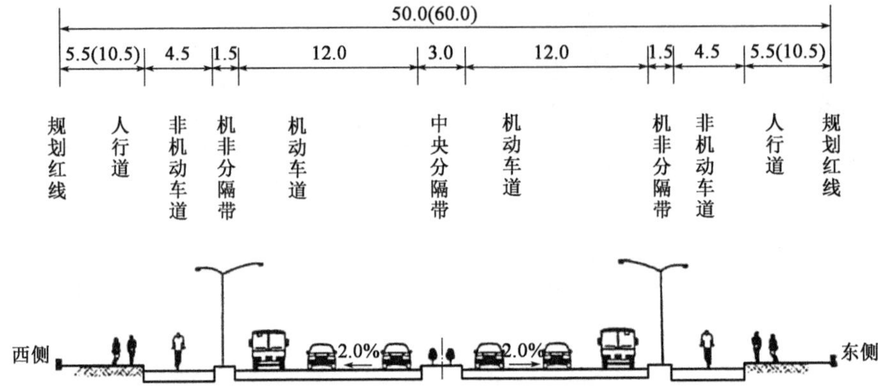

图 2-1-8 道路标准横断面图(尺寸单位:m)

注:图中括号内数值表示局部道路横断面的数值。

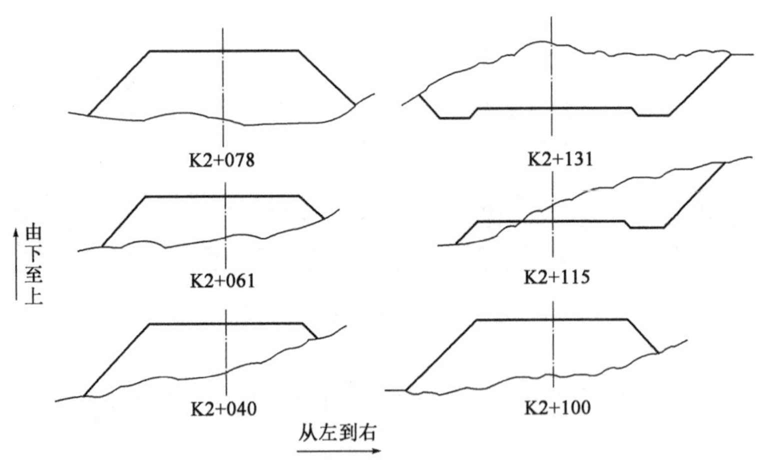

图 2-1-9 路基横断面图

(1)道路横断面图的识读

①识读道路标准横断面图,了解该道路横断面布置的基本形式及整个道路的横向范围,了解车行道(机动车道与非机动车道)、人行道、分隔带(绿化带)的宽度尺寸。

②识读路面结构图,了解车行道与人行道的层状铺筑结构、各结构层的材料组成及其铺筑

厚度。图 2-1-10 所示为某道路路面结构大样图。从图中可以看出,该道路车行道路面从下至上依次为:厚度为 40cm 的二灰碎石基层、厚度为 7cm 的粗粒式沥青混凝土面层和厚度为 3cm 的细粒式沥青混凝土面层;人行道结构从下至上依次为:厚度为 12cm 的二灰碎石基层、厚度为 3cm 的米砂层和厚度为 6cm 的舒布洛克砖面层。

③若有单独绘制的局部大样图,可通过识读大样图,了解道路侧石、平石的具体尺寸与结构。图 2-1-10 所示车行道与人行道由侧石、平石分界。平石截面尺寸(宽 × 高)为 30cm × 12.5cm,平石顶面与车行道顶面齐平。侧石截面尺寸为 12.5cm × 27.5cm,设 $R2$ 圆角,侧石顶面与人行道顶面齐平,侧石、平石底部设 5cm 厚 C20 水泥混凝土底座,侧石后设 10cm 宽后座。

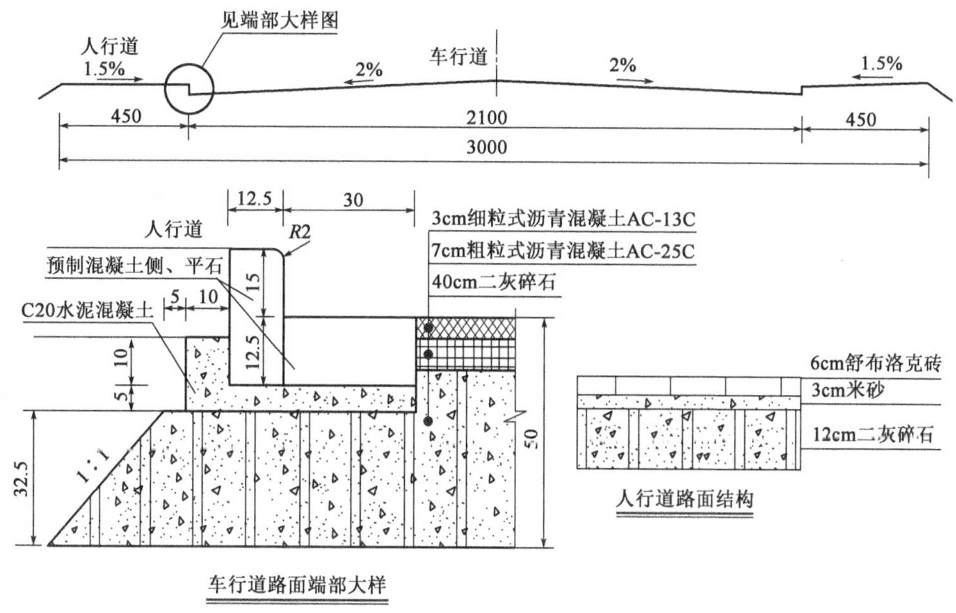

图 2-1-10 某道路路面结构大样图(尺寸单位:cm)

④读图时注意图纸上的说明,一般结构图中没有表达清楚的信息可以在图纸说明中找到,如图纸尺寸单位说明、结构具体施工方法等。

⑤结合路线平面图、横断面图及结构大样图,可对道路各结构部分的工程量进行计算,并结合其施工方法,用于指导清单组价。

(2)道路横断面图在编制施工图预算中的作用

道路横断面图为路基土石方计算与路面各结构层计算提供了断面资料。如通过标准横断面图,可以识读出横断面布置的基本形式、横断面各组成部分的宽度;通过路基横断面图可进行路基土石方填挖工程量的计算。

任务实施

请根据任务描述,通过学习相关知识以及查阅相关资料,完成该道路工程施工图识读任务,将识读结果填写至表 2-1-1。

道路工程施工图识读任务表

表 2-1-1

序号	任　务
1	本项目的起讫点桩号是多少？路线全长是多少？其中设有一座桥梁，其长度是多少？其起讫点桩号是多少？
2	本项目道路横断面的布置属于哪种类型？设计路线总宽度是多少？各组成部分的宽度分别是多少？
3	该道路平面设计在本工程范围内是否有交点？设计交点桩号是多少？本项目工程范围内直线段长度是多少？曲线长度是多少？该设计曲线是缓和曲线吗？
4	本工程范围内道路最大纵坡是多少？最小坡长是多少？竖曲线最小半径是多少？竖曲线长度是多少？
5	本工程车行道路面结构总厚度是多少？采用何种类型的路面？各组成部分的厚度与材料分别是？
6	本工程人行道路面结构总厚度是多少？其各组成部分的厚度与材料分别是？请说明道路立缘石和锁边石的位置、尺寸和材料。
7	本项目一般路段在填筑路基之前，对工程范围内的地表土应如何处理？清表厚度按多少计算？耕地填前清表面积是多少？清表后填方高度小于80cm应进行何种处理？低填浅挖路段，换填透水性材料碎石土的体积是多少？
8	路基防护工程是防止路基病害、保证路基稳定的重要设施。桩号 K0 + 350 ~ K0 + 400 路线前进方向右侧过水塘路段路基防护形式是什么？防护厚度是多少？浆砌片石防护体积是多少？除水塘路段外的路基边坡防护均采用何种防护形式？
9	本项目跨越沁水河桥梁两侧台后路基清表后采用何种材料进行填筑？其处理范围是？该材料换填体积为多少？该范围内的路基压实度不小于多少？

续上表

序号	任　务
10	本工程的路基设计情况可以从哪些图纸中读识？本工程一般路基设计、特殊路基处理及路基防护的内容包含哪些？

任务总结与评价

姓名			学号		成绩	
任务名称		识读道路工程施工图				
评价内容			优秀	良好	合格	继续努力
任务实施	知识点一	了解城市道路的基本分类				
	知识点二	熟悉道路的基本构造组成				
	知识点三	掌握道路工程施工图的内容及识读方法				
问题与感想						
任务综合评价						

学习任务二 编写道路工程工程量清单

任务描述

请根据某大街跨沁水河大桥道路工程施工图，运用现行《市政工程工程量计算规范》(GB 50857)，明确该道路工程需要编写的各项清单项目名称、项目编码、项目特征、计量单位，正确计算各清单项目的工程量并编写该道路工程工程量清单。

知识导图

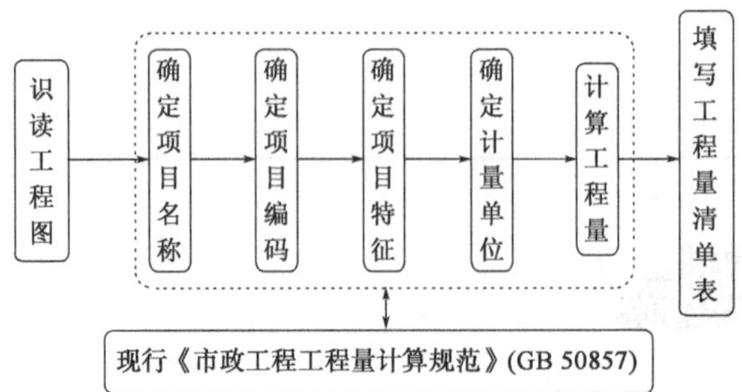

相关知识

某大街跨沁水河大桥道路工程所涉及的工程量清单项目主要有土石方工程、道路工程及拆除工程。工程量清单项目内容及工程量计算规则参见附录。

一、土石方工程清单项目

附表A土石方工程中,设置了3个小节共10个清单项目。3个小节分别为:土方工程、石方工程、回填方及土石方运输;10个清单项目分别为:挖一般土方,挖沟槽土方,挖基坑土方,暗挖土方,挖淤泥、流砂,挖一般石方,挖沟槽石方,挖基坑石方,回填方,余方弃置。

1.土石方工程主要分部分项清单项目

沟槽、基坑、一般土(石)方的划分:

(1)底宽≤7m且底长>3倍底宽为沟槽;

(2)底长≤3倍底宽且底面积≤150m^{2}为基坑;

(3)超过以上范围,为一般土(石)方。

2.土石方工程分部分项清单项目工程量计算规则

(1)挖一般土(石)方

工程量按设计图示尺寸以体积计算,即按原地面线与设计图示开挖线之间的体积计算。

(2)挖沟槽土(石)方

工程量按设计图示尺寸以基础垫层底面积乘以挖土深度,以体积计算。

(3)挖基坑土(石)方

工程量按设计图示尺寸以基础垫层底面积乘以挖土深度,以体积计算。

(4)暗挖土方

工程量按设计图示断面面积乘以长度,以体积计算。

(5)挖淤泥、流砂

工程量按设计图示位置、界限,以体积计算。

(6)回填方

①工程量按挖方清单项目工程量加原地面至设计要求标高间的体积,减去基础、构筑物等埋入体积计算。

本条计算规则适用于沟槽、基坑等开挖后再进行回填方的清单项目。当原地面线高于设计要求标高时,其体积为负值。

②工程量按设计图示尺寸以体积计算。本条计算规则适用于场地填方。

(7)余方弃置

工程量按挖方清单项目工程量减利用回填方体积(正数)计算。

特别提示

(1)土石方体积应按挖掘前的天然密实体积计算。土的类别不能准确划分时,招标人可注明为“综合”,由投标人根据地质勘察报告决定报价。

(2)挖土深度一般是指原地面到沟槽/基坑底的平均深度。

(3)挖方因工作面和放坡增加的工程量,应并入各土方工程量中。

(4)挖方清单项目的工作内容仅包括土方场内平衡所需的运输费用,如需土方外运时,按“余方弃置”项目编码列项。

(5)挖方出现流砂、淤泥时,如设计未明确,在编制工程量清单时,其工程数量可为暂估值。结算时,根据实际情况由发包人与承包人双方现场签证确认工程量。挖淤泥、流砂的运距可以不描述,但应注明由投标人根据施工现场实际情况自行考虑决定报价。

(6)回填方总工程量中若包括场内平衡和缺方内运两部分时,应分别编码列项。回填方如需缺方内运,且填方材料品种为土方时,是否在综合单价中计入购买土方的费用,由投标人根据工程实际情况自行考虑。

二、道路工程清单项目

附表B道路工程中,设置了5个小节共80个清单项目,5个小节分别为:路基处理、道路基层、道路面层、人行道及其他、交通管理设施。

1. 道路工程分部分项清单项目

(1)路基处理

本节主要按照路基处理方式的不同,设置了23个清单项目:预压地基,强夯地基,振冲密实(不填料),掺石灰,掺干土,掺石,抛石挤淤,袋装砂井,塑料排水板,振冲桩(填料),砂石桩,水泥粉煤灰碎石桩,深层水泥搅拌桩,粉喷桩,高压水泥旋喷桩,石灰桩,灰土(砂)挤密桩,柱锤冲扩桩,地基注浆,褥垫层,土工合成材料,排(截)水沟,盲沟。

(2)道路基层

本节主要按照基层材料的不同,设置了16个清单项目:路床(槽)整形,石灰稳定土,水泥稳定土,石灰、粉煤灰、土,石灰、碎石、土,石灰、粉煤灰、碎(砾)石,粉煤灰,矿渣,砂砾石,卵石,碎石,块石,山皮石,粉煤灰三渣,水泥稳定碎(砾)石,沥青稳定碎石。

(3)道路面层

本节主要按照道路面层材料的不同,设置了9个清单项目:沥青表面处治,沥青贯入式,透层、黏层,封层,黑色碎石,沥青混凝土,水泥混凝土,块料面层,弹性面层。

(4)人行道及其他

本节主要按照道路附属构筑物的不同,设置了8个清单项目:人行道整形碾压,人行道块料铺设,现浇混凝土人行道及进口坡,安砌侧(平、缘)石,现浇侧(平、缘)石,检查井升降,树池砌筑,预制电缆沟铺设。

(5)交通管理设施

本节按不同的交通管理设施,设置了24个清单项目:人(手)孔井、电缆保护管、标杆、标志板、视线诱导器、标线、标记、横道线、清除标线、环形检测线圈、值警亭、隔离护栏、架空走线、信号灯、设备控制机箱、管内配线、防撞筒(墩)、警示柱、减速垄、监控摄像机、数码相机、道闸机、可变信息情报板、交通智能系统调试。

各清单项目名称、项目编码、项目特征、计量单位、工程量计算规则、工作内容等可参见本书附表B。

2. 道路工程分部分项清单项目工程量计算规则

(1)路基处理

路基处理方法不同,则清单项目计量单位及工程量计算规则也不同。

①预压地基、强夯地基、振冲密实(不填料)、土工合成材料:计量单位为m^2,按设计图示尺寸以面积计算。

②掺石灰、掺干土、掺石、抛石挤淤:计量单位为m^3,按设计图示尺寸以体积计算。

③袋装砂井、塑料排水板、排(截)水沟、盲沟:计量单位为m,按设计图示尺寸以长度计算。

④水泥粉煤灰碎石桩、深层水泥搅拌桩、粉喷桩、高压水泥旋喷桩、石灰桩、灰土挤密桩、柱锤冲打桩:计量单位为m,按设计图示尺寸以桩长(包括桩尖)计算。

⑤振冲桩(填料)、砂石桩:以m计量,按设计图示尺寸以桩长计算;或者以m^3计量,按设计桩截面乘以桩长以体积计算。

⑥地基注浆:以m计量,按设计图示尺寸以深度计算;或者以m^3计量,按设计图示尺寸以加固体积计算。

⑦褥垫层:以m^2计量,按设计图示尺寸以铺设面积计算;或者以m^3计量,按设计图示尺寸以铺设体积计算。

(2)道路基层

①路床(槽)整形:计量单位为m^2,按设计道路底基层图示尺寸以面积计算,不扣除各类井所占面积。

【例2-2-1】 某道路工程K0+000~K0+200段采用沥青路面,其路面结构如图2-2-1所示,试确定该段道路机动车道路床整形的清单项目编码及清单工程量。

【解】 根据清单工程量计算规则,路床整形工程量按设计道路底基层图示尺寸以面积计算,不扣除各类井所占面积。该路床整形的清单项目编码及清单工程量见表2-2-1。

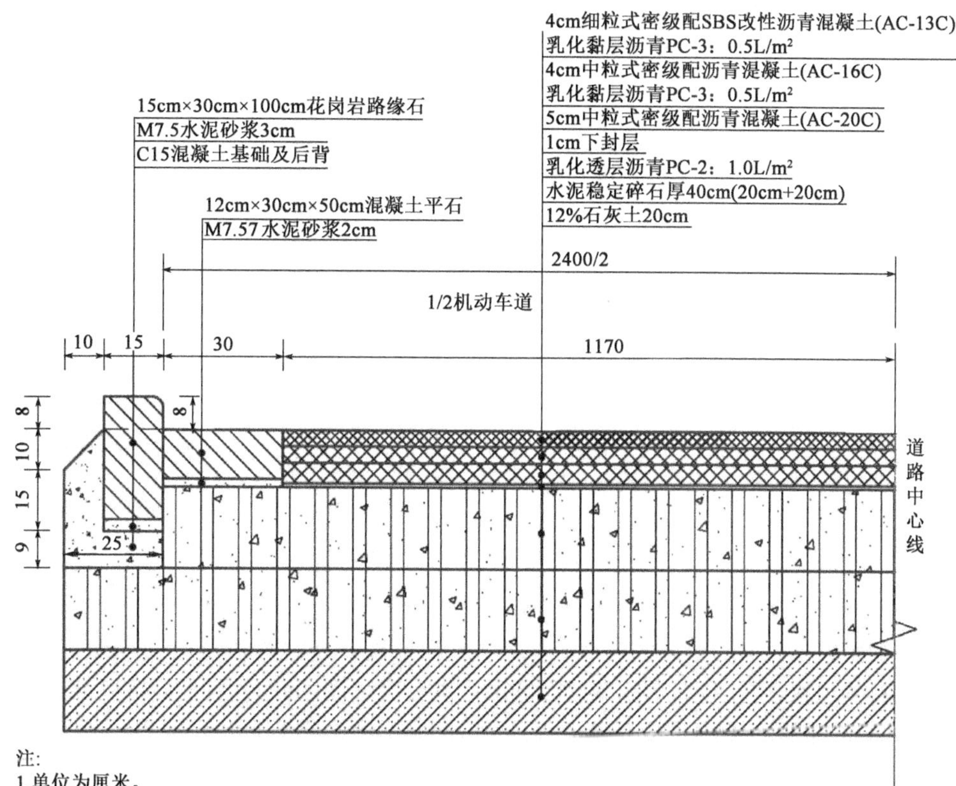

注:
1.单位为厘米。
2.每层沥青混凝土之间需用沥青黏层油，型号为PC-3乳化沥青。
3.水泥稳定碎石基层压实成型后，应洒布PC-2型乳化沥青，并立即撒布石屑或粗砂，乳液用量为0.7～1.5L/m²，石屑或粗砂用量为2～3m³/1000m。
4.下封层沥青采用PCR型改性(SBS)乳化沥青，用量为0.9～1.0L/m²，并撒布5～8m²/1000m的石屑。
5.预制混凝土路缘石、侧石、平石所用混凝土强度等级不低于C40。

图2-2-1　某道路路面结构图

路床整形工程量清单

表2-2-1

序号	项目编码	项目名称 项目特征	计量单位	工程量
1	040202001001	路床整形 1. 部位：机动车道 2. 范围：K0 +000 ~ K0 +200	m^2	(24 +0.25 ×2) ×200 =4900

特别提示

道路基层设计截面为梯形时,应按其截面平均宽度计算面积,并在项目特征中对截面参数加以描述。

【例 2-2-2】 某道路工程 K0 +000 ~ K0 +200 段采用沥青路面,其路面结构如图 2-2-1 所示,试确定该段道路的基层清单项目名称、项目编码并计算清单工程量。

【解】 根据道路基层的项目名称、项目特征要求及清单工程量计算规则,该道路基层工程量清单见表 2-2-2。

道路基层工程量清单 表 2-2-2

序号	项目编码	项目名称 项目特征	计量单位	工程量
1	040202002001	石灰土 1. 含灰量:12% 2. 厚度:20cm	m^3	(24 +0.25 ×2) ×200 =4900
2	040202015001	水泥稳定碎石 1. 水泥含量:12% 2. 厚度:上层 20cm 厚截面宽 24m,下层 20cm 厚截面宽 24.5m	m^2	24 ×200 +24.5 ×200 =9700

(3)道路面层

不同材料的道路面层,工程量计算规则相同,均按设计图示尺寸以面层面积计算,不扣除各种井所占面积,带平石的面层应扣除平石所占面积,计量单位为 m^2。

特别提示

水泥混凝土路面中的传力杆、拉杆及角隅加强钢筋的制作、安装均不包括在“水泥混凝土道路面层”清单项目中,应按“钢筋工程”中的相关项目编码列项。

【例 2-2-3】 某道路工程 K0 +000 ~ K0 +200 段采用沥青路面,其路面结构如图 2-2-1 所示,试确定该段道路的面层清单项目名称、项目编码并计算清单工程量。

【解】 根据道路面层的项目名称、项目特征要求及清单工程量计算规则,该道路面层工程量清单见表 2-2-3。

道路面层工程量清单 表 2-2-3

序号	项目编码	项目名称 项目特征	计量单位	工程量
1	040203004001	下封层 1. 材料品种:PCR 型改性乳化沥青 2. 喷油量:0.9 ~ 1.0L/m^2 3. 厚度:1cm	m^2	(24 −0.3 ×2) ×200 =4680

续上表

序号	项目编码	项目名称 项目特征	计量单位	工程量
2	040203003001	透层 1. 材料品种：乳化沥青 PC-2 2. 喷油量：0.7～1.5L/m^2	m^2	4680
3	040203003002	黏层 1. 材料品种：乳化沥青 PC-3 2. 喷油量：0.5L/m^2	m^2	4680×2=9360
4	040203006001	沥青混凝土 1. 沥青品种：SBS 改性沥青 2. 沥青混凝土种类：AC-20C 3. 石料粒径：中粒式密级配 4. 厚度：5cm	m^2	4680
5	040203006002	沥青混凝土 1. 沥青品种：SBS 改性沥青 2. 沥青混凝土种类：AC-16C 3. 石料粒径：中粒式密级配 4. 厚度：4cm	m^2	4680
6	040203006003	沥青混凝土 1. 沥青品种：SBS 改性沥青 2. 沥青混凝土种类：AC-13C 3. 石料粒径：细粒式密级配 4. 厚度：4cm	m^2	4680

（4）人行道及其他

①人行道整形碾压：计量单位为 m^2，按设计人行道图示尺寸以面积计算，不扣除侧石、树池和各类井所占面积。

②人行道块料铺设、现浇混凝土人行道及进口坡：计量单位为 m^2，按设计图示尺寸以面积计算，不扣除各类井所占面积，但应扣除侧石、树池所占面积。

③安砌侧（平、缘）石、现浇侧（平、缘）石、预制电缆沟铺设：计量单为 m，按设计图示中心线长度计算。

④检查井升降：计量单位为座，按设计图示路面标高与原有的检查井发生正负高差的检查井的数量计算。

⑤树池砌筑：计量单位为个，按设计图示数量计算。

【例 2-2-4】 某道路工程 K0+000～K0+200 段两侧各设有 6m 宽人行道，已知一侧人行道内设有20个矩形树池，树池尺寸为125cm×125cm；各类井所占面积为65m²。人行道路面结构如图2-2-2所示，试确定该段道路人行道块料铺设的清单工程量。

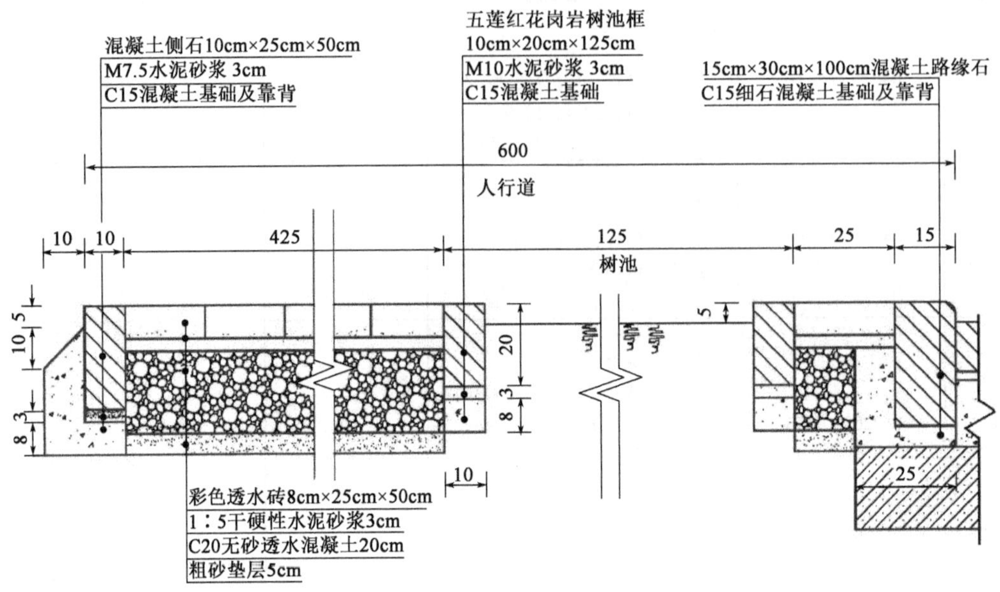

图2-2-2 某人行道路面结构图(尺寸单位:cm)

【解】 根据清单工程量计算规则，人行道块料铺设按设计图示尺寸以面积计算，不扣除各类井所占面积，但应扣除侧石、树池所占面积。已知人行道包含树池、侧石及各类井的总面积为 $6 \times 2 \times 200 = 2400\text{m}^2$，由图2-2-2知：

树池的总面积：$1.25 \times 1.25 \times 20 \times 2 = 62.5\text{m}^2$

侧石的总面积：$0.25 \times 2 \times 200 = 100\text{m}^2$

因此，人行道块料铺设的工程量为 $2400 - 62.5 - 100 = 2237.5\text{m}^2$，该道路人行道块料铺设工程量清单见表2-2-4。

人行道块料铺设工程量清单 表2-2-4

序号	项目编码	项目名称 项目特征	计量单位	工程量
1	040204002001	人行道块料铺设 1. 块料品种：彩色透水砖8cm×25cm×50cm 2. 基础、垫层：3cm的1∶5干硬性水泥砂浆+20cm厚C20无砂透水混凝土+5cm粗砂垫层 3. 厚度：1cm	m²	2237.5

(5)交通管理设施

①人(手)孔井、值警亭：计量单位为座，按设计图示数量计算。

②电缆保护管、隔离护栏、架空走线、管内配线、减速垄：计量单位为 m，按设计图示以长度计算。

③标杆、警示柱：计量单位为根，按设计图示数量计算。

④标志板：计量单位为块，按设计图示数量计算。

⑤视线诱导器：计量单位为只，按设计图示数量计算。

⑥标线：以 m 计量，按设计图示以长度计算；或者以 m^2 计量，按设计图示尺寸以面积计算。

⑦标记：以个计量，按设计图示数量计算；或者以 m^2 计量，按设计图示尺寸以面积计算。

⑧横道线、清除标线：计量单位 m^2，按设计图示尺寸以面积计算。

⑨环形检测线圈、防撞筒（墩）：计量单位为个，按设计图示数量计算。

⑩信号灯、数码相机、道闸机、可变信息情报板：计量单位为套，按设计图示数量计算。

⑪设备控制机箱、监控摄像机：计量单位为台，按设计图示数量计算。

⑫交通智能系统调试：按设计图示数量计算，计量单位为系统。

三、拆除工程清单项目

1. 拆除工程分部分项清单项目

附表 K 拆除工程中共 1 个小节 11 个清单项目，分别为：拆除路面，拆除人行道，拆除基层，铣刨路面，拆除侧、平（缘）石，拆除管道，拆除砖石结构，拆除混凝土结构，拆除井，拆除电杆，拆除管片。

2. 拆除工程分部分项清单项目工程量计算规则

（1）拆除路面、拆除人行道、拆除基层、铣刨路面：按拆除部位以面积计算，计量单位为 m^2。

（2）拆除砖石结构、拆除混凝土结构：按拆除部位以体积计算，计量单位为 m^3。

（3）拆除侧、平（缘）石，拆除管道：按拆除部位以延米计算，计量单位为 m。

（4）拆除井：按拆除部位以数量计算，计量单位为座。

（5）拆除电杆：按拆除部位以数量计算，计量单位为根。

（6）拆除管片：按拆除部位以数量计算，计量单位为处。

特别提示

拆除路面、人行道及管道清单项目的工作内容中均不包括基础及垫层拆除，发生时按相应清单项目编码列项。

任务实施

请根据任务描述，通过学习相关知识及学习情境一中所学习的工程量清单编写内容及要求，试编写该道路工程的分部分项工程量清单，并计算其清单工程量，填写至表 2-2-5 中。

分部分项工程量清单表 表 2-2-5

序号	项目编码	项目名称 项目特征	计量单位	工 程 量

特别提示

查找某个市政工程的分部分项工程量清单需要编写哪些项目名称时，在熟悉工程图的基础上，可依据《规范》的附录顺序，由前往后依次查找（编写时可依此顺序或者按照施工顺序依次编写）。没有查找到的清单项目，可以考虑编写补充项目。

任务总结与评价

<table>
<tr><td colspan="2">姓名</td><td></td><td>学号</td><td></td><td>成绩</td><td></td></tr>
<tr><td colspan="2">任务名称</td><td colspan="5">编写道路工程工程量清单</td></tr>
<tr><td colspan="3">评价内容</td><td>优秀</td><td>良好</td><td>合格</td><td>继续努力</td></tr>
<tr><td rowspan="3">任务实施</td><td>知识点一</td><td>了解道路工程工程量清单编写的内容及原则</td><td></td><td></td><td></td><td></td></tr>
<tr><td>知识点二</td><td>熟悉道路工程分部分项清单项目的内容</td><td></td><td></td><td></td><td></td></tr>
<tr><td>知识点三</td><td>掌握道路工程清单项目工程量计算规则</td><td></td><td></td><td></td><td></td></tr>
<tr><td colspan="2">问题与感想</td><td colspan="5"></td></tr>
<tr><td colspan="2">任务综合评价</td><td colspan="5"></td></tr>
</table>

学习任务三 编制道路施工图清单计价表

子任务一 计算清单项目组合工作内容的工程量

任务描述

请根据某大街跨沁水河大桥道路工程施工图和已编写的道路工程分部分项工程量清单，利用现行《山东省市政工程消耗量定额》（2016 版），列项计算该道路工程各清单项目组合工作内容的定额工程量。

知识导图

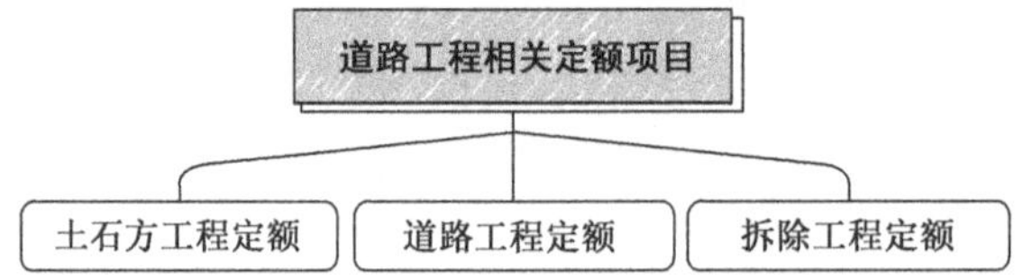

相关知识

一、土石方工程定额项目

“土石方工程”是《定额》第一册《通用工程》的第一章。土石方工程定额工程量计算及定额套用说明已在学习情境一任务三的相关知识中详细介绍过，这里不再赘述。

二、道路工程定额项目

《道路工程》是《定额》的第二册，包括：路基处理、道路基层、道路面层、人行道及其他、交通管理设施，共 5 章。

2.3.1 路基处理

1. 路基处理

路基处理定额包括预压路基、强夯路基、掺砂石、抛石挤淤等项目。路基处理定额项目表可扫二维码查阅。

(1)定额工程量计算规则

①预压路基按设计图示尺寸以加固面积计算。

②强夯路基分满夯、点夯,按设计图示尺寸的夯击范围以面积计算,设计无规定时,按每边超过基础外缘宽度3m计算。

③掺石灰、水泥按设计图示尺寸范围内面积乘以路基处理深度,以体积计算。

④机械翻晒、掺砂石按设计图示尺寸以面积计算。

⑤抛石挤淤、换填石碴(毛石)、振冲桩(填料)按设计图示尺寸以体积计算。

⑥袋装砂井、塑料排水板按设计图示尺寸以长度计算。

⑦振动砂石桩按设计桩截面面积乘以桩长(包括桩尖),以体积计算。

⑧水泥粉煤灰碎石桩(CFG)按设计图示尺寸以桩长(包括桩尖)计算;取土外运按成孔体积计算。

⑨高压旋喷桩工程量,钻孔按原地面至设计桩底的距离以长度计算,喷浆按设计加固桩截面面积乘以设计桩长,以体积计算。

⑩水泥搅拌桩(含深层水泥搅拌法和粉体喷拌法)按桩长乘以桩径截面面积,以体积计算,桩长按设计桩顶标高至桩底另加500mm计算;若设计桩顶标高比自然地坪标高小0.5m或已达打桩前的自然地坪标高时,另增加长度应按实际长度计算或不计。

(2)定额套用及换算说明

①堆载预压定额工作内容包括堆载四面放坡和修筑坡道,未包括堆载材料的运输,发生的费用另行计算。

②真空预压砂垫层厚度按70cm考虑,当设计材料厚度不同时可以调整,人工增减2.37工日/10m^3。

③路基处理设计的石灰、水泥含量与定额不同时可以调整,但人工、机械用量不变。

④袋装砂井直径按7cm考虑,当设计砂井直径不同时,按砂井截面面积的比例关系调整中(粗)砂用量,其他消耗量不变。袋装砂井及塑料排水板处理软弱地基,工程量为设计深度,定额材料消耗中已包括砂袋或塑料板的预留长度。

⑤水泥搅拌桩分为深层搅拌法(简称湿法)和粉体喷拌法(简称干法),定额已综合了正常施工需要的重复喷浆(灰)和搅拌。空搅部分按相应项目的人工及搅拌机械台班用量乘以系数0.5。

⑥振冲桩(填料)定额不包括泥浆排放处理的费用,发生时另行计算。

⑦水泥搅拌桩中深层搅拌法的单(双)头搅拌桩、三轴水泥搅拌桩定额按二搅二喷工艺考虑。设计不同时,每增(减)一搅一喷按相应项目的人工、机械台班消耗量乘以系数0.4。

⑧石灰桩按桩径500mm考虑,设计桩径每增加50mm,人工、机械台班消耗量乘以系数1.05。当设计与定额的石灰用量不同时可以调整。

⑨高压旋喷桩中设计水泥用量与定额不同时,应根据设计规定进行调整。泥浆运输体积按旋喷桩体积的1.5倍计算。

⑩水泥粉煤灰碎石桩(CFG)的土方场外运输按“土石方工程”相应项目执行。

2.道路基层

道路基层定额包括路床(槽)整形、路拌多合土基层、厂拌多合土基层、粉煤灰基层等项

2.3.2 道路基层

目。道路基层定额项目表可扫二维码查阅。

(1)定额工程量计算规则

①路床(槽)整形碾压按设计道路路基边缘图示尺寸以面积计算,不扣除各类井所占面积。在设计中明确加宽值的,按设计规定计算,设计中未明确的,可按设计路宽每侧各加50cm计算。

②培路肩、整修边坡按设计图示尺寸以面积计算。

③土边沟成型按设计图示尺寸以体积计算。

④道路(人行道)基层摊铺、养护均按设计摊铺层的面积之和计算,不扣除各类井所占面积,如设计道路基层横断面为梯形,应按其界面平均宽度计算面积。

⑤多合土运输按材料用量以体积计算。

(2)定额套用及换算说明

①路床(槽)整形包括平均厚度10cm以内的人工挖高填低,路床(槽)整平达到设计要求的纵、横坡度并应经压路机碾压密实。

②边沟成型已综合了边沟挖土中不同土的类别,并考虑两侧边坡培整面积所需的挖土、培土、修整边坡及余土抛出沟外的全过程所需人工。

③多合土基层按现场拌和与集中拌和考虑。当采用厂拌时,其场外运输按相应定额子目执行,且运距在25km以内。

④多合土基层中各种材料是按常用配合比编制的,当设计与定额取定的材料配合比不同时,定额中的相关材料可以换算,但人工和机械台班消耗量不变。

⑤基层混合料多层铺筑时,其基层各层均需进行养护,养护期按7d考虑,其用水已综合在多合土养护项目内,使用时不得重复计算用水量。

⑥设有"每增减1cm"的子目,适用于压实厚度20cm以内的结构层铺筑,压实厚度20cm以上的按两层结构层铺筑。

⑦多合土及碎石等基层现场拌和用水,定额中按取就近自来水考虑。施工中如采用汽车运水,其费用另计。

⑧多合土基层铺筑时,两侧如需培土或采用模板支护,其费用另行计算。

⑨凡使用石灰的项目,均未包括消解石灰的内容,发生时,另执行消解石灰项目的有关规定。

3. 道路面层

道路面层定额包括简易路面、沥青表面处治、结合层(透层、黏层、封层)、沥青混凝土路面等项目。道路面层定额项目表可扫二维码查阅。

2.3.3 道路面层

(1)定额工程量计算规则

①沥青混凝土、水泥混凝土及其他类型路面工程量按设计图示以面积计算,不扣除各类井所占面积,但扣除与路面相连的平石、侧石、缘石及桥梁工程中的伸缩缝所占的面积(沥青混凝土及水泥混凝土路面)。

②伸缝嵌缝按设计缝长乘以设计缝深,以面积计算。

③锯缝机切缝、填灌缩缝按设计图示尺寸以长度计算。

④土工布贴缝按混凝土路面缝长乘以设计宽度,以面积计算(纵横相交处面积不扣除)。

(2)定额套用及换算说明

①喷洒沥青油料中,透层、黏层、封层分别列有石油沥青和乳化沥青两种油料,其中透层适用于无结合料粒料基层和无机结合料稳定类基层;黏层适用于新建沥青层、旧沥青路面和水泥混凝土路面。当设计与定额取定的喷油量不同时,定额中相关材料可以调整,人工、机械消耗量不变。

②沥青混凝土路面所需沥青混合料采用定点拌和时,其运至作业面所需的运费按定额中相应子目执行。若采用成品,其运杂费包含在成品价中,不再另行计算。

③沥青玛琋脂碎石混合料设计采用的纤维稳定剂的掺加比例与定额不同时,可按设计要求调整定额中纤维稳定剂的消耗量。

④彩色沥青混凝土路面执行沥青混凝土路面子目,其发生的摊铺及拌和设备的清洗费用,按实际发生费用另行计取。其所需材料的配合比按实际调整,人工、机械消耗量不变。

⑤水泥混凝土路面已综合考虑了有筋和无筋的不同功效,施工中无论有筋、无筋均不换算。

⑥水泥混凝土路面定额中未包括拉防滑条、刻纹,发生时另按相应定额执行。

⑦水泥混凝土路面定额中混凝土按预拌考虑。

⑧水泥混凝土路面项目按平口编制,当设计为企口时,按相应项目执行,其中人工乘以系数1.01,模板摊销量乘以系数1.05。

⑨水泥混凝土路面伸缩缝所用填缝材料,当设计与定额不同时,可以调整。

⑩水泥混凝土路面用钢筋执行“钢筋工程”相应子目的规定。

4.人行道及其他

人行道及其他定额包括人行道整形碾压、人行道块料铺设、混凝土人行道、广场、停车场、运动场面层等项目。人行道及其他定额项目表可扫二维码查阅。

2.3.4 人行道及其他

(1)定额工程量计算规则

①人行道整形碾压按人行道设计图示尺寸以面积计算,不扣除树池和各类井所占面积。

②人行道板安砌,人行道块料、混凝土人行道铺设,停车场、广场面层铺装按设计图示尺寸以面积计算,不扣除各类井所占面积,但应扣除侧石、缘石、树池所占面积。

③花岗岩人行道板伸缩缝按设计图示尺寸以长度计算。

④侧(平)石、缘石垫层区分不同材质,以体积计算。

⑤侧(平)石、缘石按设计图示中心线以长度计算。

⑥现浇混凝土侧(平)石、缘石模板按混凝土与模板接触面积计算。

⑦检查井升降按“座”计算。

⑧砌筑树池侧石按设计外围尺寸以长度计算。

(2)定额套用及换算说明

①人行道整形项目包括平均厚度 10cm 以内的人工挖高填低、整平、碾压。

②当采用的人行道板、人行道块料、广场砖等材料规格或型号与定额不同时,可以调整,但人工、机械消耗量不变。

③侧(缘)石安砌包括直线、弧线,已综合考虑。

④现浇混凝土侧(缘)石靠背(护角)执行现浇混凝土侧(缘)石子目的规定。现浇混凝土侧(缘)石模板按钢模板考虑,实际采用其他形式模板时不调整。

⑤树池盖安装未包括填料,发生时按填料品种执行相应定额子目的规定。

⑥检查井、窨井、雨水进水井升高均不包含更换井盖座等工作内容,发生升高并更换井盖座时,按"更换检查井盖座"相应子目执行。

⑦零星砌体抹面适用于台阶、水池、花池等零星构筑物抹面。

2.3.5 交通管理设施

5. 交通管理设施

交通管理设施定额包括交通标志杆安装、门架安装、标志牌安装、视线诱导器等项目。交通管理设施定额项目表可扫二维码查阅。

(1)定额工程量计算规则

①交通标志杆安装均按"根"计算,双柱标志杆两柱为一根。

②标志牌按设计图示数量以"块"计算。

③标线、标记、横道线按设计图示尺寸以面积计算,文字、字符按单体的外围矩形面积计算,图形按外框尺寸以面积计算。标志牌反光膜按成型标志牌面积乘以系数 1.8(不另计损耗)计算。其他表面警示用反光膜按实贴面积计算。

④环形检测线圈敷设按实埋长度(包括进控制箱部分)计算。

⑤混凝土隔离墩按设计图示尺寸以体积计算。

⑥塑质隔离筒(墩)按设计图示数量以"个"计算。

(2)定额套用及换算说明

①交通标志杆、门架杆及标志牌均按成品考虑,其中标志牌成品不含反光膜。

②标志牌安装分小型、大型标志牌,面积在 $1m^2$ 以内的为小型标志牌,面积在 $1m^2$ 以上的为大型标志牌。

③附着式反光轮廓标安装于波形护栏或其他护栏上,已综合考虑各种安装方法。路面突起路标采用黏合剂粘于水泥混凝土或沥青路面上,包括反光型与非反光型。

④纵向标线包括中心线、边缘线和分道线;标记包括文字、字符及图形;横道线包括人行横道线、停止线及导流带标线等;其他标线均按横道线相应项目执行。

⑤标志牌、标志杆及门架安装的螺栓(垫圈、垫片),当设计与定额取定的材料规格及数量不同时,可以调整。

⑥塑质隔离筒(墩)内灌水(砂)费用,另行计算。

⑦交通设施所需的保护管及相关线缆敷设、混凝土基础,按《定额》中《路灯工程》的相应子目执行。

三、拆除工程定额项目

2.3.6 拆除工程

“拆除工程”是《定额》第一册《通用工程》的第三章,本章定额包括:拆除旧路、拆除人行道、拆除侧(缘)石、拆除管道、拆除构筑物、铣刨路面等项目。拆除工程定额项目表可扫二维码查阅。

1. 定额工程量计算规则

(1)拆除旧路及人行道按面积计算。

(2)拆除侧(缘)石及各类管道按长度计算。

(3)拆除构筑物及障碍物按体积计算。

(4)伐树、挖树蔸按实挖数以“棵”计算,砍挖乔灌木、清挖草皮以面积计算。

(5)路面凿毛、路面铣刨按设计图纸或施工组织设计,以面积计算。

(6)路面切缝根据切缝厚度按长度计算。

(7)采用液压破碎锤拆除旧路按面积计算。

2. 定额套用及换算说明

(1)《定额》中的拆除工程均未包括挖土方,挖土方按《定额》第一册第一章“土石方工程”相应项目执行。

(2)小型机械拆除项目中包括人工配合作业。

(3)液压破碎锤破碎后的废料,其清理费用另行计算;人工及小型机械拆除后的旧料应整理干净,就近堆放整齐。如需运至指定地点回收利用或弃置,则另行计算运费和回收价值。

(4)管道拆除要求拆除后的旧管保持基本完好,破坏性拆除不得套用《定额》。拆除混凝土管道未包括拆除基础及垫层用工。基础及垫层拆除按相应项目执行。

(5)定额中未考虑地下水因素,若发生则另行计算。

(6)人工拆除石灰土、二渣、三渣、二灰结石基层,应根据材料组成情况执行拆除无骨料多合土基层或拆除有骨料多合土基层项目。小型机械拆除石灰土,执行小型机械拆除无筋混凝土面层项目乘以系数0.70;小型机械拆除二渣、三渣、二灰结石等其余无机结合料稳定类基层,执行小型机械拆除无筋混凝土面层项目乘以系数0.80。

(7)液压破碎锤拆除坑、槽混凝土及钢筋混凝土构筑物,按相应定额子目材料、机械消耗量乘以系数1.20,其他不变。

任务实施

请根据任务描述,通过学习相关知识,熟悉道路工程相关的定额说明及定额工程量计算规则,通过小组讨论,完成表2-2-1分部分项工程量清单项目各组合工作内容的定额工程量计算,填写至表2-3-1中。

清单项目各组合工作内容定额工程量计算表　　表 2-3-1

序号	项目编号	项 目 名 称	单位	工程量计算

子任务二　计算道路工程清单项目综合单价

【做中学 学中做】

请根据前面表2-2-1及表2-3-1已完成的内容，结合学习情境一中所学习的《山东省建设工程费用项目组成及计算规则》，计算某大街跨沁水河大桥道路工程各清单项目的综合单价，填写至表2-3-2中。

工程量清单综合单价计算表

表2-3-2

序号	编码	名称	单位	工程量	综合单价组成(元)					合计(元)
					人工费	材料费	机械费	计费基础	管理费和利润	

子任务三　道路工程施工图清单计价实例

【做中学 学中做】

请认真阅读道路工程清单计价实例表2-3-3～表2-3-8的内容，结合学习情境一中学习的《山东省建设工程费用项目组成及计算规则》，完成表2-3-3道路单位工程投标报价汇总表空白项的填写。

道路单位工程投标报价汇总表　　表2-3-3

工程名称：沁水河大桥道路工程

序号	项 目 名 称	金额(元)
1	分部分项工程费合计	
2	措施项目费	
2.1	措施项目费(一)	—
2.2	措施项目费(二)	—
3	其他项目费	
3.1	暂列金额	—
3.2	特殊项目费用	—
3.3	计日工	—
3.4	总承包服务费	—
4	规费	
5	税金	
单位工程费用合计=1+2+3+4+5－社会保障费		

分部分项工程量清单与计价表　　表2-3-4

工程名称：沁水河大桥道路工程

序号	项目编码	项目名称 项目特征	计量单位	工程数量	金额(元)	
					综合单价	合价
1	04B001	清表 1.清除地表附着物； 2.清除表土30cm； 3.外运运距：综合	m^2	10726.7	0.98	10512.17
2	040101001001	挖土方 1.土的类别：综合； 2.部位：路基	m^3	2055	3.77	9059.31

续上表

序号	项目编码	项目名称 项目特征	计量单位	工程数量	金额(元)	
					综合单价	合价
3	040103001001	填方 1. 填方材料品种:级配较好的砾类土、砂类土等; 2. 压实度:尺寸 0 ~ 80cm 的,≥95%;尺寸 80 ~ 150cm 的,≥93%;尺寸 150cm 以上的,≥92%; 3. 部位:路基	m^3	9980	10.53	105089.4
4	040103002001	余方弃置 1. 废弃料品种:路基挖方; 2. 运距:综合	m^3	2055	16.43	39481.29
5	040103001002	填方 1. 填方材料品种:砂砾石; 2. 部位:台后回填	m^3	1098	87.54	96118.92
6	040101005001	挖淤泥 1. 深度:6m 内; 2. 部位:路基水塘	m^3	474	26.5	12561
7	040103001003	填方 1. 填方材料品种:碎石土; 2. 压实度:尺寸 0 ~ 80cm 的,≥95%;尺寸 80 ~ 150cm 的,≥93%;尺寸 150cm 以上的,≥92%; 3. 部位:路基	m^3	9783.5	38	371773
8	040305005001	护坡 1. 部位:水塘; 2. 材料品种:浆砌片石; 3. 砂浆强度等级(配合比):水泥砂浆 M7.5; 4. 厚度:30cm; 5. 垫层:砂砾厚 15cm	m^2	377	103.69	39091.13
9	040202001001	路床整形 1. 部位:车行道; 2. 压实度:≥95%,重型碾压	m^2	8799	1.92	16894.08
10	040202015001	水泥稳定砂砾 1. 部位:车行道; 2. 厚度:16cm; 3. 强度:2.0MPa	m^2	8799	27.93	245756.07
11	040202015003	水泥稳定级配碎石 1. 部位:车行道; 2. 厚度:16cm; 3. 强度:3.0MPa	m^2	16394	30.47	499525.18

续上表

序号	项目编码	项目名称 项目特征	计量单位	工程数量	金额(元)	
					综合单价	合价
12	040203006001	沥青混凝土 1. 沥青品种:A-70 石油沥青; 2. 粒式:中粒式 AC-20; 3. 厚度:6cm	m^2	10375	69.77	723863.75
13	040203006002	沥青混凝土 1. 沥青品种:A-70 石油沥青; 2. 粒式:细粒式玄武岩 AC-13C; 3. 厚度:4cm	m^2	10375	54.01	560353.75
14	040203004001	下封层 1. 材料:快裂乳化石油沥青 PC-1; 2. 用量:0.8 ~ 1.1L/m^2,集料 S14,5 ~ 8m^3/1000m^2; 3. 部位:沥青面层与无机结合料稳定类基层之间	m^2	9895	9.69	95882.55
15	040203003001	透层沥青 1. 材料:PC-2 透层油; 2. 用量:1.0L/m^2; 3. 部位:沥青面层与无机结合料稳定类基层之间	m^2	9895	9.69	95882.55
16	040203003002	黏层沥青 1. 材料:快裂洒布型乳化沥青 PC-3; 2. 用量:0.5L/m^2; 3. 部位:沥青面层之间	m^2	10375	5.09	52808.75
17	040202001002	路床整形 1. 部位:人行道; 2. 压实度:≥93%,重型碾压	m^2	1577	1.42	2239.34
18	040202015004	水泥稳定砂砾 1. 部位:人行道; 2. 厚度:16cm; 3. 强度:2.0MPa	m^2	1747.5	28.02	48964.95
19	040204002001	人行道块料铺设 1. 块料品种:彩色人行道混凝土板; 2. 块料规格:20cm × 10cm × 6cm; 3. 结合材料:M7.5 水泥砂浆,3cm 厚	m^2	1577	60.31	95108.87
20	040204004001	安砌立缘石 1. 材料:机切花岗岩; 2. 规格:99.5cm × 15cm × 30cm,6cm 圆角; 3. 结合材料:M7.5 水泥砂浆,2cm 厚; 4. 背扶材料:C15 混凝土	m	562.14	62.38	35066.29

续上表

序号	项目编码	项目名称 项目特征	计量单位	工程数量	金额(元)	
					综合单价	合价
21	040204004002	安砌锁边石 1. 材料:机切花岗岩; 2. 规格:10cm×20cm; 3. 结合材料:M7.5 水泥砂浆,2cm 厚; 4. 背扶材料:C15 混凝土	m	562.14	36.01	20242.66
22	040204007001	树池砌筑 1. 材料品种、规格:石质,65cm×10cm×20cm; 2. 树池尺寸:130cm×130cm	个	72	166.28	5986.08
23	041001001001	拆除路面 1. 路面结构:沥青路面; 2. 厚度:10cm; 3. 运距:综合考虑	m^2	1767	9.52	16821.84
合计					3199082.93	

工程量清单综合单价分析表 表 2-3-5

工程名称:沁水河大桥道路工程

序号	编码	名　称	单位	工程量	综合单价组成(元)					综合单价(元)
					人工费	材料费	机械费	计费基础	管理费和利润	
1	04B001	清表 1. 清除地表附着物; 2. 清除表土 30cm; 3. 外运运距:综合	m^2		0.13		0.71	0.85	0.14	0.98
	1-1-122	反铲挖掘机挖一、二类土	$100m^3$	0.003	0.13		0.71			
2	040101001001	挖土方 1. 土的类别:综合; 2. 部位:路基	m^3		0.42		2.82	3.31	0.53	3.77
	1-1-123	反铲挖掘机挖三类土	$100m^3$	0.01	0.42		2.82			
3	040103001001	填方 1. 填方材料品种:级配较好的砾类土、砂类土等; 2. 压实度:尺寸 0 ~ 80cm 的,≥95%;尺寸 80 ~ 150cm 的,≥93%;尺寸 150cm 以上的,≥92%; 3. 部位:路基	m^3		3.01	0.16	5.88	9.19	1.48	10.53
	1-1-214	15t 内振动压路机填土碾压	$100m^3$	0.01	3.01	0.16	5.88			

续上表

序号	编码	名称	单位	工程量	综合单价组成(元)					综合单价(元)
					人工费	材料费	机械费	计费基础	管理费和利润	
4	040103002001	余方弃置 1. 废弃料品种:路基挖方; 2. 运距:综合	m^3			0.12	14.03	14.17	2.28	16.43
	1-1-179 + [1-1-180]×4	15t 内自卸汽车运土 1km 内,实际运距(km):5	$100m^3$	0.01		0.12	14.03			
5	040103001002	填方 1. 填方材料品种:砂砾石; 2. 部位:台后回填	m^3		15.92	68.85		17.23	2.77	87.54
	1-1-324	槽坑回填砂	$100m^3$	0.01	15.92	68.85				
6	040101005001	挖淤泥 1. 深度:6m 内; 2. 部位:路基水塘	m^3		2.1	0.12	20.57	23.05	3.71	26.5
	1-1-187	抓斗挖掘机挖装淤泥、流砂:6m 内	$100m^3$	0.01	2.1		6.54			
	[1-1-179] + [1-1-180]×4	15t 内自卸汽车运土 1km 内,实际运距(km):5	$100m^3$	0.01		0.12	14.03			
7	040103001003	填方 1. 填方材料品种:碎石土; 2. 压实度:尺寸 0 ~ 80cm 的,≥95%;尺寸 80 ~ 150cm 的,≥93%;尺寸 150cm 以上的,≥92%; 3. 部位:路基	m^3			32	6			38
	1-1-326	回填石碴	m^3	1		32	6			
8	040305005001	护坡 1. 部位:水塘; 2. 材料品种:浆砌片石; 3. 砂浆强度等级(配合比):M7.5 水泥砂浆; 4. 厚度:30cm; 5. 垫层:砂砾厚 15cm	m^2		27.41	67.48	2.34	31.99	6.46	103.69
	3-5-15	M10 砂浆,砌毛石护坡 30cm 内	$10m^3$	0.03	23.94	50.91	2.02			
	3-5-1	铺筑砂垫层,厚 5cm,实际厚度(cm):15	$100m^2$	0.01	3.47	16.57	0.32			

续上表

序号	编码	名称	单位	工程量	综合单价组成(元)					综合单价(元)
					人工费	材料费	机械费	计费基础	管理费和利润	
9	040202001001	路床整形 1. 部位:车行道; 2. 压实度:≥95%,重型碾压	m^2		0.22		1.43	1.68	0.27	1.92
	2-2-1	路床碾压检验,推土机整平	$100m^2$	0.01	0.22		1.43			
10	040202015001	水泥稳定砂砾 1. 部位:车行道; 2. 厚度:16cm; 3. 强度:2.0MPa	m^2		1.02	24.67	1.78	2.89	0.46	27.93
	[2-2-49] + [2-2-50]	平地机摊铺多合土基层厚15cm,实际厚度(cm):16	$100m^2$	0.01	0.93		1.57			
	810602012@1	水泥稳定砂砾2.0MPa	m^3	0.1632		23.66				
	2-2-53	顶层多合土草袋养护	$100m^2$	0.01	0.09	1.01	0.21			
11	040202015003	水泥稳定级配碎石 1. 部位:车行道; 2. 厚度:16cm; 3. 强度:3.0MPa	m^2		1.02	27.12	1.85	2.96	0.48	30.47
	[2-2-49] + [2-2-50]	摊铺机摊铺多合土基层厚15cm,实际厚度(cm):16	$100m^2$	0.01	0.93		1.64			
	810602012@2	水泥稳定砂砾掺碎石3.0MPa	m^3	0.1632		26.11				
	2-2-53	顶层多合土草袋养护	$100m^2$	0.01	0.09	1.01	0.21			
12	040203006001	沥青混凝土 1. 沥青品种:A-70 石油沥青; 2. 粒式:中粒式 AC-20; 3. 厚度:6cm	m^2		0.35	68.35	0.86	1.26	0.21	69.77
	[2-3-37] + [2-2-38]×2	机械铺中粒式沥青混凝土路面厚5cm,实际厚度(cm):6	$100m^2$	0.01	0.35		0.86			
	810601017@1	沥青混凝土中粒式(AC-20)	t	0.1424		68.35				
13	040203006002	沥青混凝土 1. 沥青品种:A-70 石油沥青; 2. 粒式:细粒式玄武岩AC-13C; 3. 厚度:4cm	m^2		0.34	52.95	0.57	0.94	0.15	54.01

续上表

序号	编码	名称	单位	工程量	综合单价组成(元)					综合单价(元)
					人工费	材料费	机械费	计费基础	管理费和利润	
	[2-3-43]+[2-3-44]	机械铺细粒式沥青混凝土路面厚2cm,实际厚度(cm):4	100m²	0.01	0.34		0.57			
	810601017@2	沥青混凝土(玄武岩)细粒式(AC-13)	t	0.0929		52.95				
14	040203004001	下封层 1.材料:快裂乳化石油沥青PC-1; 2.用量:0.8~1.1L/m²,集料S14,5~8m³/1000m²; 3.部位:沥青面层与无机结合料稳定类基层之间	m²		0.2	9.07	0.33	0.53	0.09	9.69
	2-3-176	透层油喷洒乳化沥青	100m²	0.01	0.2	9.07	0.33			
15	040203003001	透层沥青 1.材料:PC-2透层油; 2.用量:1.0L/m²; 3.部位:沥青面层与无机结合料稳定类基层之间	m²		0.2	9.07	0.33	0.53	0.09	9.69
	2-3-13	透层油喷洒乳化沥青	100m²	0.01	0.2	9.07	0.33			
16	040203003002	黏层沥青 1.材料:快裂洒布型乳化沥青PC-3; 2.用量:0.5L/m²; 3.部位:沥青面层之间	m²		0.04	4.92	0.1	0.14	0.03	5.09
	2-3-17	结合油喷洒乳化沥青0.3kg/m²	100m	0	0	4.9	0			
17	040202001002	路床整形 1.部位:人行道; 2.压实度:≥93%,重型碾压	m²		1.05		0.16	1.3	0.21	1.42
	2-4-1	人行道整形碾压	100m²	0.01	1.05		0.16			
18	040202015004	水泥稳定砂砾 1.部位:人行道; 2.厚度:16cm; 3.强度:2.0MPa	m²		1.02	24.67	1.85	2.96	0.48	28.02
	[2-2-49]+[2-2-50]	摊铺机摊铺多合土基层厚15cm,实际厚(cm):16	100m²	0.01	0.93		1.64			
	810602012@1	水泥稳定砂砾2.0MPa	m³	0.1632		23.66				

续上表

序号	编码	名　　称	单位	工程量	综合单价组成(元)					综合单价(元)
					人工费	材料费	机械费	计费基础	管理费和利润	
	2-2-53	顶层多合土草袋养护	100m²	0.01	0.09	1.01	0.21			
19	040204002001	人行道块料铺设 1.块料品种:彩色人行道混凝土板; 2.块料规格:20cm×10cm×6cm; 3.结合材料:M7.5 水泥砂浆,3cm 厚	m²		8.11	50.78		8.78	1.42	60.31
	2-4-7	1:3 水泥砂浆安砌水泥花砖	100m²	0.01	8.11	7.73				
	050403004@1	道板砖 200mm×100mm×60mm	m²	1.05		43.05				
20	040204004001	安砌立缘石 1.材料:机切花岗岩; 2.规格:99.5cm×15cm×30cm,6cm 圆角; 3.结合材料:M7.5 水泥砂浆,2cm 厚; 4.背扶材料:C15 混凝土	m		9.32	51.44		10.09	1.62	62.38
	2-4-21 换	人工铺装侧缘石混凝土垫层 换为【C15 商品混凝土碎石粒径<16mm】[商品混凝土]	m³	0.015	1.4	4.41				
	2-4-25	安砌石质侧缘石(立缘石)	100m	0.01	7.92	1.36				
	050302940@1	石质侧石(立缘石)300mm×150mm	m	1.015		45.68				
21	040204004002	安砌锁边石 1.材料:机切花岗岩; 2.规格:10cm×20cm; 3.结合材料:M7.5 水泥砂浆 2cm 厚; 4.背扶材料:C15 混凝土	m		8.86	25.61		9.58	1.54	36.01
	2-4-21 换	人工铺装侧缘石混凝土垫层 换为【C15 商品混凝土碎石粒径<16mm】[商品混凝土]	m³	0.01	0.93	2.94				
	2-4-25	安砌石质侧缘石(立缘石)	100m	0.01	7.92	1.36				
	050302940@2	石质侧石(路侧石)花岗岩 100mm×200mm×700mm	m	1.015		21.32				
22	040204007001	树池砌筑 1.材料品种、规格:石质 65cm×10cm×20cm; 2.树池尺寸:130cm×130cm	个		41.2	117.91		44.58	7.17	166.28

续上表

序号	编码	名　称	单位	工程量	综合单价组成(元)					综合单价(元)
					人工费	材料费	机械费	计费基础	管理费和利润	
	2-4-25	安砌石质侧缘石(立缘石)	100m	0.052	41.2	7.07				
	050302940@2	石质侧石(路侧石)花岗岩 100mm×200mm×700mm	m	5.278		110.84				
23	041001001001	拆除路面 1. 路面结构:沥青混凝土路面; 2. 厚度:10cm; 3. 运距:综合考虑	m^2		2.97	0.04	5.15	8.47	1.36	9.52
	1-3-3	机械拆除沥青路面,厚10cm内	$100m^2$	0.01	2.93	0.03	1.36			
	1-1-312	装载机装石方	$100m^3$	0.001	0.04		0.33			
	[1-1-322]+[1-1-323]×9	15t内自卸汽车运石碴1km内,实际运距(km):10	$100m^3$	0.001		0.01	3.46			

措施项目清单与计价表(一) 表2-3-6

工程名称:沁水河大桥道路工程

序号	项目名称	计算基础	费率(%)	费率(含管理费利润率%)	金额(元)
1	夜间施工增加费	省人工费+省机械费	0.1	0.1×(1+0.125+0.036)=0.1161	382.71
2	冬雨季施工增加费		0.91	0.91×(1+0.125+0.036)=1.0565	3482.68
3	场地清理费		0.12	0.12×(1+0.125+0.036)=0.1393	459.26
4	中小型机械及工具用具使用费		2.01	2.01×(1+0.125+0.036)=2.3336	7692.5
5	施工因素增加费		1.95	1.95×(1+0.125+0.036)=2.2640	8011.84
6	已完工程及设备保护费				
7	大型机械设备进出场及安拆费				
8	混凝土、钢筋混凝土模板及支架费				
9	脚手架费				
10	施工排水费、降水费				
11	预压处治	省人工费+省机械费	50	50×(1+0.125+0.036)=58.0500	191355.66
12	围堰费				
13	筑岛费				

续上表

序号	项目名称	计算基础	费率(%)	费率(含管理费利润率%)	金额(元)
14	便道费				
15	便桥费				
16	洞内施工的通风、供水、供气、供电、照明及通信设施费				
17	驳岸块石清理费				
合计					211384.65

措施项目清单计价汇总表 表 2-3-7

工程名称:沁水河大桥道路工程

序号	项目名称	金额(元)
1	措施项目清单计价(一)	211384.65
合计		211384.65

规费、税金项目清单与计价表 表 2-3-8

工程名称:沁水河大桥道路工程

序号	项目名称	计算基础	费率(%)	金额(元)
1	规费			
1.1	安全文明施工费			
1.1.1	环境保护费	分部分项工程费合计+措施项目费+其他项目费	0.2	
1.1.2	文明施工费		0.5	
1.1.3	临时设施费		1.82	
1.1.4	安全施工费		1	
1.2	社会保障费	分部分项工程费合计+措施项目费+其他项目费	2.75	93787.86
1.3	住房公积金	分部分项人工费+措施项目人工费	3.6	
1.4	建设项目工伤保险费	分部分项工程费合计+措施项目费+其他项目费	0.15	
2	税金	分部分项工程费合计+措施项目费+其他项目费+规费	3.48	
合计				

任务总结与评价

姓名			学号		成绩	
任务名称		编制道路施工图清单计价表				
评价内容			优秀	良好	合格	继续努力
任务实施	知识点一	熟悉道路工程清单项目组合工作内容定额工程量的计算				
	知识点二	掌握道路工程清单项目综合单价的计算				
	知识点三	掌握道路工程施工图清单计价表的编制				
问题与感想						
任务综合评价						

知识测试与能力训练

一、单选题

1. 路基按填挖形式的不同可分为(　　)。

A. 填方路基、挖方路基　　B. 路堤、路堑、半填半挖路基

C. 填方路基、半填半挖路基　　D. 挖方路基、半填半挖路基

2. 底宽 7m 以内，底长大于 3 倍底宽的土石方工程量应按(　　)列项计算。

A. 一般土石方　　B. 沟槽土石方　　C. 基坑土石方　　D. 平整场地

3. 已知某土方工程采用人工开挖，底长 8m、底宽 3m，挖深为 2m，该土方工程量应按(　　)列项计算。

A. 一般土方　　B. 沟槽土方

C. 基坑土方　　D. 平整场地

4. 人工挖土坑总深3m，已知上层土为一、二类土，深1.5m，下层土为三类土，深1.5m，该土方开挖的放坡系数为（　　）。

A. 0.5　　B. 0.42　　C. 0.33　　D. 0.30

5. 某雨水管道采用 D500mm 钢筋混凝土管，基础为90°钢筋混凝土条形基础，基础底宽为1010mm，《市政工程工程量计算规范》（GB 50857—2013）规定，管沟每侧所需工作面的宽度为（　　）mm。

A. 400　　B. 500　　C. 600　　D. 700

6.《市政工程工程量计算规范》（GB 50857—2013）中，道路基层设计截面为梯形时，应按其（　　）计算面积。

A. 上底宽度　　B. 下底宽度

C. 截面平均宽度　　D. 截面最大宽度

7.《市政工程工程量计算规范》（GB 50857—2013）中，计算人行道块料铺设面积时，不应扣除（　　）所占面积。

A. 井、侧石　　B. 侧石、树池　　C. 井、树池　　D. 井

8. 某道路底基层宽度15m，道路长200m，沿线有检查井10个，每个检查井占位面积 $1.2m^2$，则该道路的路床整形清单工程量为（　　）m^2。

A. 3000　　B. 2988　　C. 3012　　D. 2000

9. 人行道总宽度为5m，长500m，需进行块料铺设。其上有占位 $1.1m^2$ 燃气井7个，侧石占位 $150m^2$，各个树池占位 $1.44m^2$，共50个，请问该人行道的块料铺设的清单工程量应是（　　）m^2。

A. 2500　　B. 2350　　C. 2278　　D. 2270.3

10. 拆除旧路及人行道的清单工程量按（　　）计算。

A. 个数　　B. 周长　　C. 体积　　D. 面积

二、多选题

1. 沥青路面施工中，当符合下列（　　）情况时应浇洒透层沥青。

A. 旧沥青路面层上加铺沥青层

B. 沥青路面的级配砂砾、级配碎石基层

C. 水泥、石灰、粉煤灰等无机结合料稳定基层

D. 水泥混凝土路面上铺筑沥青层

2. 喷洒沥青油料中，透层油适用于（　　）。

A. 粒料类基层　　B. 新建沥青层

C. 无机结合料稳定类基层　　D. 旧沥青路面

3. 土方工程中的清单工程量计算项目包括（　　）。

A. 挖一般土方　　B. 挖沟槽土方

C. 挖基坑土方　　D. 人工挖石碴

4. 在计算下列（　　）项的清单工程量时，不需要扣除各类井所占的面积。

A. 路床整形　　B. 粉煤灰三渣基层

C. 沥青混凝土面层　　　　　　　　　　D. 人行道块料铺设

5. 下列关于“人行道块料铺设”清单工程量的计算，正确的是（　　）。

A. 按设计图示尺寸以面积计算　　　　　B. 扣除侧石、树池所占面积

C. 不扣除各类井所占面积　　　　　　　D. 不扣除侧石、树池所占面积

三、计算题

某沥青道路工程，路面结构如题图 2-1 所示，已知道路直线长 100m，车行道宽 20m，试按《市政工程工程量计算规范》（GB 50857—2013）的工程量计算规则，计算该道路图示部分的清单工程量。

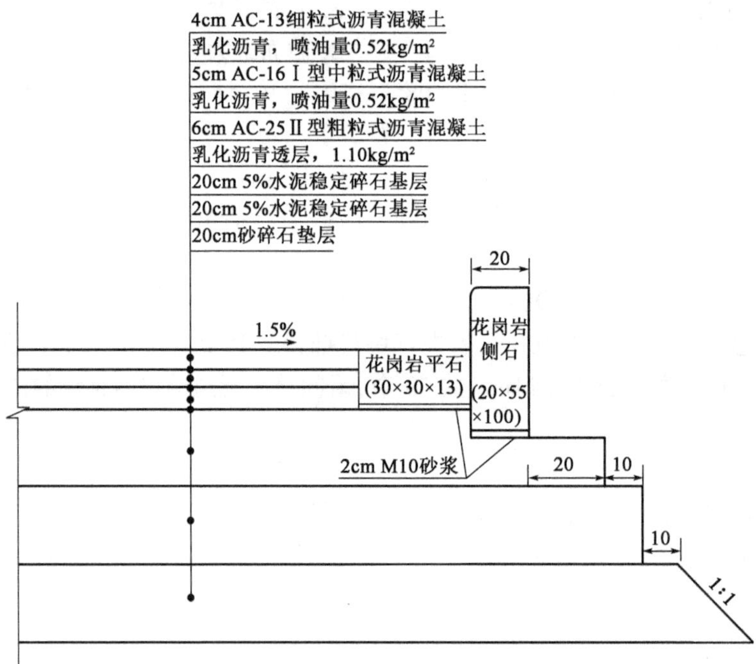

题图 2-1　某沥青路面结构图（尺寸单位：cm）

回 执考链接

某市区新建次干路，设计路段桩号为 K0 + 100 ~ K0 + 240，在桩号 K0 + 180 处有一丁字路口（斜交）。该次干道主路设计横断面路幅宽度为 29m，其中车行道为 18m，两侧人行道宽度各为 5.5m。斜交道路设计横断面路幅宽度为 27m，其中车行道为 16m，两侧人行道宽度同主路。在人行道两侧共有 52 个 1m × 1m 的石质块树池。道路路面结构层依次为 20cm 厚混凝土面层（抗折强度 4.0MPa）、18cm 厚 5% 水泥稳定碎石砂基层、20cm 厚塘渣底层（人机配合施工），人行道采用 6cm 厚彩色异形人行道板，具体如题图 2-2、题图 2-3 所示。有关说明如下：

（1）该设计路段土路基已填筑至设计路基标高。

（2）6cm 厚彩色异形人行道板、12cm × 37cm × 100cm 花岗岩侧石及树池石质块均按成品

考虑,具体材料取以下定价:彩色异形人行道板 45 元/m²,花岗岩侧石 80 元/m,树池石质块 20 元/m。

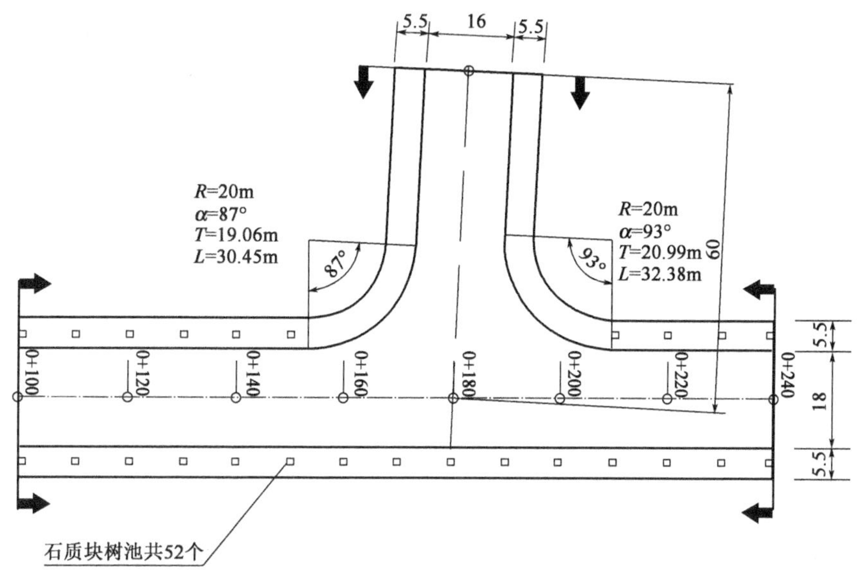

题图 2-2 某道路平面图(尺寸单位:m)

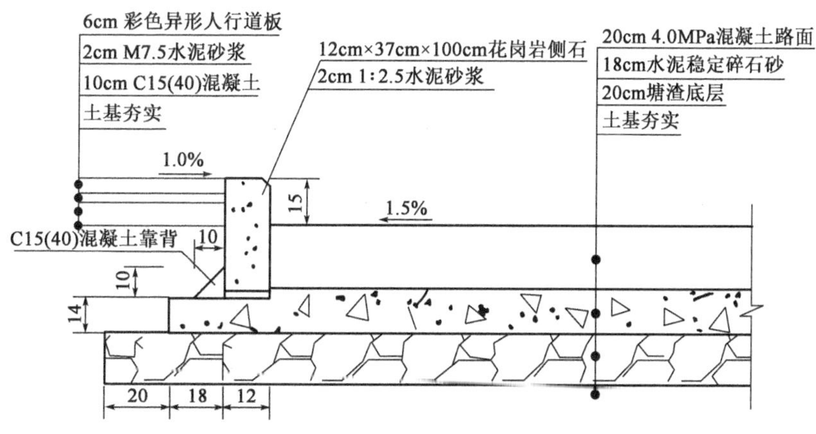

题图 2-3 某道路结构图(尺寸单位:cm)

(3)水泥混凝土、水泥稳定碎石砂采用现场集中拌制,平均场内运距 70m,采用双轮车运输。

(4)混凝土路面考虑用塑料膜养护,路面刻防滑槽。(锯缝机锯缝、伸缩缝嵌缝及钢筋工程在本题中不考虑)

试根据以上条件,计算该道路工程图示范围内的清单工程量(工程量计算结果保留 2 位小数),补充完成该工程分部分项工程量清单题表 2-1。

分部分项工程量清单表

题表 2-1

序号	项目编码	项目名称 项目特征	计量单位	工　程　量
1		车行道路床(槽)整形		
2		铺设水泥稳定碎石砂基层,5%水泥含量,厚18cm		
3		水泥混凝土路面,抗折强度4.0MPa,厚20cm		
4		彩色异形人行道板安砌,M7.5水泥砂浆垫层,厚2cm,C15(40)混凝土人行道基础		
5		12cm×37cm×100cm花岗岩侧石安砌,侧石下1:2.5水泥砂浆垫层,C15(40)混凝土侧石靠背		
6		砌筑1m×1m方形石质块树池,规格25cm×5cm×12.5cm		
7		铺设水泥稳定碎石砂基层,5%水泥含量,厚18cm,碎石粒径40mm		

斜交路口转角面积计算公式:

$$F = R^2 \times \left(\tan\frac{\alpha}{2} - 0.00873\alpha\right)$$

学习情境三

桥梁工程施工图清单编制

学习目标

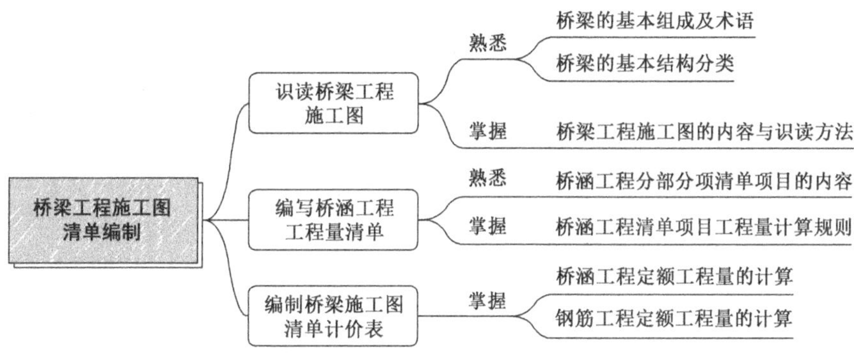

学习任务一　识读桥梁工程施工图

任务描述

请认真识读某大街跨沁水河大桥桥梁工程施工图，根据桥梁工程基本知识的学习，熟悉该项目桥梁的结构类型及其基本构造组成；通过小组讨论，完成该桥梁工程施工图的识读任务，并将识读结果填写至表 3-1-1 中。

知识导图

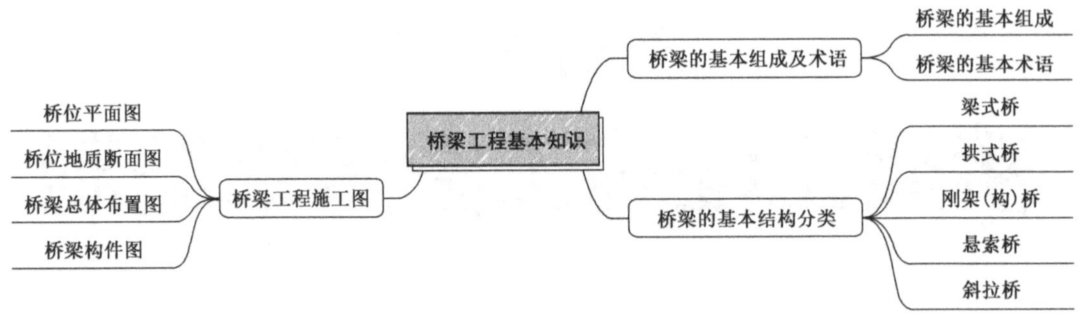

相关知识

道路路线在跨越河流湖泊、山谷深沟以及与其他路线(铁路或公路)交叉时,为了保持道路的畅通,就需要建造人工构筑物——桥梁。桥梁既可以保证桥上的交通运行,又可以保证桥下流水宣泄、船只通航或公路、铁路的运行。因此桥梁是道路工程的重要组成部分。

3.1 桥梁工程基本知识

一、桥梁的基本组成及术语

1.桥梁的基本组成

如图3-1-1所示,以梁式桥为例,一座完整的桥梁通常由上部结构、下部结构、支座和附属设施等几部分组成。

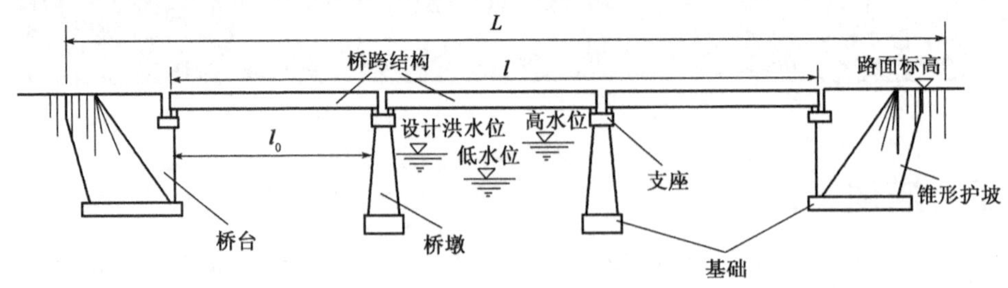

图3-1-1 桥梁的基本组成示意图

(1)上部结构又称桥跨结构,包括跨越结构(主梁)和桥面系。

桥面系一般包括桥面铺装、防排水系统、伸缩缝、栏杆、照明设施等。

跨越结构是线路遇到障碍而中断时跨越障碍的主要承载结构,它的主要作用是承受车辆荷载,并通过支座将荷载传给墩台。桥梁跨越幅度越大,上部结构的构造也就越复杂,施工难度也相应增加。

(2)下部结构又称为支承结构,包括桥台、桥墩和基础,其主要作用是支承桥梁上部结构并将上部结构传来的荷载安全地传递至地基,以达到上、下部结构共同受力的目的。

桥台设置在桥梁的两端,除起到支承和传力作用外,还与路堤衔接以防止路堤填土滑坡和塌落。

桥墩一般设置在两桥台之间,其主要作用是支承上部结构。

基础是桥墩和桥台底部的奠基部分,其作用是将桥墩和桥台的全部荷载传至地基。由于基础往往深埋于水下地基之中,是桥梁施工中难度较大的一部分,也是确保桥梁安全的重要工程。

(3)支座是梁式桥设在墩(台)顶部,用于支承上部结构的传力装置。其功能是将桥梁上部结构的反力和变形(位移和转角)可靠地传递给桥梁下部结构。

(4)附属设施通常设置在桥台周围,以保证迎水部分路堤边坡的稳定,包括锥形护坡、护岸、桥头搭板等。

2. 桥梁的基本术语

(1)跨径,表示桥梁的跨越能力,是表征桥梁技术水平的重要指标。多跨桥梁的最大跨径称为主跨。

(2)净跨径。是设计洪水位上相邻两个桥墩(台)之间的净距。

(3)标准跨径。对于公路桥梁,是指两桥墩桥中心线之间的长度或桥墩中心线与桥台台背前缘线之间的长度。

(4)桥梁全长。是两桥台侧墙或八字墙尾端之间的距离。对于无桥台的桥梁为桥面系行车道的全长。

二、桥梁的基本结构分类

桥梁的分类方式有很多,就桥梁结构的受力而言,离不开拉、压、弯三种基本受力方式。下面主要按桥梁结构受力体系来阐述桥梁的基本分类。

1. 梁式桥

梁式桥是一种在竖向荷载作用下无水平反力的结构,如图 3-1-2 所示。其主要承重结构是梁(板),主要以其抗弯能力来承受荷载。

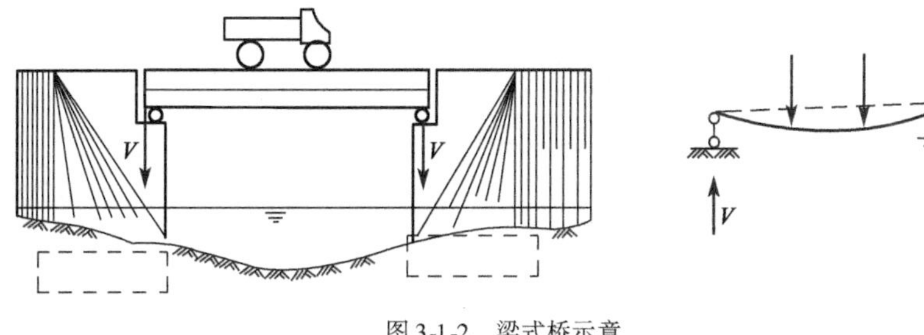

图 3-1-2 梁式桥示意

梁式桥结构简单,施工方便。梁式桥按受力特点又可分为简支梁桥、悬臂梁桥和连续梁桥,如图 3-1-3 所示。

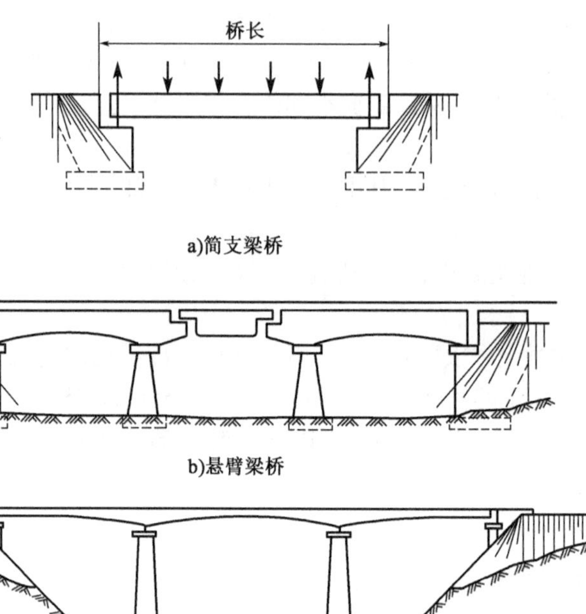

c)连续梁桥

图 3-1-3 梁式桥形式

2. 拱式桥

拱式桥的主要承重结构是拱圈或拱肋。这种结构在竖向荷载作用下,拱圈既要承受压力,还要承受弯矩,桥墩或桥台将承受水平推力,如图 3-1-4 所示。同时,根据作用力与反作用力的原理,墩台向拱圈提供的水平反力将大大抵消在拱圈(或拱肋)内由荷载所引起的弯矩。因此,与同跨径的梁相比,拱的弯矩和变形要小得多。

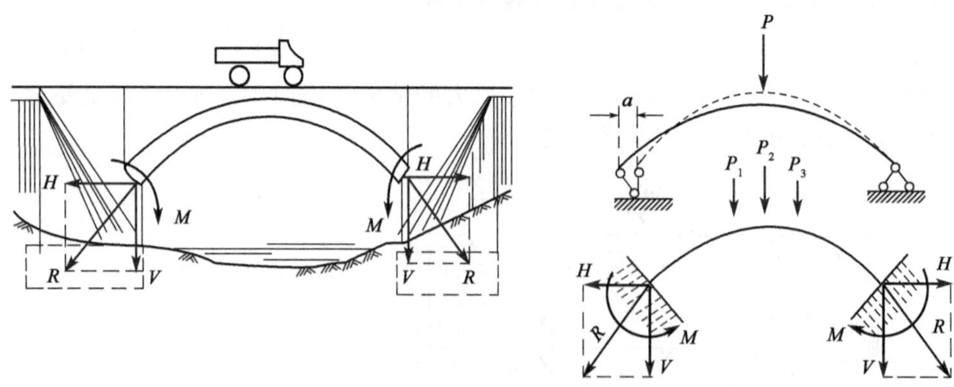

图 3-1-4 拱式桥示意

按照行车道处于主拱圈的不同位置,拱式桥可分为上承式拱桥、中承式拱桥和下承式拱桥,如图3-1-5所示。

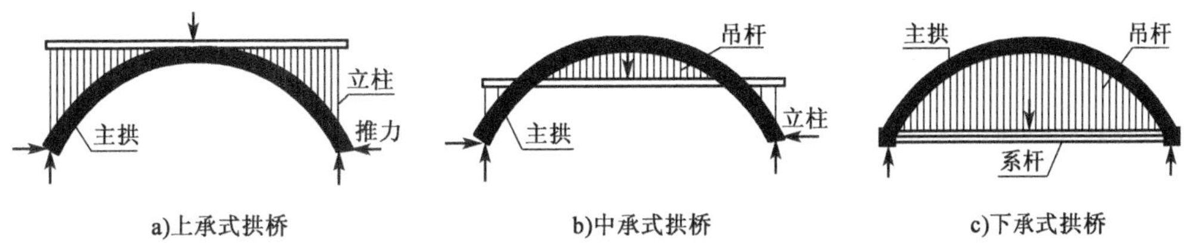

图3-1-5 拱式桥承重体系示意

3. 刚架(构)桥

刚架桥的主要承重结构是梁或板与立柱或竖墙整体结合在一起的刚架结构,如图3-1-6所示。其梁和立柱的连接处具有很大的刚性,在竖向荷载作用下,梁部主要受弯,而在柱脚处具有水平反力,其受力状态介于梁式桥与拱式桥之间。

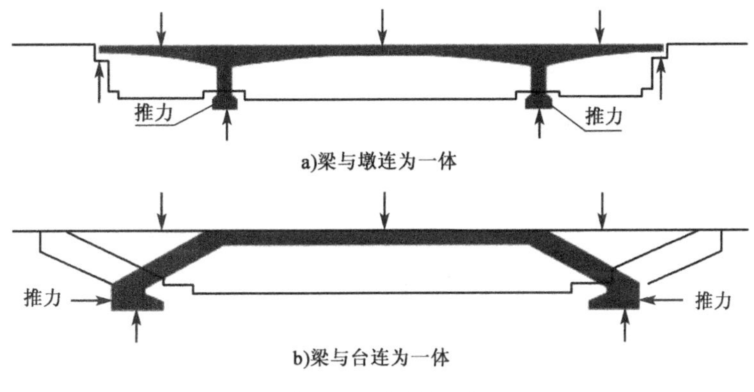

图3-1-6 刚构桥形式

4. 悬索桥

悬索桥又称为吊桥,是指通过索塔悬挂并锚固于两岸或桥两端的缆索作为主要承重构件的桥梁。悬索桥在竖向荷载作用下,通过吊杆使缆索承受很大的拉力,通常需要在两岸桥台后方修筑巨大的锚碇结构,将悬索的端部通过锚碇固定在地基中(地锚式悬索桥),如图3-1-7所示;也有的固定在刚性梁的端部(自锚式悬索桥),如图3-1-8所示。

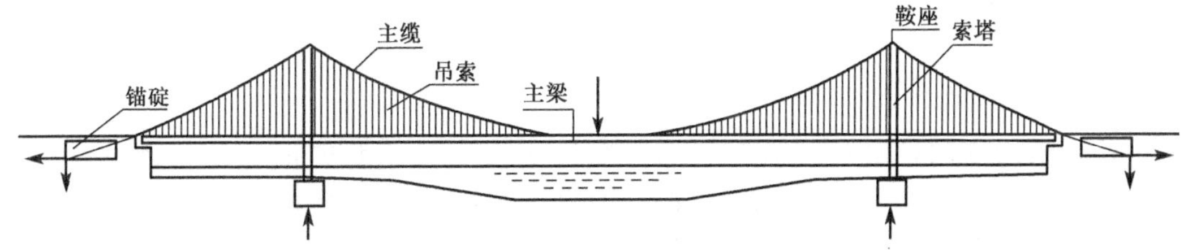

图3-1-7 地锚式悬索桥

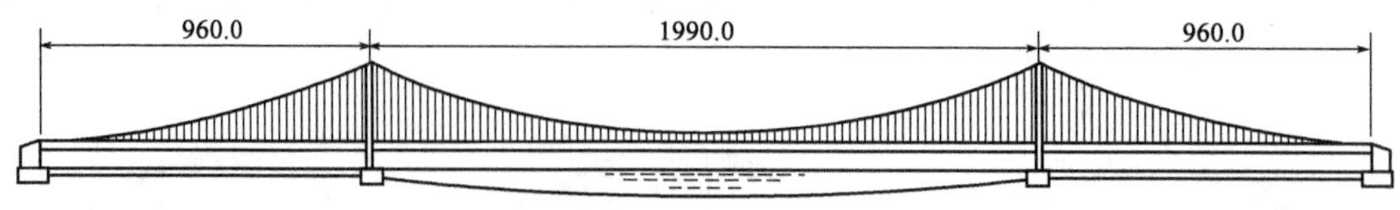

图 3-1-8 自锚式悬索桥(尺寸单位:m)

悬索桥的适用范围以大跨度及特大跨度公路桥为主,是目前世界上跨径最大的桥梁类型。

5. 斜拉桥

斜拉桥又称为斜张桥,是由索塔、斜拉索和主梁组成,如图 3-1-9 所示。它利用高强钢材制成的斜拉索将主梁多点吊起,并将主梁的恒载和车辆荷载传至索塔,再通过索塔基础传至地基。由此,主梁就像一根多点弹性支承的连续梁一样工作,从而使主梁尺寸大大减小,结构自重显著减轻,既节省了结构材料,又大幅增大了桥梁的跨越能力,因此斜拉桥是大跨度桥梁的主要桥型,其跨越能力仅次于悬索桥。

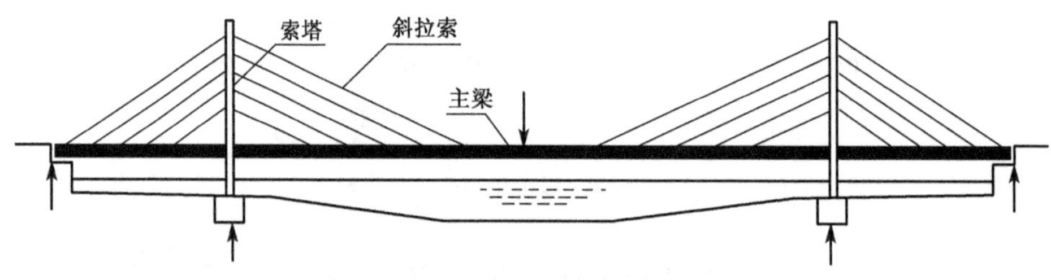

图 3-1-9 斜拉桥组成示意图

三、桥梁工程施工图

桥梁工程施工图一般由桥位平面图、桥位地质断面图、桥梁总体布置图、构件图等组成。

1. 桥位平面图

桥位平面图是在桥位处的上空一定范围内从上向下投影所得到的水平投影图,其一般是通过地形测量绘制出桥位处的道路、河流、水准点、钻孔及周围的地形和地物,如图 3-1-10 所示。

桥位平面图主要表示桥梁所在位置与路线的连接情况,以及桥梁与周围地形、地物的关系,其画法与路线平面图相同,只是所采用的比例较大。桥位平面图是设计桥梁、施工定位的依据。

2. 桥位地质断面图

桥位地质断面图是由水文调查和地质钻探所得资料绘制的河床地质断面图。如图 3-1-11所示,表示桥梁所在位置的水文地质情况,包括河床断面线、最高水位线、常水位线和最低水位线等。桥位地质断面图为设计桥梁下部结构的形式和深度提供资料,也是确定桥梁基础施工方案的依据。对于小型桥梁可不绘制桥位地质断面图,但应用文字写出地质情况说明。

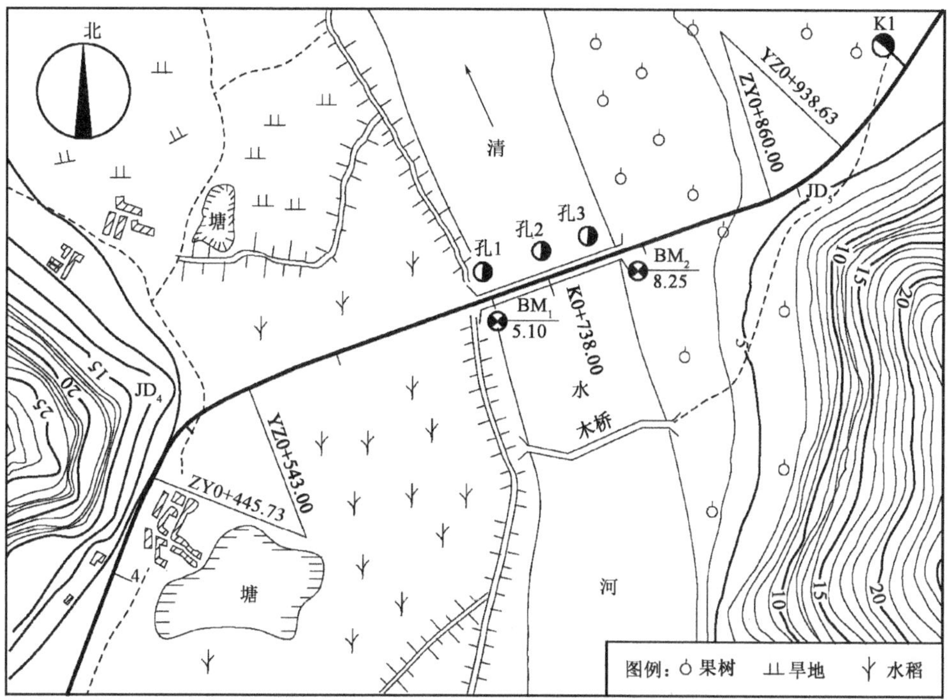

图 3-1-10 桥位平面图

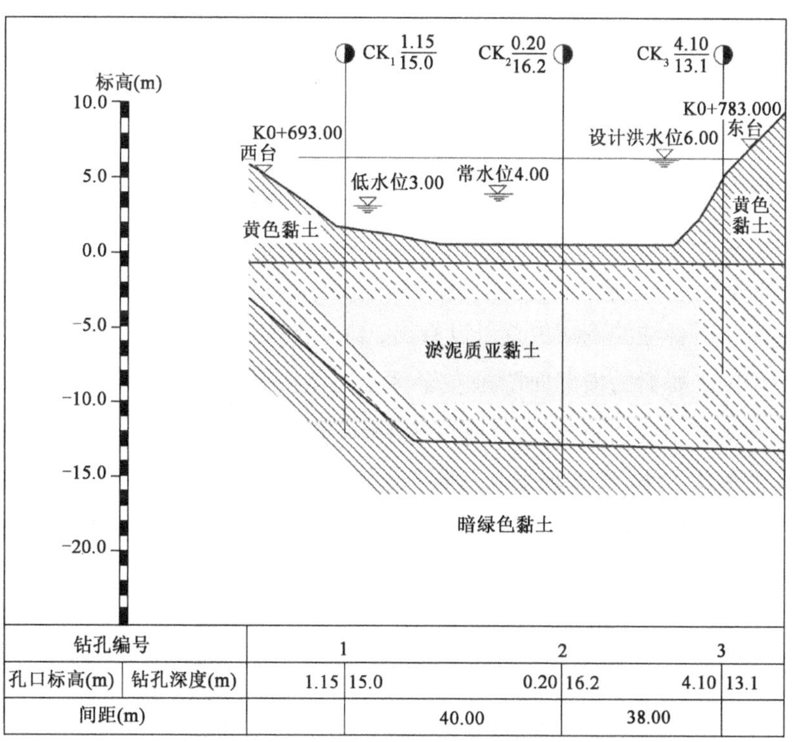

钻孔编号		1		2		3	
孔口标高(m)	钻孔深度(m)	1.15	15.0	0.20	16.2	4.10	13.1
间距(m)			40.00		38.00		

图 3-1-11 桥位地质断面图

3. 桥梁总体布置图

桥梁总体布置图主要表明桥梁的形式、跨径、孔数、桥台和桥墩的形式、总体尺寸、各主要构件的相互位置关系，桥梁各部分的标高、材料以及总的技术说明等，作为施工时确定墩台位置、安装构件和控制标高的重要依据。桥梁总体布置图一般由桥梁立面图、平面图和剖面图组成。

图 3-1-12 为某桥梁总体布置图。该桥为三孔钢筋混凝土空心板简支梁桥，全长 34.90m，总宽度为 14m，中孔跨径 13m，两边孔跨径 10m。桥中设有两个柱式桥墩，两端为重力式混凝土桥台，桥台和桥墩的基础均采用钢筋混凝土预制桩。桥上部承重构件为钢筋混凝土空心板梁。

(1)立面图

桥梁一般是左右对称的，所以立面图常常是由半立面和半纵剖面合成的。左半立面图为左侧桥台、1 号桥墩、板梁、人行道栏杆等主要部分的外形视图。右半纵剖面图是沿桥梁中心线纵向剖开而得到的，2 号桥墩、右侧桥台、板梁和桥面均应按剖开绘制。由于预制桩打入地下较深的位置，不必全部画出，为节省图幅，采用了断开画法。图中还注出了桥梁各重要部位如桥面、梁底、桥墩、桥台、桩尖等处的标高，以及常年平均水位等。

(2)平面图

桥梁的平面图也常采用半剖的形式。如图 3-1-12 所示，左半平面图是从上向下投影得到的桥面俯视图，主要画出了车行道、人行道、栏杆等的位置。由所注尺寸可知，桥面车行道净宽为 10m，两边人行道宽为 2m。右半部采用的是分层剖切画法，假想把上部结构移去后，画出了 2 号桥墩和右侧桥台的平面形状和位置。桥墩中的虚线圆是立柱的投影，桥台中的虚线正方形是下面方桩的投影。

(3)横剖面图

根据立面图中所标注的剖切位置可以看出，Ⅰ-Ⅰ剖面是在跨中位置剖切的，Ⅱ-Ⅱ剖面是在边跨位置剖切的。桥梁的横剖面图是左半部Ⅰ-Ⅰ剖面和右半部Ⅱ-Ⅱ剖面拼成的，桥梁中跨和边跨部分的上部结构相同，桥面总宽度为 14m，是由 10 块钢筋混凝土空心板拼接而成，图中由于板的断面形状太小，没有画出其材料符号。在Ⅰ-Ⅰ剖面图中画出了桥墩各部分，包括盖梁、立柱、承台、桩等的投影；在Ⅱ-Ⅱ剖面图中画出了桥台各部分，包括台帽、台身、承台、桩等的投影。

4. 构件图

图 3-1-13 为桥梁各组成构件的立体示意图。

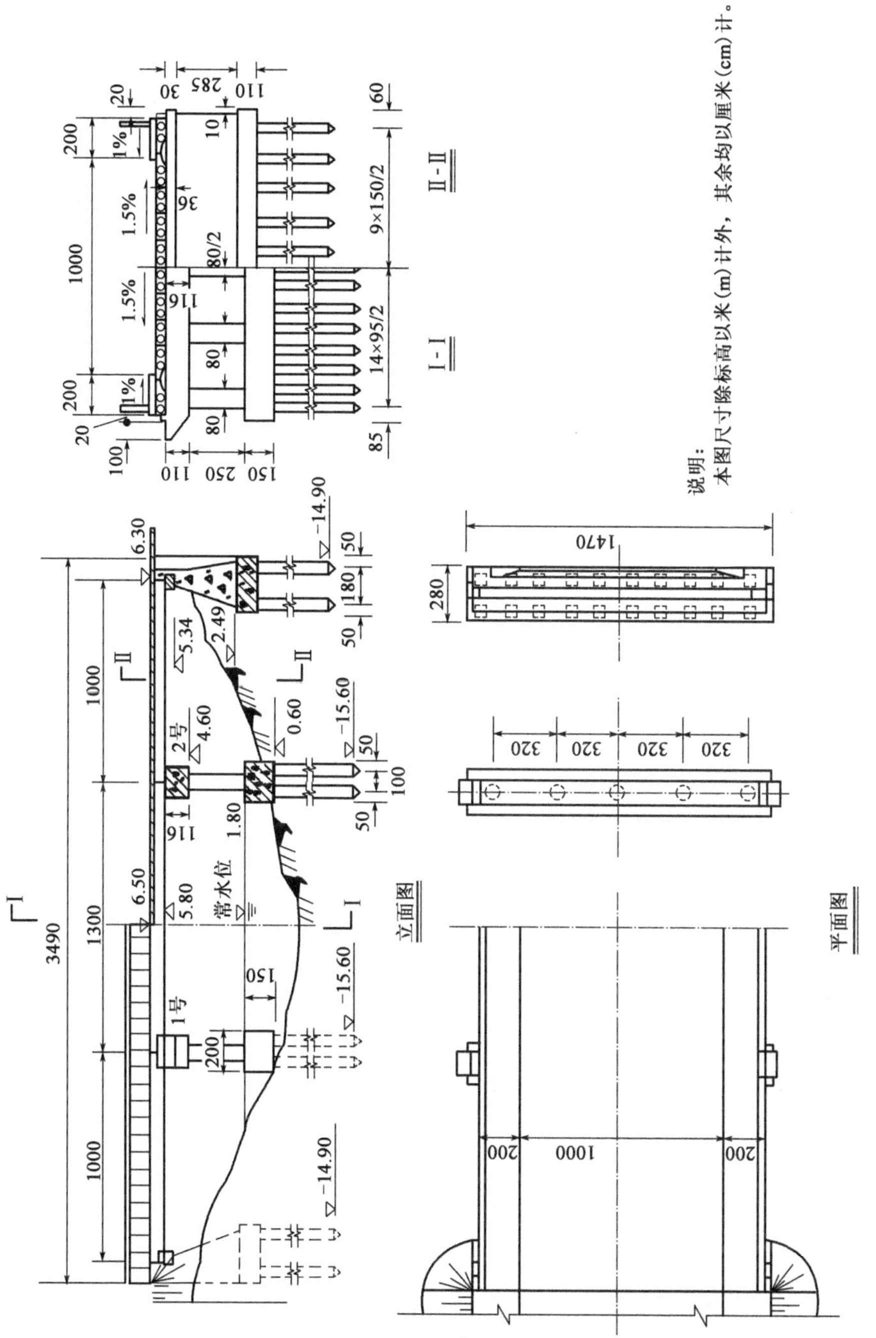

立面图
平面图
I-I
II-II
1号
2号
常水位
3490
1300
1000
1470
280
320
说明：
本图尺寸除标高以米(m)计外，其余均以厘米(cm)计。

图 3-1-12 平面布置图

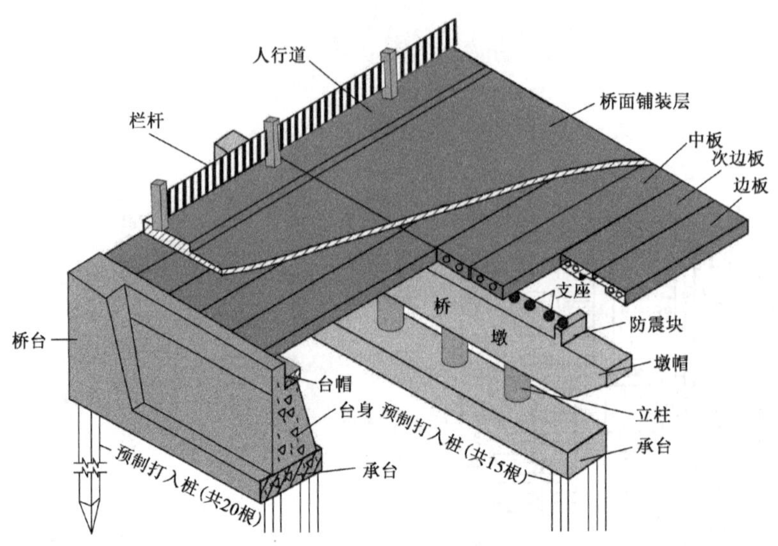

图 3-1-13 桥梁各部分组成示意图

在桥梁总体布置图中,由于采用的比例尺较小,桥梁的各种构件无法详细完整地表达出来。为满足桥梁实际施工、制作的需要,还须根据总体布置图采用较大的比例尺将各个构件的形状、大小及构造组成等详细完整地表达出来,以便制作和施工。这种图示构件形状、大小及构造组成的图样称为构件构造图。在构件构造图的基础上,进一步表示出其钢筋布置的图样称为构件结构图,例如主梁结构图、墩(台)结构图、桩基结构图等。

3.1.1 钢筋混凝土结构的基本知识

关于钢筋的基本知识,可通过扫描二维码进行查看。

下面介绍桥梁中几种常见的构件图的识读。

(1)钢筋混凝土空心板梁图

图 3-1-14 为边跨 10m 的空心板构造图,由立面图、平面图和断面图组成,主要表达空心板的形状、构造和尺寸。钢筋混凝土空心板是该桥梁上部结构中最主要的受力构件,它两端搁置在桥墩或桥台上,中跨为 13m,边跨为 10m。整个桥宽由 10 块板拼成,按不同位置分为中板(中间共 6 块)、次边板(两侧各 1 块)、边板(两边各 1 块)三种。三种板的厚度相同,均为 55cm,故只画出了中板立面图。由于三种板的宽度和构造不同,故分别绘制了中板、次边板和边板的平面图,中板宽 124cm,次边板宽 162cm,纵向是对称的,所以立面图和平面图均只画出了一半,板长标准跨径为 10m,但减去板接头缝后实际上板长为 996cm。从绘制的三种板跨中断面图可以看出它们不同的断面形状和详细尺寸。另外还画出了板与板之间拼接的铰缝大样图。

对每种钢筋混凝土板都须绘制钢筋布置图,现以边板为例介绍。图 3-1-15 为 10m 板边板的配筋图。立面图用 I - I 纵剖面表示。由于板中有弯起钢筋,所以绘制了跨中图和跨端横断面图。可以看出,②号钢筋在中部时是位于板的底部,在端部时则位于板的顶部。为了更清楚地表示钢筋的布置情况,还画出了板的顶层钢筋平面图。整块板共有 10 种钢筋,对每种钢筋都绘出了钢筋详图。这样几种图互相配合,对照阅读,再结合列出的钢筋明细表,就可以清楚地了解该板中所有钢筋的位置、形状、尺寸规格、直径、数量,以及有几种弯筋、斜筋与整个钢筋骨架的焊接位置和长度等信息。

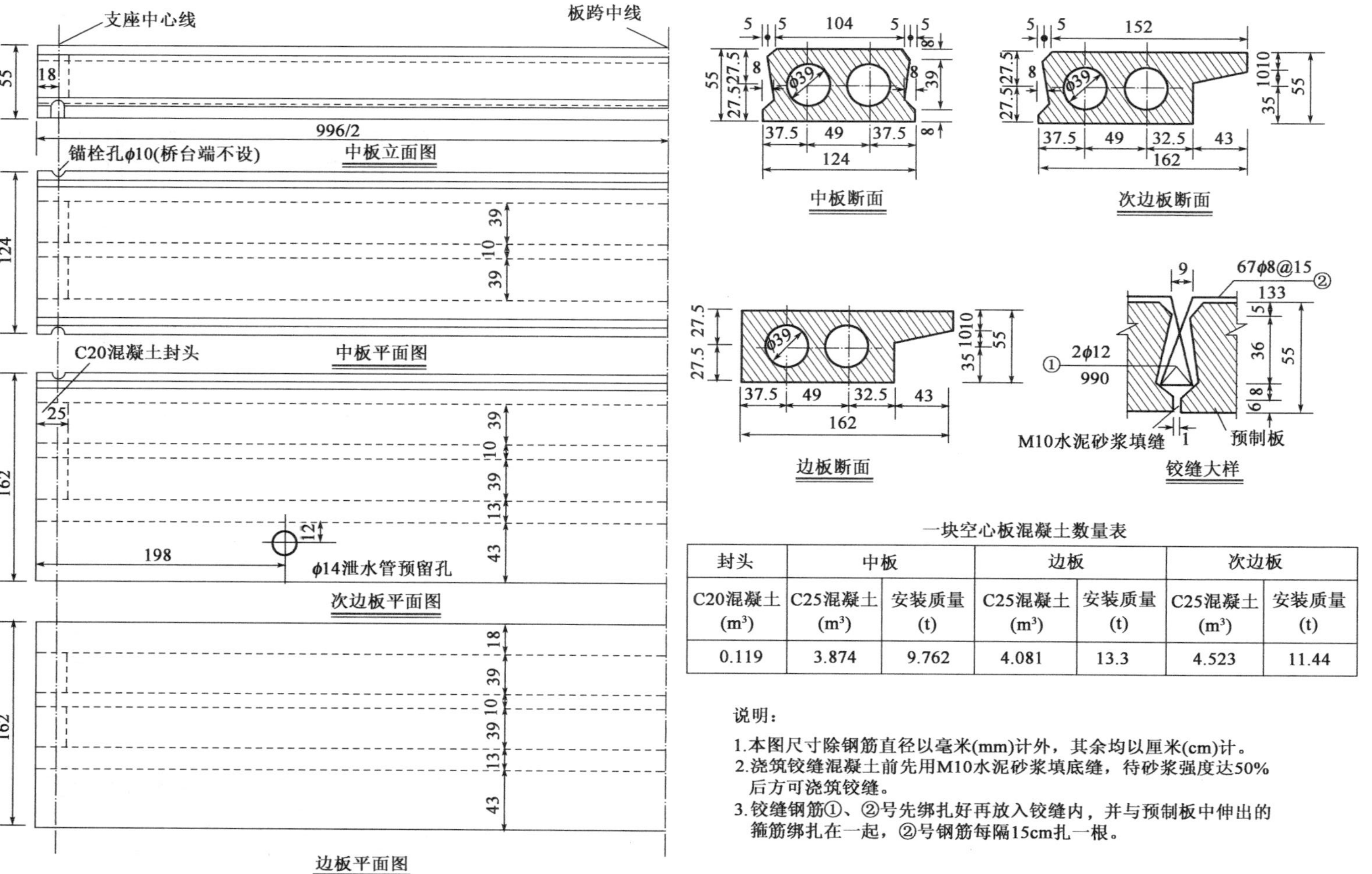

一块空心板混凝土数量表

封头	中板		边板		次边板	
C20混凝土 (m^3)	C25混凝土 (m^3)	安装质量 (t)	C25混凝土 (m^3)	安装质量 (t)	C25混凝土 (m^3)	安装质量 (t)
0.119	3.874	9.762	4.081	13.3	4.523	11.44

说明：

1.本图尺寸除钢筋直径以毫米(mm)计外，其余均以厘米(cm)计。

2.浇筑铰缝混凝土前先用M10水泥砂浆填底缝，待砂浆强度达50%后方可浇筑铰缝。

3.铰缝钢筋①、②号先绑扎好再放入铰缝内，并与预制板中伸出的箍筋绑扎在一起，②号钢筋每隔15cm扎一根。

图 3-1-14 边跨10m的空心板构造图

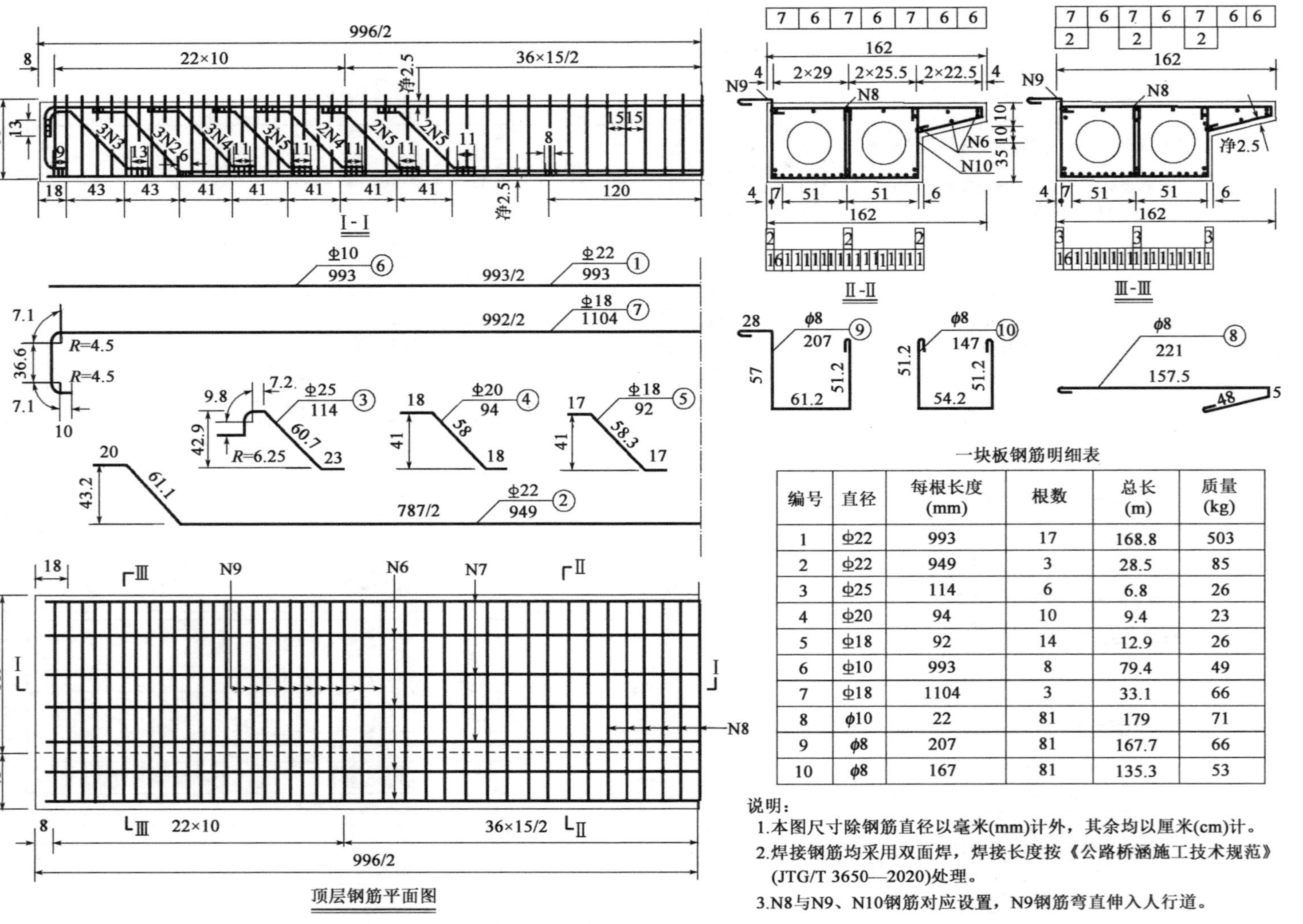

一块板钢筋明细表

编号	直径	每根长度(mm)	根数	总长(m)	质量(kg)
1	Φ22	993	17	168.8	503
2	Φ22	949	3	28.5	85
3	Φ25	114	6	6.8	26
4	Φ20	94	10	9.4	23
5	Φ18	92	14	12.9	26
6	Φ10	993	8	79.4	49
7	Φ18	1104	3	33.1	66
8	φ10	22	81	179	71
9	φ8	207	81	167.7	66
10	φ8	167	81	135.3	53

说明：

1.本图尺寸除钢筋直径以毫米(mm)计外，其余均以厘米(cm)计。

2.焊接钢筋均采用双面焊，焊接长度按《公路桥涵施工技术规范》(JTG/T 3650—2020)处理。

3.N8与N9、N10钢筋对应设置，N9钢筋弯直伸入人行道。

图3-1-15　10m板边板的配筋图

(2)桥墩图

图3-1-16为桥墩构造图,主要表达桥墩各部分的形状和尺寸。这里绘制了桥墩的立面图、侧面图和Ⅰ-Ⅰ剖面图,由于桥墩是左右对称的,故立面图和剖面图均只画出一半。该桥墩由墩帽、立柱、承台和基桩组成。根据所标注的剖切位置可以看出,Ⅰ-Ⅰ剖面图实质上为承台平面图,承台为长方体,长1500cm,宽200cm,高150cm。承台下的基桩分两排交错呈梅花形布置,施工时先将预制桩打入地基,下端到达设计深度后,再浇筑承台,桩的上端深入承台内部80cm,在立面图中这一段用虚线绘制。承台上有5根圆形立柱,直径为80cm,高250cm。立柱上面是墩帽,墩帽全长为1650cm,宽140cm,高度在中部为116cm,在两端为110cm,这样桥面形成1.5%的横坡。墩帽的两端各有一个20cm×30cm的抗震挡块,是为防止空心板移动而设置的。

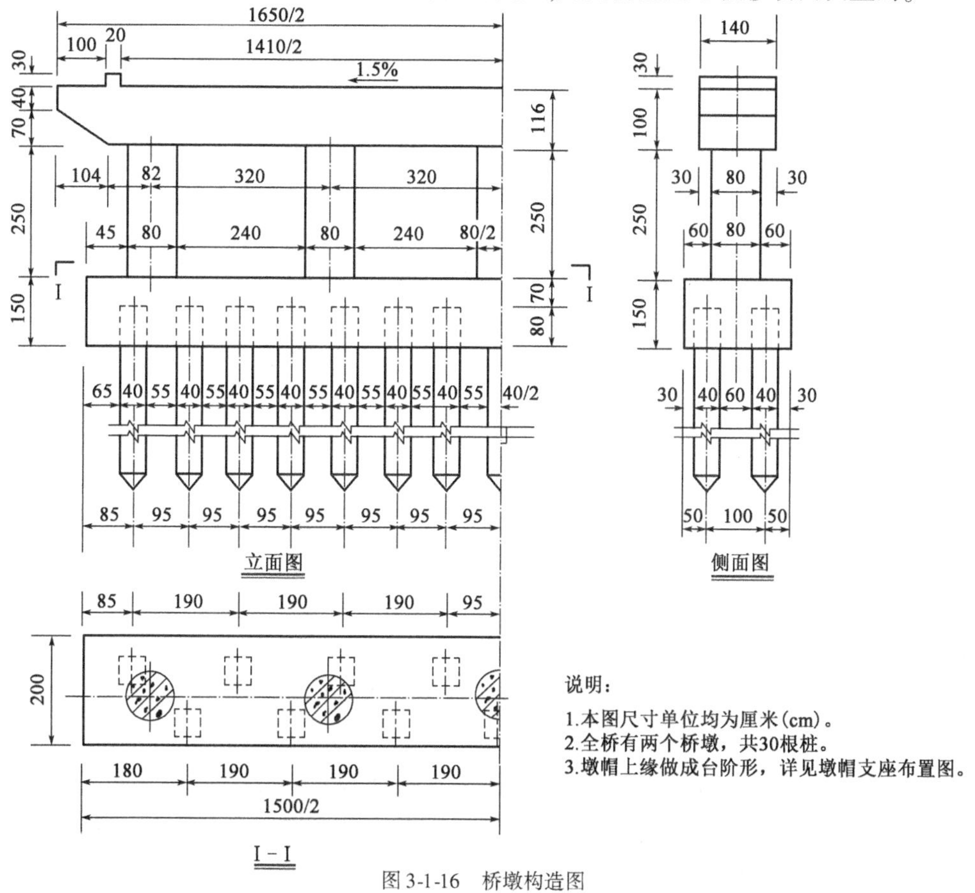
1650/2
100
20
1410/2
1.5%
140
立面图
侧面图
I-I
1500/2
说明:
1.本图尺寸单位均为厘米(cm)。
2.全桥有两个桥墩,共30根桩。
3.墩帽上缘做成台阶形,详见墩帽支座布置图。

图3-1-16 桥墩构造图

(3)桥台图

桥台属于桥梁的下部结构,主要是支承上部的板梁,并承受路堤填土的水平推力。目前公路桥梁桥台的形式主要有重力式桥台、埋置式桥台、轻型桥台、组合式桥台等。下面以重力式桥台的构造为例进行说明。

图3-1-17为重力式混凝土桥台构造图,主要由立面图、平面图和侧面图组成。该桥台由台帽、台身、侧墙、承台和基桩组成。这里桥台的立面图用Ⅰ-Ⅰ剖面图代替,既可表示出桥台的内部构造,又可表示出材料类型。该桥台的台身和侧墙均用C30混凝土浇筑而成,台帽和承台的材料为钢筋混凝土。桥台长280cm,宽1470cm,高493cm。由于宽度尺寸较大且对称,

所以平面图只画出了一半。侧面图由台前和台后两个方向视图各取一半拼成,所谓台前是指桥台面对河流的一侧,台后则是桥台面对路堤填土的一侧。为了节省图幅,平面图和侧面图都采用了断开画法。桥台下的基桩分两排对齐布置,排距为 180cm,桩距为 150cm,每个桥台有 20 根桩。桥台承台等处的配筋图略。

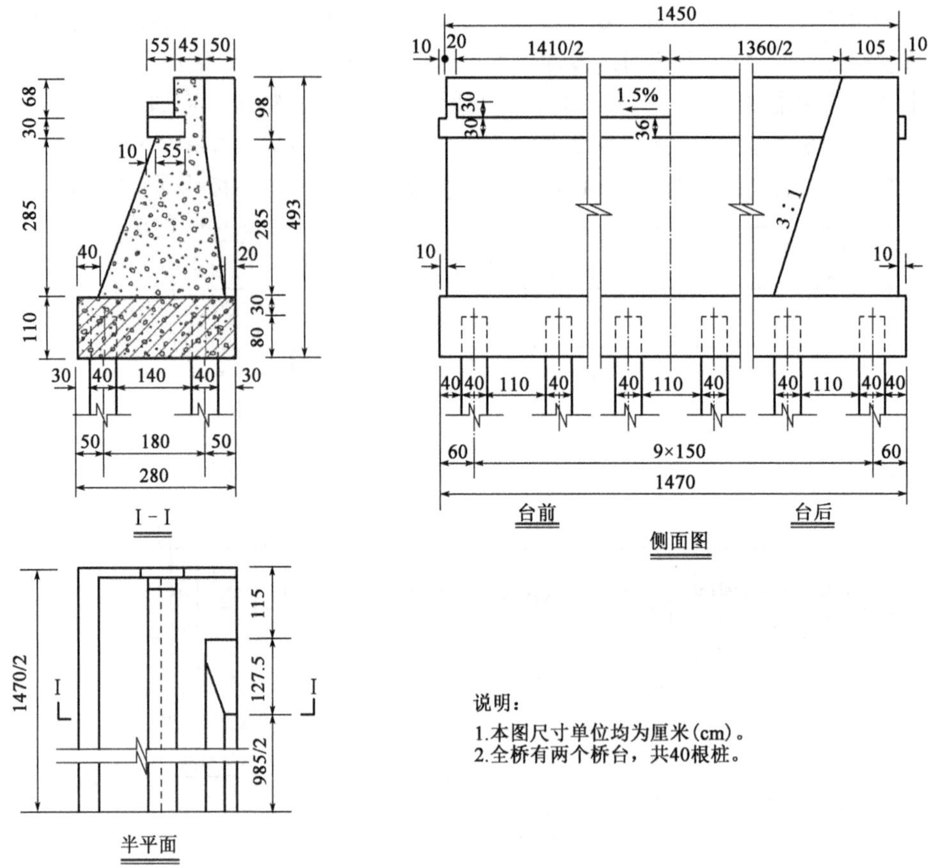
I - I
侧面图
台前
台后
半平面
说明:
1.本图尺寸单位均为厘米(cm)。
2.全桥有两个桥台,共40根桩。

图 3-1-17 重力式混凝土桥台构造图

(4)钢筋混凝土桩配筋图

该桥梁的桥墩和桥台的基础均为钢筋混凝土预制桩,桩的布置形式及数量已在桥墩和桥台图样中表达清楚。图 3-1-18 为预制桩配筋图,主要用立面图和断面图以及钢筋详图来表达。由于桩的长度尺寸较大,为了布图方便,这里将桩水平放置,断面图可画成中断断面或移出断面。由图可看出,该桩的断面为正方形(40cm × 40cm),桩的总长为 17m,分上下两节,上节桩长为 8m,下节桩长为 9m。上节桩内布置的主筋为 8 根①号钢筋,桩顶端有钢筋网 1 和钢筋网 2 共三层,在接头端预埋 4 根⑩号钢筋。下节桩内的主筋为 4 根②号钢筋和 4 根③号钢筋,一直通过桩尖部位。⑥号钢筋为桩尖部位的螺旋形钢筋。④号和⑤号为大小两种方形箍筋,套叠在一起放置,每种箍筋沿桩长度方向有三种间距,④号箍筋从两端到中央的间距依次为 5cm、10cm、20cm,⑤号箍筋从两端到中央的间距分别为 10cm、20cm、40cm,具体位置详见标注。画出的 I - I 剖面图实际上是桩尖视图,主要表示桩尖部位的形状及⑦号钢筋的位置。桩接头处的构造另有详图,这里未示出。

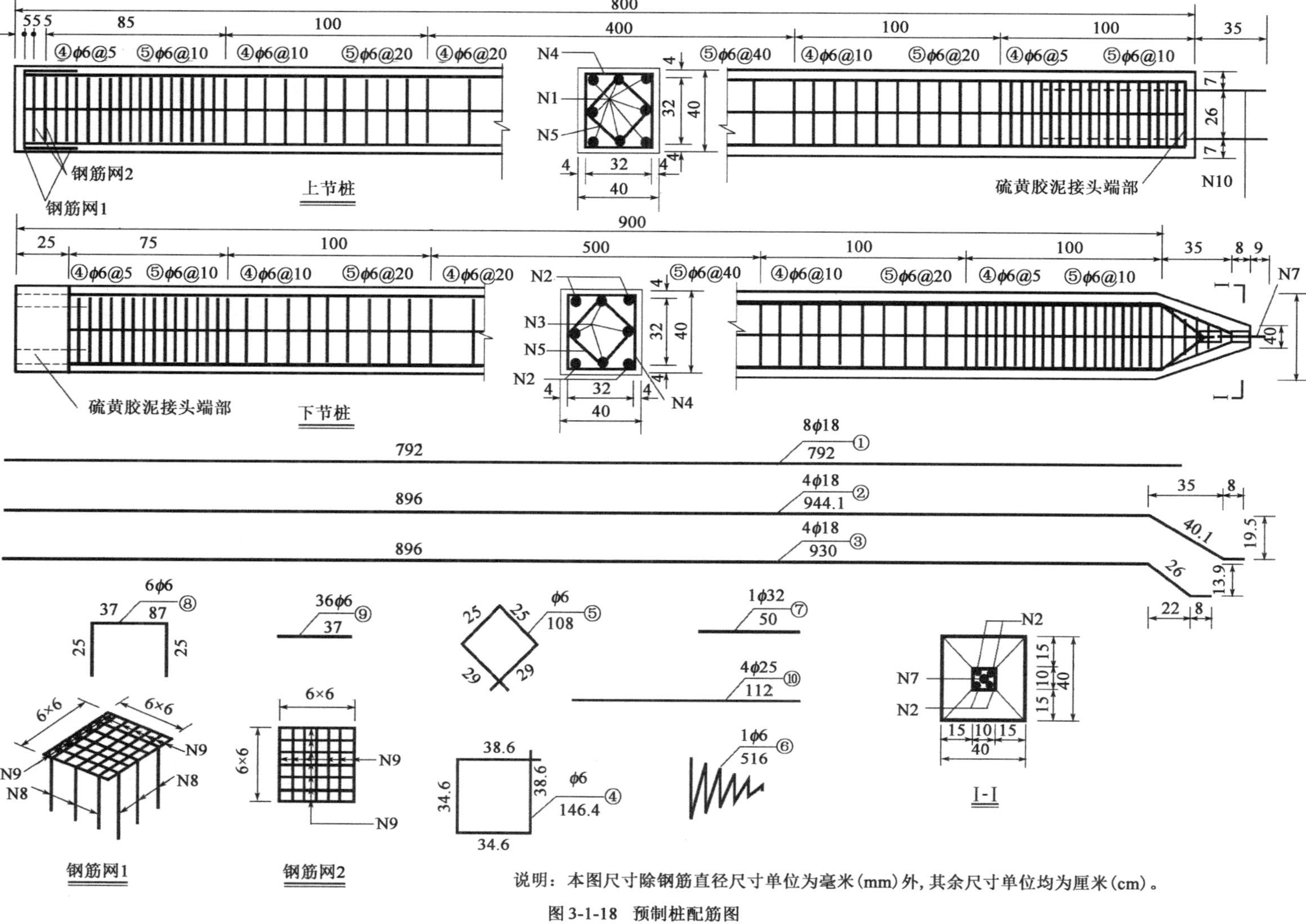

说明：本图尺寸除钢筋直径尺寸单位为毫米(mm)外，其余尺寸单位均为厘米(cm)。

图 3-1-18 预制桩配筋图

以上介绍了钢筋混凝土预制桩,工程上还常采用钻孔灌注桩。如图 3-1-19 为某灌注桩配筋图。请读者结合以上知识自行思考和学习。

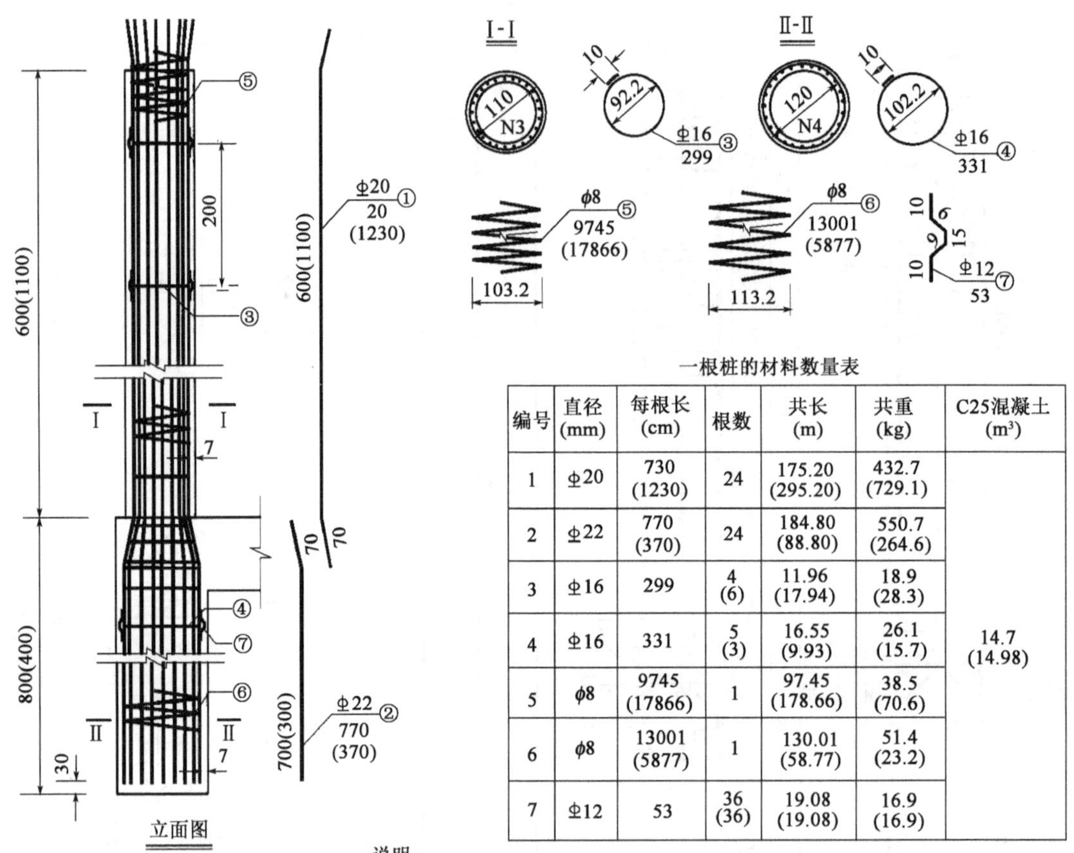

一根桩的材料数量表

编号	直径(mm)	每根长(cm)	根数	共长(m)	共重(kg)	C25混凝土(m^3)
1	Φ20	730 (1230)	24	175.20 (295.20)	432.7 (729.1)	14.7 (14.98)
2	Φ22	770 (370)	24	184.80 (88.80)	550.7 (264.6)	
3	Φ16	299	4 (6)	11.96 (17.94)	18.9 (28.3)	
4	Φ16	331	5 (3)	16.55 (9.93)	26.1 (15.7)	
5	φ8	9745 (17866)	1	97.45 (178.66)	38.5 (70.6)	
6	φ8	13001 (5877)	1	130.01 (58.77)	51.4 (23.2)	
7	Φ12	53	36 (36)	19.08 (19.08)	16.9 (16.9)	

说明:
1.本图的尺寸除钢筋直径以毫米(mm)计,其余均以厘米(cm)计。
2.图表中尺寸带括号者,括号内数字用于3、4号桥墩,括号外用于2号桥墩。
3.⑦号定位钢筋每隔2m沿圆周等间距设4根。

图 3-1-19 某灌注桩配筋图

(5)人行道及桥面铺装构造图

图 3-1-20 所示为人行道及桥面铺装构造图。该图所绘出的人行道立面图是沿桥的横向剖切得到的,实质上是人行道的横剖面图。桥面铺装层主要是纵向①号钢筋和横向②号钢筋形成的钢筋网,现浇 C25 混凝土厚度为 10cm。车行道部分的面层为 5cm 厚沥青混凝土。人行道部分是在路缘石、撑梁、栏杆垫梁上铺设人行道板后构成架空层,面层为地砖贴面。人行道板长 74cm,宽 49cm,厚 8cm,用 C25 混凝土预制而成。图中还附有人行道板的钢筋布置图。

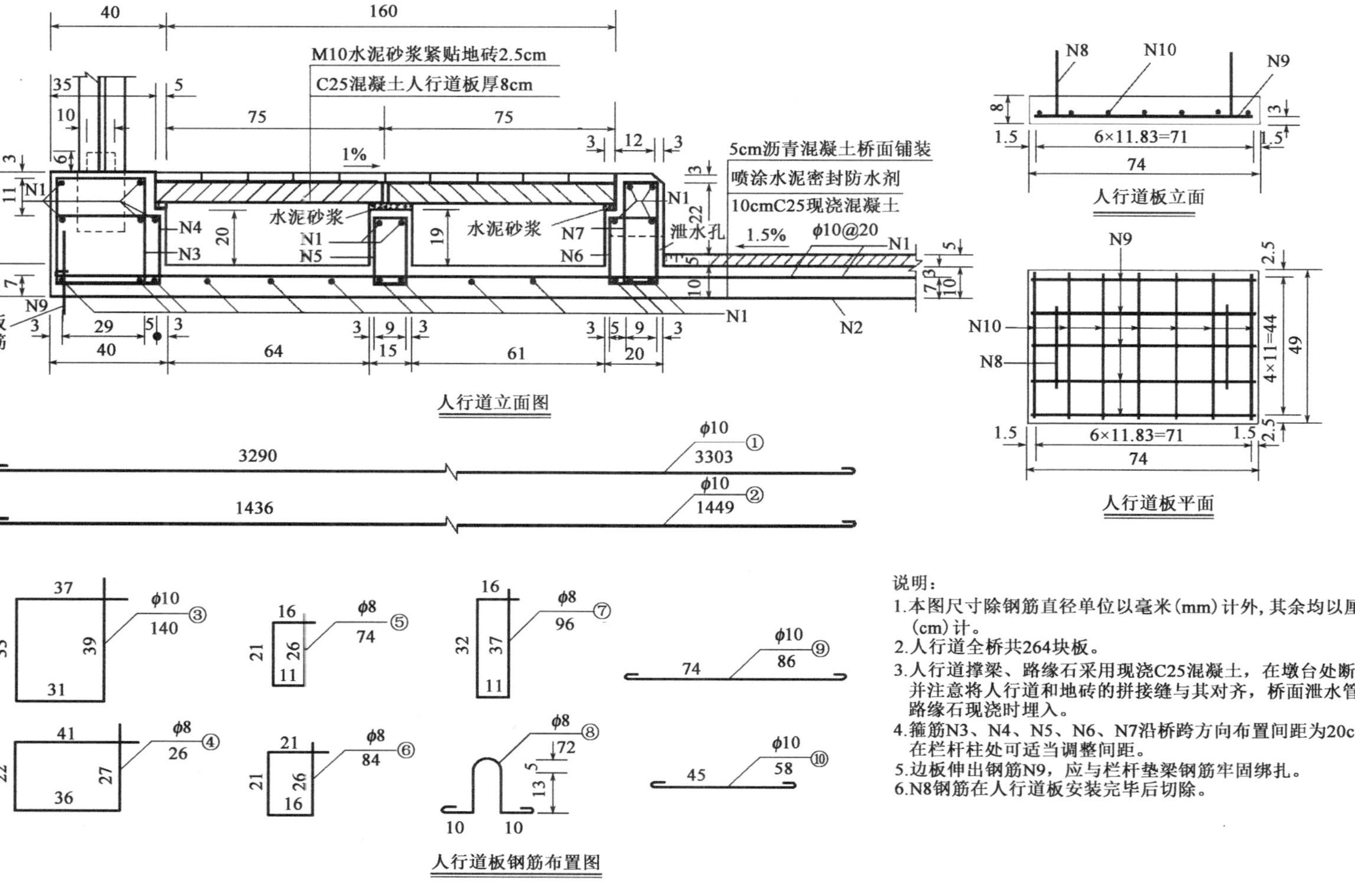

说明：

1.本图尺寸除钢筋直径单位以毫米(mm)计外，其余均以厘米(cm)计。

2.人行道全桥共264块板。

3.人行道撑梁、路缘石采用现浇C25混凝土，在墩台处断开，并注意将人行道和地砖的拼接缝与其对齐，桥面泄水管在路缘石现浇时埋入。

4.箍筋N3、N4、N5、N6、N7沿桥跨方向布置间距为20cm，在栏杆柱处可适当调整间距。

5.边板伸出钢筋N9，应与栏杆垫梁钢筋牢固绑扎。

6.N8钢筋在人行道板安装完毕后切除。

图3-1-20　人行道及桥面铺装构造图

任务实施

请根据任务描述，通过学习相关知识，完成某大街跨沁水河大桥桥梁工程施工图识读任务，将识读结果填写至表3-1-1。

桥梁工程施工图识读任务表　　表3-1-1

序号	任　务
1	本工程桥梁的起止点桩号是多少？桥梁全长和桥面总长各是多少？
2	桥梁是正交还是斜交？该桥梁的结构类型是什么？该桥梁的构造组成有哪些？
3	该桥梁上部主体结构的类型、材料、数量和尺寸各是？
4	该桥梁下部结构墩台的类型是什么？基础的类型是什么？全桥共设多少根桩基？其中8号桥台下设有多少根桩基？桩径是多少？采用混凝土强度等级是多少？桩长大于40m的桩有多少根？其位置在哪里？
5	桥墩墩身直径是多少？系梁尺寸是多少？墩台盖梁及挡块采用的混凝土强度等级是多少？
6	该桥梁车行道桥面铺装的构造组成、材料、数量分别是？ 人行道桥面铺装的构造组成与材料分别是什么？人行道梁共有几种类型？分别是哪些？人行道板是现浇还是预制？其预制构件混凝土的体积是多少？
7	该桥梁共设几处伸缩缝？分别采用何种类型伸缩装置？
8	该桥梁支座的类型和数量分别是？其中LNR(H)-D395×127型号的支座设在哪些位置？该类型支座垫石的平面尺寸是多少？
9	该桥梁桥面路拱横坡是多少？桥面排水设施的设置位置在哪里？排水管材、管径及单管管长分别是多少？

续上表

序号	任　务
10	桩基检测管的材料规格型号是什么？检测管每节长度为多少？节间用套管连接，套管的规格型号是什么？安装时检测管上端高出基桩顶面多少？下端距离桩底以上多少？底端用直径多少的钢板焊牢封底？
11	台后搭板的长度是多少？搭板厚度是多少？搭板对应行车道进行分块，单幅一侧搭板宽度分别是多少？搭板混凝土强度等级是多少？
12	桥台锥坡的放坡坡度是多少？锥坡的构造材料及厚度分别是多少？桥台耳墙伸入路堤内的长度是多少？

任务总结与评价

姓名			学号		成绩	
任务名称		识读桥梁工程施工图				
评价内容			优秀	良好	合格	继续努力
任务实施	知识点一	熟悉桥梁的基本结构分类				
	知识点二	掌握桥梁的基本构造组成				
	知识点三	掌握桥梁工程施工图的内容及识读方法				
问题与感想						
任务综合评价						

学习任务二 编写桥涵工程工程量清单

任务描述

请根据某大街跨沁水河大桥桥梁工程施工图，运用现行《市政工程工程量计算规范》（GB 50857），明确该桥梁工程需要编写的各项清单项目名称、项目编码、项目特征、计量单位，正确计算各清单项目的工程量并编写该桥梁工程工程量清单。

知识导图

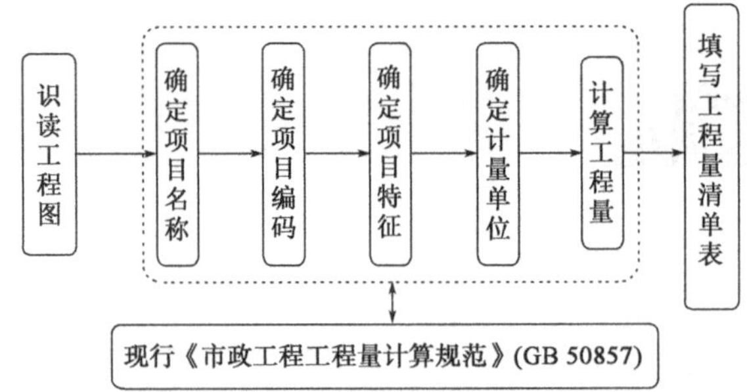

相关知识

某大街跨沁水河大桥桥梁工程所涉及的工程量清单内容主要有桥涵工程、钢筋工程及土石方工程等，工程量清单项目内容及工程量计算规则参见附录。

一、桥涵工程清单项目

附表C桥涵工程中，设置了9个小节86个清单项目，9个小节分别为：桩基、基坑及边坡支护、现浇混凝土构件、预制混凝土构件、砌筑、立交箱涵、钢结构、装饰、其他。

结合某大街跨沁水河大桥桥梁工程清单项目，下面主要介绍桩基、现浇混凝土构件、预制混凝土构件、砌筑、其他等小节中清单项目的设置。

1. 桥涵工程分部分项清单项目

(1)桩基

本小节根据不同的桩基形式设置了12个清单项目：预制钢筋混凝土方桩、预制钢筋混凝土管桩、钢管桩、泥浆护壁成孔灌注桩、沉管灌注桩、干作业成孔灌注桩、挖孔桩土(石)方、人工挖孔灌注桩、钻孔压浆桩、灌注桩后注浆、截桩头、声测管。

特别提示

桩基陆上工作平台搭拆工作内容包括在相应的清单项目中,若为水上工作平台搭拆,应按措施项目单独编码列项。

(2)现浇混凝土构件

本小节根据桥涵工程现浇混凝土构件结构部位的不同设置了25个清单项目:混凝土垫层、基础、承台、墩(台)帽、墩(台)身、支承梁及横梁、墩(台)盖梁、拱桥拱座、拱桥拱肋、拱上构件、箱梁、连续板、板梁、拱板、挡墙墙身、挡墙压顶、楼梯、防撞护栏、桥面铺装、桥头搭板、搭板枕梁、桥塔身、连系梁、其他构件、钢管拱混凝土。

特别提示

台帽、台盖梁均应包括耳墙、背墙。

(3)预制混凝土构件

本小节根据桥涵工程预制混凝土构件的不同结构类型设置了5个清单项目:预制混凝土梁、板、柱、挡土墙墙身、其他构件。

特别提示

预制混凝土构件清单项目均包括构件的场内运输。

(4)砌筑

本小节按砌筑的材料、部位不同设置了5个清单项目:垫层、干砌块料、浆砌块料、砖砌体、护坡。

(5)其他

本小节主要是桥梁栏杆、支座、伸缩缝、泄水管等附属结构相关的清单项目,共设置了10个清单项目:金属栏杆、石质栏杆、混凝土栏杆、橡胶支座、钢支座、盆式支座、桥梁伸缩装置、隔声屏障、桥面排(泄)水管、防水层。

2. 桥梁工程分部分项清单项目工程量计算规则

以下重点介绍桥涵工程中常见的清单项目的计算规则及计算方法。

1)桩基

(1)预制钢筋混凝土方桩:以米计量,按设计图示尺寸以桩长(包括桩尖)计算;或以立方米计量,按设计图示桩长(包括桩尖)乘以桩的断面面积计算;或以根计量,按设计图示数量计算。

特别提示

在计算工程量时,要根据具体工程的施工图,结合桩基清单项目的项目特征,划分不同的清单项目,分别计算其工程量。

如“预制钢筋混凝土方桩”项目特征有以下5个，需结合工程实际加以区别。

①地层情况；

②送桩深度、桩长；

③桩截面；

④桩倾斜度；

⑤混凝土强度等级。

如果上述5个项目特征有1个不同，就应是1个不同的具体的清单项目，其钢筋混凝土方桩的工程量应分别计算。

【例3-2-1】 某单跨小型桥梁，采用轻型桥台、钢筋混凝土方桩基础，桥梁桩基础如图3-2-1所示，试计算桩基清单工程量。

【解】 由图3-2-1可知，该桥梁两侧桥台下均采用C30钢筋混凝土方桩，且均为直桩。但两侧桥台下方桩的截面尺寸不同，即有1个项目特征不同，所以该桥梁工程桩基有2个清单项目，应分别计算其工程量。

①C30钢筋混凝土方桩(0.4m×0.4m)，项目编码:040301001001，清单工程量=15×6=90(m)

②C30钢筋混凝土方桩(0.5m×0.5m)，项目编码:040301001002，清单工程量=15.5×6=93(m)

(2)泥浆护壁成孔灌注桩:以米计量，按设计图示尺寸以桩长(包括桩尖)计算；或以立方米计量，按不同截面在桩长范围内以体积计算；或以根计量，按设计图示数量计算。

【例3-2-2】 某桥梁钻孔灌注桩基础如图3-2-2所示，采用回旋钻机施工，桩径为1.2m，桩顶设计标高为0.00m，桩底设计标高为-29.50m，桩底要求入岩，桩身采用C25水下混凝土。试计算1根桩基清单工程量和定额工程量(成孔、灌注混凝土的工程量)。

【解】 ①清单项目名称:泥浆护壁成孔灌注桩(ϕ1200mm、桩长29.5m，回旋钻机，C25水下混凝土)。

项目编码:040301004001

清单工程量=0.00-(-29.50)=29.50(m)

②定额工程量。

成孔工程量=$[1.00-(-29.50)]\times(1.2/2)^2\pi\approx34.49(m^3)$

灌注混凝土工程量=$(29.50+0.8)\times(1.2/2)^2\pi\approx34.27(m)$

③人工挖孔灌注桩:按桩芯混凝土体积计算，以立方米计量；或按设计图示数量计算，以根计量。

④挖孔桩土(石)方:按设计图示尺寸(含护壁)截面面积乘以挖孔深度，以立方米计量。

⑤截桩头:按设计桩截面面积乘以桩头长度以体积计算，以立方米计量；或按设计图示数量计算，以根计量。

⑥声测管:按设计图示尺寸以质量计算；或按设计图示尺寸以长度计算。

2)现浇混凝土构件

(1)混凝土防撞护栏:按设计图示尺寸以长度计算，计量单位为米。

(2)桥面铺装:按设计图示尺寸以面积计算，计量单位为平方米。

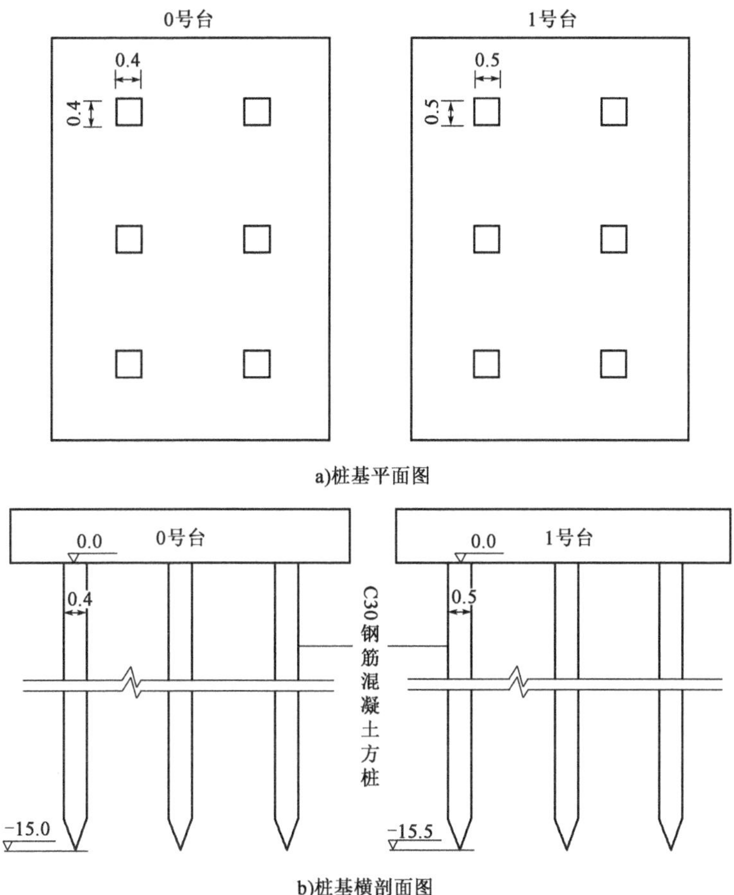

图 3-2-1　桥梁桩基础图(尺寸单位:m;标高单位:m)

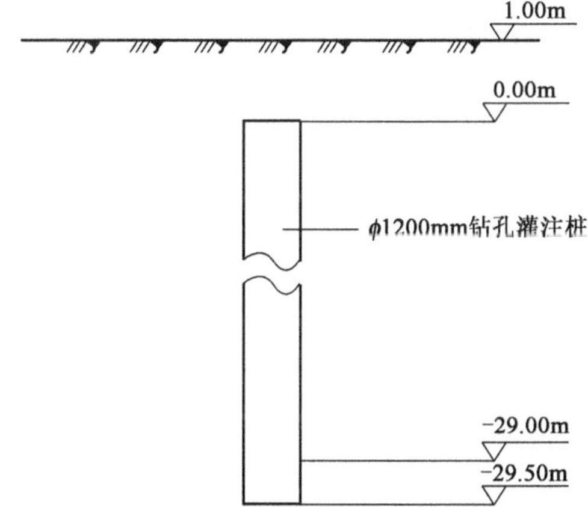

图 3-2-2　某桥梁钻孔灌注桩基础图

(3)混凝土楼梯:按设计图示尺寸以水平投影面积计算,以平方米计量;或按设计图示尺寸以体积计算,以立方米计量。

(4)其他现浇混凝土结构:按设计图示尺寸以体积计算,计量单位为立方米。

3)预制混凝土构件

预制混凝土构件清单项目工程量,均按设计图示尺寸以体积计算,计量单位为立方米。

特别提示

(1)现浇混凝土与预制混凝土清单项目根据混凝土的结构部位、强度等级等项目特征的不同,分别设置清单编码,计算相应工程量。

(2)现浇混凝土与预制混凝土清单项目的组合工作内容不包括混凝土结构的钢筋制作和安装。

4)砌筑

(1)垫层、干砌块料、浆砌块料、砖砌体工程量按设计图示尺寸以体积计算,计量单位为立方米。

(2)护坡工程量按设计图示尺寸以面积计算,计量单位为平方米。

特别提示

砌筑清单项目应根据砌筑的部位、材料品种、规格、砂浆强度等项目特征的不同,分别设置清单编码,计算相应工程量。

5)其他

(1)金属栏杆:按设计图示尺寸以质量计算,计量单位为吨;或按设计图示尺寸以延长米计算,计量单位为米。

(2)石质栏杆、混凝土栏杆:按设计图示尺寸以长度计算,计量单位为米。

(3)橡胶支座、钢支座、盆式支座:按设计图示数量计算,计量单位为个。

(4)桥梁伸缩装置:按设计图示尺寸以延长米计算,计量单位为米。

(5)桥面排(泄)水管:按设计图示尺寸以长度计算,计量单位为米。

(6)防水层:按设计图示尺寸以面积计算,计量单位为平方米。

二、钢筋工程清单项目

1. 钢筋工程分部分项清单项目

附表J钢筋工程中共10个清单项目,分别为:现浇构件钢筋、预制构件钢筋、钢筋网片、钢筋笼、先张法预应力钢筋、后张法预应力钢筋、型钢、植筋、预埋铁件、高强螺栓。

2. 钢筋工程分部分项清单项目工程量计算规则

(1)现浇构件钢筋、预制构件钢筋、钢筋网片、钢筋笼、先张法预应力钢筋、后张法预应力钢筋、型钢、预埋铁件:按设计图示尺寸以质量计算,计量单位为吨。

(2)植筋:按设计图示数量计算,计量单位为根。

(3)高强螺栓:按设计图示数量计算,计量单位为套;或按设计图示尺寸以质量计算,计量单位为吨。

任务实施

请根据任务描述，通过学习相关知识及学习情境一中所学习的工程量清单编写内容及要求，试编写该桥梁工程的分部分项工程量清单并计算其清单工程量，填写至表3-2-1中。

分部分项工程量清单表 表3-2-1

序 号	项 目 编 码	项目名称 项目特征	计量单位	工 程 量

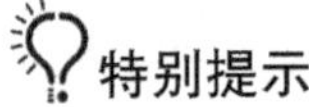

特别提示

在查找某个市政工程的分部分项工程量清单需要编写哪些项目名称时，在熟悉工程图的基础上，可依据《规范》的附录顺序，由前往后依次查找（可依此顺序或者按照施工顺序依次编写）。没有查找到的清单项目，可以考虑编写补充项目。

任务总结与评价

<table>
<tr><td colspan="2">姓名</td><td></td><td>学号</td><td></td><td>成绩</td><td></td></tr>
<tr><td colspan="2">任务名称</td><td colspan="5">编写桥梁工程工程量清单</td></tr>
<tr><td colspan="3">评价内容</td><td>优秀</td><td>良好</td><td>合格</td><td>继续努力</td></tr>
<tr><td rowspan="3">任务实施</td><td>知识点一</td><td>了解工程量清单编写的内容及原则</td><td></td><td></td><td></td><td></td></tr>
<tr><td>知识点二</td><td>熟悉桥涵工程分部分项清单项目的内容</td><td></td><td></td><td></td><td></td></tr>
<tr><td>知识点三</td><td>掌握桥涵工程清单项目工程量计算规则</td><td></td><td></td><td></td><td></td></tr>
<tr><td colspan="2">问题与感想</td><td colspan="5"></td></tr>
<tr><td colspan="2">任务综合评价</td><td colspan="5"></td></tr>
</table>

学习任务三 编制桥梁施工图清单计价表

子任务一 计算清单项目组合工作内容的定额工程量

任务描述

请根据某大街跨沁水河大桥桥梁工程施工图和已编写的桥梁工程分部分项工程量清单，利用现行《定额》，列项计算该桥梁工程各清单项目组合工作内容的定额工程量。

知识导图

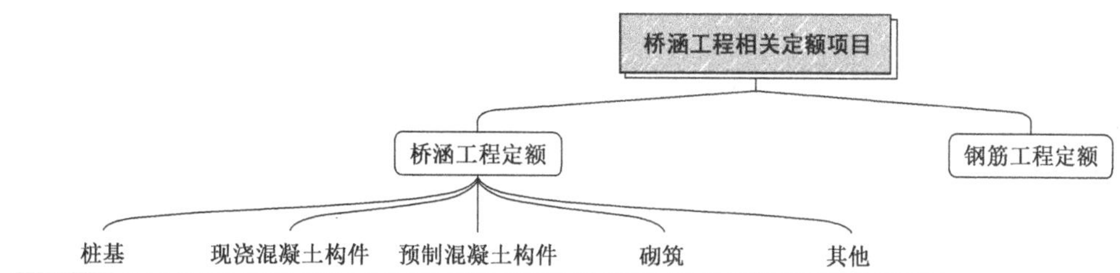

相关知识

一、桥涵工程定额项目

（一）《桥涵工程》册说明

《桥涵工程》是《定额》的第三册，包括桩基、基坑与边坡支护、现浇混凝土构件、预制混凝土构件、砌筑、立交箱涵、钢结构、装饰和其他共九章。

结合某大街跨沁水河大桥桥梁工程清单项目，下面主要介绍桩基、现浇混凝土构件、预制混凝土构件、砌筑、其他等章节定额项目的内容。

1.《桥涵工程》册定额适用范围

（1）城镇范围内的桥梁工程。

（2）单跨5m以内的各种板涵、拱涵工程（圆管涵执行《定额》第六册《排水工程》相关项目规定，其中管道铺设及基础项目人工、机械消耗量乘以系数1.25）。

（3）穿越城市道路及铁路的立交箱涵工程。

2.《桥涵工程》册定额套用及相关说明

（1）预制混凝土构件均为现场预制，现场不具备条件时，发生的运输费用执行构件运输相关项目规定。不适用于商品构配件厂生产的构配件,采用商品构配件时,按构配件到达工地的价格计算。

(2)混凝土均采用预拌混凝土,定额中未考虑混凝土输送,发生时执行“混凝土输送”相关项目规定。

(3)本册定额中提升高度以原地面标高至梁底标高 8m 为界,若超过 8m,超过部分可另行计算超高费(悬浇箱梁除外)。

①现浇混凝土项目按提升高度不同将全桥划分为若干段,超高段承台顶面以上混凝土(不含泵送混凝土)、模板的工程量,按表 3-3-1 调整相应定额中人工、起重机械台班的消耗量分段计算。

②陆上安装梁按表 3-3-1 调整相应定额中的人工及起重机械台班的消耗量分段计算。

人工及起重机械台班消耗量调整表 表 3-3-1

项目	现浇混凝土、陆上安装梁	
	人工	起重机械
提升高度 H(m)	消耗量系数	
$H \leqslant 15$	1.10	1.25
$H \leqslant 22$	1.25	1.60
$H > 22$	1.50	2.00

(4)定额中混凝土养护是按土工布和塑料薄膜考虑的,土工布和塑料薄膜可相互替换,换算关系为:土工布/塑料薄膜 =0.40,其他不变。

(5)本册定额河道水深取定为 3m。

(6)本册定额中均未包括各类操作脚手架,发生时执行《定额》第一册《通用工程》中“措施项目”相关子目。

(二)桩基

桩基定额内容包括:搭、拆桩基础工作平台,组装、拆卸船排,组装、拆卸柴油打桩机,钢筋混凝土方桩,钢筋混凝土管桩,钢管桩,埋设钢护筒,旋挖钻机钻孔,回旋钻机钻孔,冲击式钻机钻孔,卷扬机带冲抓锥冲孔,泥浆制作、外运,灌注桩混凝土,人工挖孔桩,灌注桩后注浆,截桩头,声测管等项目。桩基定额项目表可扫二维码查阅。

3.3.1 桩基

1. 定额工程量计算规则

(1)搭、拆打桩工作平台(图 3-3-1)面积计算:

①桥梁打桩: $F = N_1F_1 + N_2F_2$

每座桥台(桥墩):$F_1 = (5.5 + A + 2.5) \times (6.5 + D)$

每条通道: $F_2 = 6.5 \times [L - (6.5 + D)]$

②钻孔灌注桩: $F = N_1F_1 + N_2F_2$

每座桥台(桥墩): $F_1 = (A + 6.5) \times (6.5 + D)$

每条通道: $F_2 = 6.5 \times [L - (6.5 + D)]$

式中:F——工作平台总面积,m^2;

F_1——每座桥台(桥墩)工作平台面积,m^2;

F_2——桥台至桥墩间或桥墩至桥墩间通道工作平台面积,m^2;

N_1——桥台和桥墩总数量;

N_2——通道总数量;

D——两排桩之间的距离,m;

A——桥台(墩)每排桩的第一根桩中心至最后一根桩中心之间的距离,m;

L——桥台(墩)中心到相邻桥台(墩)中心的距离,m。

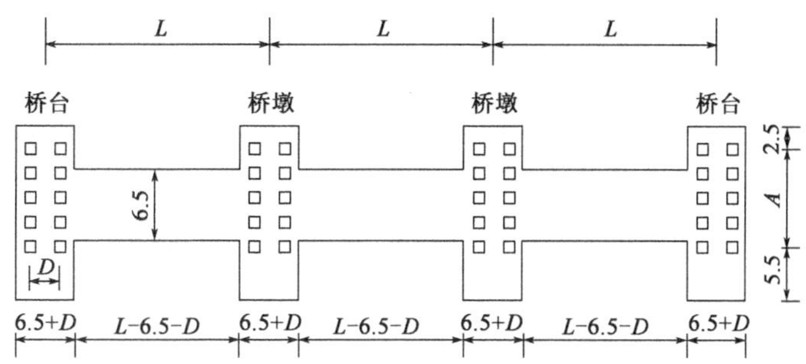

图 3-3-1 工作平台面积计算示意图(尺寸单位:m)

注:通道宽 6.5m。

(2)打、拔桩

①钢筋混凝土方桩按桩长度(包括桩尖)乘以桩截面面积计算。

②钢筋混凝土管桩按桩长度(包括桩尖)乘以桩截面面积计算,空心部分体积不计。

③钢管桩按成品桩考虑,以质量(t)计算。

(3)送桩

①陆上打桩时,以原地面平均标高增加 1m 为界线,界线以下至设计桩顶标高之间的打桩实体积为送桩工程量。

②支架上打桩时,以当地施工期间的最高潮水位增加 0.5m 为界线,界线以下至设计桩顶标高之间的打桩实体积为送桩工程量。

③船上打桩时,以当地施工期间的平均水位增加 1m 为界线,界线以下至设计桩顶标高之间的打桩实体积为送桩工程量。

(4)灌注桩

①回旋钻机钻孔、冲击式钻机钻孔、卷扬机带冲抓锥冲孔的成孔工程量按设计入土深度计算。

项目的孔深指原地面(水上指工作平台顶面)至设计桩底的深度。成孔项目同一孔内的不同土质,不论其所在的深度如何,均执行总孔深定额。

旋挖钻机钻孔按设计入土深度计算,入岩增加费按实际入岩体积计算。

②残(废)泥浆外运工程量按成孔体积乘以系数 1.5 计算。

③灌注桩水下混凝土工程量按设计桩长增加 1m 乘以设计桩截面面积计算。

④人工挖孔工程量按护壁外缘包围的面积乘以深度计算,现浇混凝土护壁和灌注桩混凝土按设计图示尺寸以体积计算。

⑤灌注桩后注浆工程量按设计注浆量计算,注浆管管材费用另计。但利用声测管注浆时不得重复计算。

⑥注浆管、声测管工程量按设计长度计算,设计未说明时按设计桩长另加0.5m计算。

2.定额套用及换算说明

(1)本章定额桩基工作平台适用于陆上、支架上打桩及钻孔灌注桩。支架平台定额分水上支架平台与陆上支架平台两类,其划分范围如下:

①水上支架平台:凡河道原有河岸线、向陆地延伸2.5m的范围,均可套用水上支架平台定额。

②陆上支架平台:除水上支架平台范围以外的陆地部分均属陆上支架平台,但不包括坑洼地段。若坑洼地段平均水深超过2m,面积大于20m^{2}时,可套用水上支架平台定额;平均水深在1~2m时,按水上、陆上支架平台各取50%计算;如平均深度在1m以内,不按坑洼处理。

(2)打桩工作平台根据相应的打桩项目打桩机的锤重进行选择。钻孔灌注桩的工作平台定额按孔径$\phi \leq 1000$mm套用锤重小于或等于2500kg打桩工作平台定额;$\phi > 1000$mm套用锤重小于或等于5000kg打桩工作平台定额。

(3)搭、拆水上工作平台项目已综合考虑了组装、拆卸船排及组装、拆卸打拔桩机工作内容,不得重复计算。

(4)打桩土质类别综合取定。本章定额均为打直桩,打斜桩(包括俯打、仰打)斜率在1∶6以内时,人工乘以系数1.33,机械乘以系数1.43。

(5)台与墩或墩与墩之间不能连续施工时(如不能断航、断交通或拆迁工作不能配合),每个墩台可计一次组装、拆卸柴油打桩架及设备运输费。

(6)送桩定额按送4m为界,如实际超过4m,按相应项目乘以下列调整系数:

送桩5m以内,乘以系数1.2;

送桩6m以内,乘以系数1.5;

送桩7m以内,乘以系数2.0;

送桩7m以上,以调整后7m为基础,每超过1m系数递增0.75。

(7)打钢管桩项目不包括接桩费用,如发生接桩,按实际接头数量套用钢管桩接桩定额;打钢管桩送桩,按相应打桩项目调整计算,不计钢管桩主材,人工、机械乘以系数1.9。如发生拔桩,按打桩人工、机械乘以系数0.9计算。

(8)钻孔桩成孔定额内列出所需泥浆用量,其泥浆制作应按"定额"执行,"定额"内泥浆制作按普通护壁专用黏土考虑,如采用膨润土或其他材料允许换算。

(9)本章定额未包括泥浆池制作、拆除,若发生其费用可另行计算。

(10)本章定额未包括桩基础的承载力检测、桩身完整性检测,发生时另行计算。

3.3.2 现浇混凝土构件

(三)现浇混凝土构件

现浇混凝土构件定额内容包括:垫层、基础、承台、墩(台)帽、墩(台)身、支承梁及横梁、墩(台)盖梁、拱桥、梁、板、挡墙、小型构件、桥面铺装、桥头搭板、桥梁支架、挂篮、混凝土运输及输送等项目。现浇混凝土构件定额项目表可扫二维码查阅。

1. 定额工程量计算规则

(1)混凝土工程量按设计图示尺寸以实体积计算(不包括空心板、梁的空心体积),不扣除钢筋、铁丝、铁件、预留压浆孔道和螺栓所占体积。

(2)模板工程量按模板接触混凝土的面积计算。

(3)现浇混凝土墙、板上单孔面积在 0.3m^2 以内的孔洞不予扣除,洞侧壁模板面积亦不计算;单孔面积在 0.3m^2 以上时应予扣除,洞侧壁模板面积并入墙、板模板工程量内计算。

(4)桥涵拱盔、支架空间体积计算:

①桥涵拱盔体积按起拱线以上弓形侧面积乘以(桥宽 +2m)计算。

②桥涵支架体积按结构底到原地面(水上支架为水上支架平台顶面)平均高度乘以纵向距离再乘以(桥宽 +2m)计算。

(5)支架预压按 2.5t/m^2 计算,可按设计要求调整;设计未要求时按支架承载的梁体设计重量的 1.1 倍计算。

(6)装配式钢支架定额只含万能杆件摊销量,其使用费(t · d)另行计算,计算时钢支架工程量按每立方米空间体积 125kg 考虑。

(7)满堂式钢管支架定额只含搭拆工程,其使用费(t · d)另行计算,计算时钢管支架(包括扣件等)工程量按每立方米空间体积 50kg 考虑。

(8)0 号块扇形支架安拆工程量按顶面梁宽计算。边跨采用挂篮施工时,其合龙段扇形支架的安拆工程量按梁宽的 50% 计算。

(9)项目的挂篮形式为自锚式无压重钢挂篮,钢挂篮重量按设计要求确定。推移工程量按挂篮重量乘以推移距离计算。

(10)混凝土输送及泵管安拆、使用:

①混凝土输送按混凝土相应定额子目的混凝土消耗量以体积计算;若采用多级输送,工程量应分级计算。

②泵管安拆按实际需要的长度计算。

③泵管使用按延长米以“m · d”为单位计算。

2. 定额套用及换算说明

(1)本章定额适用于桥涵工程中各种现浇混凝土构筑物。

(2)本章定额均未包括预埋铁件,发生时执行其他分册相关项目。

(3)定额中毛石混凝土的块石含量为 15%,如设计不同时可以换算,人工、机械不调整。

(4)定额中混凝土按常用强度等级列出,如设计不同时可以换算。

(5)钢纤维混凝土中的钢纤维含量,如设计含量不同时可以调整。

(6)本章定额中模板分组合钢模板、定型钢模板、胶合板模板,定额未注明模板类型的按木模板考虑。胶合板模板按竹胶板计算,如模板材质不同时可以调整。定型钢模板可根据实际摊销次数进行调整。

(7)Y 形等异形柱模板按柱式墩台身模板定额人工、机械消耗量乘以系数 1.2,方木消耗量乘以系数 1.05 计算。

(8)现浇梁、板等模板项目均已包括铺筑底模内容,但不包括支架部分,如发生时执行本章有关项目。

(9)桥梁支架不包括底模及地基加固,其费用按施工组织设计相关内容另行计算。

(四)预制混凝土构件

3.3.3 预制混凝土构件

预制混凝土构件定额内容包括预制梁、柱、板、拱桥构件及小型构件等项目。预制混凝土构件定额项目表可扫二维码查阅。

1. 定额工程量计算规则

(1)混凝土工程量

①预制空心构件按设计图示尺寸扣除空心体积,以实体积计算。空心板梁的堵头板体积不计入工程量内,其消耗量已在子目中考虑。

②预制空心板梁,采用橡胶囊做内模时,考虑其压缩变形因素,可增加混凝土数量。当梁长在16m以内时,按设计图示体积增加7%计算;当梁长大于16m时,按设计图示体积增加9%计算。如设计注明已考虑橡胶囊变形,则不再增加计算。

③预应力混凝土构件的封锚混凝土数量并入构件混凝土工程量内计算。

④板梁间灌缝按设计图示尺寸以体积计算。

(2)模板工程量

①预应力混凝土构件及T形梁、I形梁、双曲拱、桁架拱等构件均按模板接触混凝土的面积(包括侧模、底模)计算。

②灯柱、端柱、栏杆等小型构件模板按平面投影面积计算。

③非预应力构件按模板接触混凝土面积计算,不包括胎模和地模。

④空心板梁中空心部分,本定额均采用橡胶囊抽拔,其摊销量已包括在项目内,不再计算空心部分模板工程量。

⑤空心板中空心部分按模板接触混凝土的面积计算。

(3)预制构件安装均按构件混凝土实体积(不包括空心部分)计算

2. 定额套用及换算说明

(1)构件预制定额适用于现场预制,现场不具备预制条件时,预制构件的场内、场外运输按构件运输相应子目执行。

(2)预制构件定额未包括胎模、地模,发生时执行本章有关子目。

【知识链接】

胎模:用砖或混凝土等材料筑成物件外形的模板。

地模:用砖或混凝土在表面用水泥砂浆抹平做成的底模。

(3)除安装梁分陆上、水上安装外,其他构件安装均未考虑船上吊装,发生时可增计船只费用。

(4)预应力桁架梁套用桁架拱拱片子目,构件安装执行板拱子目,人工、机械乘以系数1.2。

(5)预制构件场内运输定额适用于除小型构件外的预制混凝土构件。小型构件指单件混凝土体积小于或等于0.05m^{3}的构件,其场内运输已包括在项目内。

(6)双导梁安装构件项目不包括导梁的安拆及使用,另执行装配式钢支架项目,工程量按实际计算。

（五）砌筑

砌筑定额包括垫层、拱上和台背填料，干砌片（块）石，浆砌片（块、料）石，浆砌预制块，砖砌体和滤层、泄水孔等项目。砌筑及其他定额项目表可扫二维码查阅。

3.3.4 砌筑及其他

1. 定额工程量计算规则

(1)本章定额适用于砌筑高度在8m以内的桥涵砌筑工程。

(2)垫层拱上和台背填料灰土中的石灰含量可据实调整，其他不变。

(3)拱圈项目已包括地模但不包括拱盔和支架，发生时执行相关项目。

【知识链接】

修筑拱桥的拱架包括拱盔和支架两部分，拱盔在上，支架在下。拱盔是指拱桥现浇或砌筑所需要的起拱线以上的拉梁、柱、斜撑、夹木、托木、拱弦木及模板组合的支架。

(4)本章定额中砂浆均按预拌干混砂浆编制。

(5)滤层采用黏土层时可套用《通用工程》中土石方工程相应定额。

2. 定额套用及换算说明

(1)砌筑工程量按设计图示尺寸以体积计算，不扣除嵌入砌体中的钢管、沉降缝、伸缩缝以及单孔面积0.3m^2以内的预留孔所占体积。

(2)滤层按设计图示尺寸以体积计算。

（六）其他

本章定额包括：金属栏杆、石质栏杆，支座，桥梁伸缩装置，安装沉降缝，隔声屏障，泄水管和排水管，落水斗、收水箅和桥面防水层等项目。

1. 定额工程量计算规则

(1)金属栏杆按设计图示尺寸的主材质量计算，不扣除孔眼、缺角、切肢、切边的重量，但焊条、铆钉、螺栓等重量不另增加。不规则或多边形钢板，以其外接矩形面积计算。

(2)橡胶支座按支座橡胶板（含四氟）尺寸以体积计算。

2. 定额套用及换算说明

(1)金属栏杆、石质栏杆主材品种、规格与设计不符时可以调整。金属栏杆定额中不含面漆，面漆套用装饰的相应定额。

(2)与四氟板式橡胶支座配套的上下钢板、不锈钢板、锚固螺栓等费用摊入支座价格中计列。

(3)梳形钢板、钢板、橡胶板及毛勒伸缩缝均按成品考虑。

二、钢筋工程定额项目

《钢筋工程》是《定额》第一册《通用工程》的第二章，本章定额包括：普通钢筋、预应力钢筋和钢筋运输、钢筋笼安放。钢筋工程见定额项目表，可扫二维码查阅。

3.3.5 钢筋工程

(一)定额工程量计算规则

1. 普通钢筋

(1)钢筋工程量应区别不同钢筋种类和规格,分别按设计长度乘以单位理论质量计算。

(2)电渣压力焊接、套筒挤压、直螺纹接头按设计图示个数计算。

(3)铁件、拉杆、传力杆按设计图示尺寸以质量计算。

(4)植筋增加费按个数计算。

(5)马凳按设计图示或已审批的施工方案计算,设计无规定时,马凳的规格应比底板钢筋降低一级规格(若底板钢筋规格不同,按其中规格高的钢筋降低一级规格计算),长度按底板厚度的 2 倍加 200mm 计算,按 1 个/m^2 计入马凳筋工程量。

2. 预应力钢筋、钢绞线

(1)不同钢筋种类和规格的预应力钢筋,分别按规定长度乘以单位理论质量计算。

(2)先张法钢筋长度按构件外形长度计算。

(3)后张法钢筋按设计图示的预应力钢筋孔道长度,并区别不同锚具类型,分别按下列规定计算:

①低合金钢筋端采用螺杆锚具时,预应力钢筋按孔道长度共减 0.35m, 螺杆按加工铁件另列项计算。

②低合金钢筋一端采用镦头插片、另一端采用螺杆锚具时,预应力钢筋长度按预留孔道长度计算,螺杆按加工铁件另列项计算。

③低合金钢筋一端采用镦头插片、另一端采用帮条锚具时,预应力钢筋按孔道长度增加 0.15m;两端均采用帮条锚具时,预应力钢筋按共增加 0.3m 计算。

④低合金钢筋采用后张混凝土自锚时,预应力钢筋长度按增加 0.35m 计算。

(4)钢绞线采用 JM、XM、OVM、QM 型锚具,孔道长度在 20m 以内时,预应力钢绞线增加 1m;孔道长度在 20m 以上时,预应力钢绞线增加 1.8m。

(5)预应力构件孔道成型按孔道长度计算;孔道注浆以体积计算,不扣除钢绞线体积。

(6)预应力钢绞线张拉应区分单根设计长度,按图示根数计算。

(7)无黏结预应力钢绞线端头封闭,按图示张拉端头个数计算。

(8)临时钢丝束拆除,按拆除钢绞线的质量计算。

3. 钢筋运输、钢筋笼安放

(1)钢筋水平及垂直运输均按设计图示用量以质量计算。

(2)现浇混凝土灌注桩钢筋笼安放按设计图示用量以质量计算。

(3)地下连续墙钢筋笼安放按设计图示用量以质量计算。

(二)定额套用及换算说明

1. 普通钢筋

(1)普通钢筋定额包括光圆钢筋、带肋钢筋、钢筋连接、箍筋及其他、铁件、拉杆、传力杆和植筋增加费等内容。

(2)钢筋工作内容包括:制作、绑扎、安装以及浇筑混凝土时维护钢筋用工。

(3)钢筋加工不包括冷加工,如设计要求冷加工时,另行处理。

(4)对于带肋钢筋,ϕ18mm 以内的钢筋连接按直流弧焊考虑,定额已综合考虑焊接用工和电焊条用量;ϕ18mm 以上的钢筋连接按设计要求选用钢筋连接有关子目执行。

(5)钢筋的搭接(接头)数量应按设计图示及规范要求计算,设计图示及规范要求未标明的,ϕ10mm 以下的长钢筋按 12m 计算一个搭接(接头),ϕ10mm 以上的长钢筋按 9m 计算一个搭接(接头)。

(6)钢筋挤压套筒定额按成品编制。如实际为现场加工时,挤压套筒按加工铁件进行换算,套筒质量可参考表 3-3-2 计算。

套筒质量表 表 3-3-2

规格(mm)	ϕ20	ϕ22	ϕ25	ϕ28	ϕ32
质量(kg/个)	1.78	1.89	2.07	2.25	2.49

注:表内套筒内径 ϕ 按钢筋规格加 2mm、壁厚 8mm、长 300mm 计算质量。如不同时,质量可以调整。

(7)地下连续墙钢筋笼制作执行“普通钢筋”相应子目(不含地下连续墙钢筋制作平台费用),安放执行“钢筋运输、钢筋笼安放”相应子目。

(8)预应力构件中的非预应力钢筋按“普通钢筋”相应子目执行。

(9)本定额未考虑对拉螺栓的周转,发生时可根据实际的周转次数进行计算,人工和机械消耗量不变。

(10)传力杆按 ϕ22mm 编制,若实际不同时,人工和机械消耗量可按表 3-3-3 中的系数调整。

人工和机械消耗量系数表 表 3-3-3

传力杆直径(mm)	ϕ28	ϕ25	ϕ22	ϕ20	ϕ18	ϕ16
调整系数	0.62	0.78	1.00	1.21	1.49	1.89

(11)植筋增加工作内容包括钻孔和装胶。定额中的钢筋埋深按以下规定计算:

①钢筋直径规格为 20mm 以下(含 20mm)的,按钢筋直径的 15 倍计算,且大于或等于 100mm;

②钢筋直径规格为 20mm 以上的,按钢筋直径的 20 倍计算。

当设计埋深与定额不同时,定额中的人工和材料可以调整。

植筋用钢筋的制作、安装,按钢筋质量执行普通钢筋相应子目。

2. 预应力钢筋、钢绞线

(1)“预应力钢筋、钢绞线”定额包括先张法、后张法预应力钢筋制作与安装,预应力钢绞线制作与安装、孔道成型、注浆,钢绞线张拉和端头封闭等内容。

(2)预应力钢筋项目未考虑人工时效处理,发生时另行计算。

(3)定额中已综合考虑了张拉时相应的夹具、承力架等合理的周转摊销量,不得重复计算。定额不包括张拉台座费用,应按《桥涵工程》册有关内容另行计算。

(4)预应力钢绞线张拉项目的锚具按单孔锚具计算,每根钢绞线有两端,计2个锚具。如果采用多孔锚具,可按锚具预算价格除以有效锚孔数量折算单价,调整价差。

3. 钢筋运输、钢筋笼安放

(1)“钢筋运输、钢筋笼安放”定额包括加工钢筋水平、垂直运输和现浇灌注桩、地下连续墙钢筋笼安放等内容。

(2)现场钢筋水平运距包括在项目中,加工的钢筋由工厂至工地水平运输或现场钢筋水平运距超过150m的应另列项,按钢筋水平运输子目执行。

(3)以设计地坪为界,±3.00m以内的构筑物钢筋不计垂直运输费,超过+3.00m的构筑物,±0.00以上部分钢筋全部计算垂直运输费,-3.00m以下的构筑物,±0.00以下部分钢筋全部计算垂直运输费。

(4)本定额垂直运输子目按20m以内考虑,超过20m时,由甲乙双方协商处理。

任务实施

请根据任务描述,通过学习相关知识,熟悉桥梁工程相关的定额说明及定额工程量计算规则,通过小组讨论,完成表3-2-1分部分项工程量清单项目各组合工作内容的定额工程量计算,填写至表3-3-4中。

清单项目各组合工作内容工程量计算表 表3-3-4

序号	定额编号	项 目 名 称	单位	工程量计算

子任务二　计算桥梁工程清单项目综合单价

【做中学 学中做】

请根据前面表3-2-1及表3-3-4已完成的内容，结合学习情境一中所学习的《山东省建设工程费用项目组成及计算规则》，计算该桥梁工程各清单项目的综合单价，填写至表3-3-5中。

工程量清单综合单价计算表　　表3-3-5

序号	编码	名称	单位	工程量	综合单价组成(元)					合计(元)
					人工费	材料费	机械费	计费基础	管理费和利润	

子任务三　桥梁工程施工图清单计价实例

【做中学 学中做】

请认真阅读下面桥梁工程清单计价实例表3-3-6～表3-3-13的内容，结合学习情境一中学习的《山东省建设工程费用项目组成及计算规则》，完成表3-3-6桥梁单位工程投标报价汇总表的填写。

桥梁单位工程投标报价汇总表 表3-3-6

序号	项目名称	金额(元)
1	分部分项工程费合计	
2	措施项目费	
2.1	措施项目费(一)	
2.2	措施项目费(二)	
3	其他项目费	—
3.1	暂列金额	—
3.2	特殊项目费用	—
3.3	计日工	—
3.4	总承包服务费	—
4	规费	
5	税金	
单位工程费用合计 = 1 + 2 + 3 + 4 + 5 - 社会保障费		

分部分项工程量清单与计价表 表3-3-7

工程名称:沁水河大桥桥梁工程

序号	项目编码	项目名称及项目特征	计量单位	工程数量	金额(元)	
					综合单价	合价
1	040301004001	机械成孔灌注桩 1. 土、石类别:综合; 2. 桩径:ϕ1500mm; 3. 深度:$H \leq 40$m; 4. 混凝土强度等级:C25	m	1853	2054.78	3807507.34
2	040301004002	机械成孔灌注桩 1. 土、石类别:综合; 2. 桩径:ϕ1500mm; 3. 深度:$H \leq 50$m; 4. 混凝土强度等级:C25	m	132	1979.72	261323.04
3	040303023001	系梁 1. 混凝土强度等级:现浇混凝土 C30,碎石粒径≤40mm; 2. 部位:系梁	m^3	206.2	523.6	107966.32
4	040303005001	墩身 1. 混凝土强度等级:现浇混凝土 C30,碎石粒径≤40mm; 2. 部位:柱墩身	m^3	308.5	572.85	176724.23

续上表

序号	项目编码	项目名称及项目特征	计量单位	工程数量	金额(元)	
					综合单价	合价
5	040303007001	墩(台)盖梁 1. 混凝土强度等级:现浇混凝土 C30,碎石粒径≤40mm; 2. 部位:墩盖梁及挡块	m^3	578.4	555.35	321214.44
6	040303007002	墩(台)盖梁 1. 混凝土强度等级:现浇混凝土 C30,碎石粒径≤40mm; 2. 部位:台盖梁、耳背墙、挡块、挡泥板等	m^3	269.1	550.63	148174.53
7	040304001001	预制混凝土箱梁 混凝土强度等级:现浇混凝土 C50,碎石粒径≤40mm	m^3	2537.6	1067.58	2709091.01
8	040303011001	混凝土箱梁 1. 混凝土强度等级:现浇混凝土 C50,碎石粒径≤40mm; 2. 部位:中横梁、端横梁及湿接缝、负弯矩钢束槽口	m^3	382.4	715.99	273794.58
9	040303019001	桥面铺装 1. 混凝土强度等级:现浇 C50 混凝土; 2. 部位:车行道; 3. 厚度:10cm	m^2	7152	66.26	473891.52
10	040303019002	桥面铺装 1. 沥青混凝土种类:中粒式沥青混凝土(AC-20C); 2. 部位:车行道; 3. 厚度:6cm	m^2	5960	69.95	416902
11	040303019003	桥面铺装 1. 沥青混凝土种类:玄武岩细粒式沥青混凝土(AC-13C); 2. 部位:车行道; 3. 厚度:4cm	m^2	5960	54.15	322734
12	040309010001	防水层 1. 材料品种:三涂 FYT-1 改进型防水材料; 2. 部位:桥面及桥头搭板	m^2	6440	33.22	213936.8
13	040309007001	桥梁伸缩装置 材料:ZEY80 伸缩缝,预留槽现浇 C50 钢纤维混凝土	m	71.3	912.98	65095.47

续上表

序号	项目编码	项目名称及项目特征	计量单位	工程数量	金额(元)	
					综合单价	合价
14	040309007002	桥梁伸缩装置 材料:D160 伸缩缝,预留槽现浇 C50 钢纤维混凝土	m	36	1384.74	49850.64
15	040309004001	橡胶支座 规格:LNR-D520 × 154 橡胶支座	个	72	2168.29	156116.88
16	040309004002	橡胶支座 规格:LNR(H)-D395 × 127 橡胶支座	个	48	2665.94	127965.12
17	040309009001	桥面泄水管 1. 材料:铸铁管及栅盖; 2. 管径:DN100	m	248	189.29	46943.92
18	040303024001	混凝土小型构件 1. 混凝土强度等级:现浇混凝土 C30,碎石粒径≤40mm; 2. 部位:人行道梁、栏杆座	m^3	107.14	606.62	64993.27
19	040303024002	混凝土小型构件 1. 混凝土强度等级:现浇混凝土 C40,碎石粒径≤16mm; 2. 部位:支座垫石	m^3	7.6	626.91	4764.52
20	040303020001	桥头搭板 1. 混凝土强度等级:现浇混凝土 C30,碎石粒径≤40mm; 2. 厚度:35cm	m^3	168	558.19	93775.92
21	040309007002	预制混凝土小型构件 1. 混凝土强度等级:现浇混凝土 C30; 2. 部位:人行道盖板	m^3	98.7	561.28	55398.34
22	040309004001	浆砌块料 1. 部位:锥、护坡; 2. 材料品种:片石; 3. 砂浆强度等级:水泥砂浆 M7.5; 4. 厚度:35cm	m^3	447.66	272.88	122157.46

续上表

序号	项目编码	项目名称及项目特征	计量单位	工程数量	金额(元)	
					综合单价	合价
23	040309004002	浆砌块料 1. 部位:锥、护坡坡脚基础; 2. 材料品种:片石; 3. 砂浆强度等级:水泥砂浆 M7.5	m^3	131.33	285.38	37478.96
24	040305001001	砂砾垫层 1. 部位:锥、护坡; 2. 厚度:10cm	m^3	127.9	148.18	18952.22
25	040901006001	后张法预应力钢筋 1. 部位:预制箱梁; 2. 预应力筋种类、规格:钢绞线 4ϕ15.2 3. 锚具:YM15-4; 4. 压浆管:塑料波纹管 $\phi_{内}$ 55mm	t	65.702	15829.1	1040003.53
26	040901006002	后张法预应力钢筋 1. 部位:预制箱梁; 2. 预应力筋种类、规格:钢绞线 3ϕ15.2; 3. 锚具:YM15-3; 4. 压浆管:塑料波纹管 $\phi_{内}$ 50mm	t	16.3776	16196.74	265263.73
27	040901006003	后张法预应力钢筋 1. 部位:现浇箱梁; 2. 预应力筋种类、规格:钢绞线 5ϕ15.2; 3. 锚具:BM15-5; 4. 压浆管:扁形塑料波纹管 90mm × 25mm	t	9.036	20778.9	187758.14
28	040901006004	后张法预应力钢筋 1. 部位:现浇箱梁; 2. 预应力筋种类、规格:钢绞线 4ϕ15.2; 3. 锚具:BM15-4 4. 压浆管:扁形塑料波纹管 70mm × 25mm	t	9.26	18954.35	175517.28
29	040901009001	预埋铁件 1. 材质:预埋铁件; 2. 部位:人行道伸缩板	kg	1271.25	8.77	11148.86
30	040901001001	非预应力钢筋 1. 部位:桥梁工程钻孔桩; 2. 规格:HRB400ϕ10mm 以上; 3. 预制或现浇:现浇	t	200.147	6583.01	1317572.34

续上表

序号	项目编码	项目名称及项目特征	计量单位	工程数量	金额(元)	
					综合单价	合价
31	040901001002	非预应力钢筋 1. 部位:桥梁工程钻孔桩; 2. 规格:HPB300ϕ10mm 以内; 3. 预制或现浇:现浇	t	30.31	6583.01	199531.03
32	040901001003	非预应力钢筋 1. 部位:桥梁工程现浇混凝土钢筋; 2. 规格:HRB400ϕ10mm 以上; 3. 预制或现浇:现浇	t	310.07	5444.46	1688201.82
33	040901001004	非预应力钢筋 1. 部位:桥梁工程现浇混凝土钢筋; 2. 规格:HPB300ϕ10mm 以内; 3. 预制或现浇:现浇	t	29.33	5524.79	162042.09
34	040901002001	非预应力钢筋 1. 部位:桥梁工程,预制箱梁、人行道盖板; 2. 规格:ϕ10mm 以上; 3. 预制或现浇:预制	t	438.37	5415.85	2374146.16
35	040901002002	非预应力钢筋 1. 部位:桥梁工程,预制箱梁、人行道盖板; 2. 规格:ϕ10mm 以内; 3. 预制或现浇:预制	t	111.01	5853.39	649808.24
36	040901001005	非预应力钢筋 1. 部位:桥梁工程,桥面铺装钢筋网; 2. 规格:D6 冷轧带肋; 3. 预制或现浇:现浇	t	31.744	5759.65	182834.33
37	0403010120001	超声波检测管 材料、规格:钢管 ϕ57mm×3.5mm	m	6018.6	35	210651
38	040204004003	安砌立沿石 1. 材料:机切花岗岩; 2. 规格:99.5cm×15cm×35cm,6cm 圆角	m	400	57.23	22892
39	040101002001	挖沟槽土方 1. 土壤类别:综合; 2. 挖土深度:综合; 3. 部位:系梁、桥台盖梁、锥坡、护坡等	m^3	3018.58	4.12	12436.55
40	040103001004	填方 1. 填方材料品种:素土; 2. 密实度:夯实; 3. 部位:系梁、锥坡、护坡	m^3	3848.8	13.49	51920.45
合计						18628480.08

工程量清单综合单价分析表

表 3-3-8

工程名称:沁水河大桥桥梁工程

序号	编码	名　称	单位	工程量	综合单价组成(元)					综合单价(元)
					人工费	材料费	机械费	计费基础	管理费和利润	
1	040301004001	机械成孔灌注桩 1. 土、石类别:综合; 2. 桩径:ϕ1500mm; 3. 深度:$H\leqslant$40m; 4. 混凝土强度等级:C25	m		294.09	676.07	743.53	1089.73	341.09	2054.78
	3-1-108	陆上埋设钢护筒 ϕ1500mm 以内	10m	0.0024	5.76	0.58	4.22			
	3-1-159	回旋钻钻孔砂黏土≤ϕ1500-40m	10m	0.03	21.1	0.95	56.18			
	3-1-160	回旋钻钻孔砂砾≤ϕ1500-40m	10m	0.03	41.34	1.33	119.53			
	3-1-161	回旋钻钻孔砾石≤ϕ1500-40m	10m	0.02	44.65	0.92	133.69			
	3-1-162	回旋钻钻孔卵石≤ϕ1500-40m	10m	0.02	62.51	1.54	308.72			
	3-1-302 换	灌注桩混凝土回旋(冲击)钻孔 换为【C25 水下混凝土】[商品混凝土]	$10m^3$	0.1766	118.73	670.75	121.19			
2	040301004002	机械成孔灌注桩 1. 土、石类别:综合; 2. 桩径:ϕ1500mm; 3. 深度:$H\leqslant$50m; 4. 混凝土强度等级:C25	m		298.98	675.24	682.69	1031.36	322.81	1979.72
	3-1-108	陆上埋设钢护筒 ϕ1500mm 以内	10m	0.0018	4.33	0.44	3.17			
	3-1-165	回旋钻钻孔砂黏土≤ϕ1500-60m	10m	0.03	23.39	0.92	94.94			
	3-1-166	回旋钻钻孔砂砾≤ϕ1500-60m	10m	0.03	47.54	1.3	142.67			
	3-1-167	回旋钻钻孔砾石≤ϕ1500-60m	10m	0.02	52.5	0.91	160.36			
	3-1-168	回旋钻钻孔卵石≤ϕ1500-60m	10m	0.02	52.5	0.91	160.36			

续上表

序号	编码	名称	单位	工程量	综合单价组成(元)					综合单价(元)
					人工费	材料费	机械费	计费基础	管理费和利润	
	3-1-302 换	灌注桩混凝土回旋(冲击)钻孔 换为【C25 水下混凝土】[商品混凝土]	$10m^3$	0.1766	118.73	670.75	121.19			
3	040303023001	系梁 1.混凝土强度等级:现浇混凝土 C30 碎石粒径≤40mm; 2.部位:系梁	m^3		86.93	340.04	51.04	145.67	45.59	523.6
	3-3-29 换	C20 现浇混凝土横梁换为【C30 商品混凝土, 碎石粒径 <40mm】[商品混凝土]	$10m^3$	0.1	86.93	340.04	51.04			
4	040302004001	墩身 1.混凝土强度等级:现浇混凝土 C30,碎石粒径≤40mm; 2.部位:柱墩身	m^3		108.52	335.68	69.82	187.99	58.83	572.85
	3-3-24 换	C20 现浇混凝土柱式墩台身换为【C30 商品混凝土, 碎石粒径 <40mm】[商品混凝土]	$10m^3$	0.1	108.52	335.68	69.82			
5	040303007001	墩(台)盖梁 1.混凝土强度等级:现浇混凝土 C30,碎石粒径≤40mm; 2.部位:墩盖梁及挡块	m^3		101.87	337.16	62.15	173.06	54.17	555.35
	3-3-31 换	C30 现浇混凝土墩盖梁换为【C30 商品混凝土,碎石粒径 <40mm】[商品混凝土]	$10m^3$	0.1	101.87	337.16	62.15			
6	040303007002	墩(台)盖梁 1.混凝土强度等级:现浇混凝土 C30,碎石粒径≤40mm; 2.部位:台盖梁、耳背墙、挡块、挡泥板等	m^3		100.35	337.36	59.96	169.19	52.96	550.63
	3-3-34 换	C30 现浇混凝土台盖梁换为【C30 商品混凝土,碎石粒径 <40mm】[商品混凝土]	$10m^3$	0.1	100.35	337.36	59.96			

续上表

序号	编码	名　称	单位	工程量	综合单价组成(元)					综合单价(元)
					人工费	材料费	机械费	计费基础	管理费和利润	
7	040304001001	预制混凝土箱梁 混凝土强度等级:现浇混凝土C50,碎石粒径≤40mm	m^3		130.34	465.23	325.44	468.25	146.57	1067.58
	3-4-30换	C40预制混凝土箱形梁[商品混凝土]	$10m^3$	0.1	111.68	459.14	39.5			
	3-4-144+[3-4-147]×4	起重机装混凝土25t内,平板车运1km内,实际运距(km):5	$10m^3$	0.1	5.49	6.09	146.03			
	3-4-39	陆上起重机安装槽形梁L≤30m	$10m^3$	0.1	13.18		139.91			
8	040303011001	混凝土箱梁 1.混凝土强度等级:现浇混凝土C50,碎石粒径≤40mm; 2.部位:中横梁、端横梁及湿接缝、负弯矩钢束槽口	m^3		96	449.6	104.79	209.58	65.6	715.99
	3-3-29换	C50现浇混凝土梁与梁接头[商品混凝土]	$10m^3$	0.1	96	449.6	104.79			
9	040303019001	桥面铺装 1.混凝土强度等级:现浇C50混凝土; 2.部位:车行道; 3.厚度:10cm	m^2		10.2	50.37	1.7	12.74	3.99	66.26
	3-3-78换	C50现浇混凝土桥面车行道[商品混凝土]	$10m^3$	0.01	10.2	50.37	1.7			
10	040303019002	桥面铺装 1.沥青混凝土种类:中粒式沥青混凝土(AC-20C); 2.部位:车行道; 3.厚度:6cm	m^2		0.35	68.35	0.86	1.26	0.39	69.95
	[2-3-37]+[2-2-38]×2	机械铺中粒式沥青混凝土路面厚5cm,实际厚度(cm):6	$100m^2$	0.01	0.35		0.86			
	810601017@2	沥青混凝土中粒式(AC-20)	t	0.1424		68.35				

续上表

序号	编码	名 称	单位	工程量	综合单价组成(元)					综合单价(元)
					人工费	材料费	机械费	计费基础	管理费和利润	
11	040303019003	桥面铺装 1.沥青混凝土种类:玄武岩细粒式沥青混凝土(AC-13C); 2.部位:车行道; 3.厚度:4cm	m^2		0.34	52.95	0.57	0.94	0.29	54.15
	[2-3-43]+[2-3-44]	机械铺细粒式沥青混凝土路面厚2cm,实际厚度(cm):4	$100m^2$	0.01	0.34		0.57			
	810601017@1	沥青混凝土(玄武岩)细粒式(AC-13)	t	0.0929		52.95				
12	040309010001	防水层 1.材料品种:三涂FYT-1改进型防水材料; 2.部位:桥面及桥头搭板	m^2		1.13	30.36	1.04	2.2	0.69	33.22
	3-9-46	桥面防水层M-17防水剂	$100m^2$	0.03	1.13	30.36	1.04			
13	040309007001	桥梁伸缩装置 材料:ZEY80伸缩缝,预留槽现浇C50钢纤维混凝土	m		41.05	820.29	28.1	75.2	23.54	912.98
	3-9-22	安装钢板伸缩缝	10m	0.1	41.05	20.29	28.1			
	011401104@1	钢板伸缩缝ZEY80型	m	1		800				
14	040309007002	桥梁伸缩装置 材料:D160伸缩缝,预留槽现浇C50钢纤维混凝土	m		55.14	1268.41	31.66	94.34	29.53	1384.74
	3-9-21	安装梳型钢板伸缩缝	10m	0.1	55.14	49.61	31.66			
	011401103@1	梳型钢板伸缩缝D160	m	1		1200				
	050202024@1	沥青砂	t	0.0047		18.8				
15	040309004001	橡胶支座 规格:LNR-D520×154橡胶支座	个		398.8	1634.43		431.49	135.06	2168.29
	3-9-6	安装板式橡胶支座	$100cm^3$	326.886	398.8					
	070207016@3	板式橡胶支座LNR-D520×154	$100cm^3$	326.887		1634.43				
16	040309004002	橡胶支座 规格:LNR(H)-D395×127橡胶支座	个		194.6	2405.44		210.56	65.9	2665.94

续上表

序号	编码	名　称	单位	工程量	综合单价组成(元)					综合单价(元)
					人工费	材料费	机械费	计费基础	管理费和利润	
	3-9-7	安装四氟板式橡胶支座	100cm^3	159.512	194.6	1448.37				
	070207030@2	四氟板式橡胶支座 LNR(H)-D395×127	100cm^3	159.512		957.07				
17	040309009001	桥面泄水管 1.材料:铸铁管及栅盖; 2.管径:DN100mm	m		25.89	154.63		28.01	8.77	189.29
	3-9-35	安装铸铁落水管	10m	0.1	25.01	152.26				
	3-9-39	安装铸铁落水斗收水箅	10个	0.0032	0.88	2.37				
18	040303024001	混凝土小型构件 1.混凝土强度等级:现浇混凝土 C30,碎石粒径≤40mm; 2.部位:人行道梁、栏杆座	m^3		168.67	346.61	25.98	208.84	65.36	606.62
	3-3-75 换	C25 现浇混凝土地梁、侧石、缘石换为【C30 商品混凝土,碎石粒径<40mm】[商品混凝土]	10m^3	0.1	168.67	346.61	25.98			
19	040303024002	混凝土小型构件 1.混凝土强度等级:现浇混凝土 C40,碎石粒径≤16mm; 2.部位:支座垫石	m^3		168.66	366.91	25.98	208.84	65.36	626.91
	3-3-75 换	C25 现浇混凝土地梁侧石、缘石换为【C40 商品混凝土,碎石粒径<16mm】[商品混凝土]	10m^3	0.1	168.66	366.91	25.98			
20	040303020001	桥头搭板 1.混凝土强度等级:现浇混凝土 C30,碎石粒径≤40mm; 2.厚度:35cm	m^3		96.06	341.17	67.21	171.74	53.75	558.19
	3-3-80 换	C30 现浇混凝土矩形实体连续板[商品混凝土]	10m^3	0.1	96.06	341.17	67.21			
21	040304005001	预制混凝土小型构件 1.混凝土强度等级:现浇混凝土 C30; 2.部位:人行道盖板	m^3		133.21	360.64	16.96	161.23	50.47	561.28

续上表

序号	编码	名　称	单位	工程量	综合单价组成(元)					综合单价(元)
					人工费	材料费	机械费	计费基础	管理费和利润	
	3-4-82 换	C25 预制混凝土缘石人行道锚定板 换为【C30 预制混凝土,碎石粒径 <40mm】[商品混凝土]	$10m^3$	0.1	133.21	360.64	16.96			
22	040305003001	浆砌块料 1. 部位:锥、护坡; 2. 材料品种:片石; 3. 砂浆强度等级:M7.5 水泥砂浆; 4. 厚度:35cm	m^3		70.64	169.45	6.74	83.22	26.05	272.88
	3-5-15	M10 砂浆砌毛石护坡 40cm 以内	$10m^3$	0.1	70.64	169.45	6.74			
23	040303003002	浆砌块料 1. 部位:锥、护坡坡脚基础; 2. 材料品种:片石; 3. 砂浆强度等级:M7.5 水泥砂浆	m^3		79.79	169.7	6.74	93.12	29.15	285.38
	3-5-14	M10 砂浆砌毛石护坡 30cm 以内	$10m^3$	0.1	79.79	169.7	6.74			
24	040305001001	砂砾垫层 1. 部位:锥、护坡; 2. 厚度:10cm	m^3		25.86	113.57		27.98	8.75	148.18
	3-5-6	砂滤层 10cm 以内	$10m^3$	0.1	25.86	113.57				
25	040901006001	后张法预应力钢筋 1. 部位:预制箱梁; 2. 预应力筋种类、规格:钢绞线 $4\phi_s15.2$; 3. 锚具:YM15-4; 4. 压浆管:塑料波纹管 $\phi_{内}$ 55mm	t		2759.88	10696.95	1243.96	4257.78	1128.31	15829.1
	1-2-61	后张预应力钢筋制作安装(螺栓锚)	t	1	1088.85	5429.78	416.22			
	1-2-69	安装波纹管压浆管道	100m	2.1552	908.43	2720.51				
	1-2-73	管道压素水泥浆	$10m^3$	0.2047	762.6	1284.23	827.74			
	BC-Z-006	锚具安装(YM15-4)	套	17.5337		1262.43				

续上表

序号	编码	名称	单位	工程量	综合单价组成(元)					综合单价(元)
					人工费	材料费	机械费	计费基础	管理费和利润	
26	040901006002	后张法预应力钢筋 1. 部位:预制箱梁; 2. 预应力筋种类、规格:钢绞线 $3\phi_s15.2$; 3. 锚具:YM15-3; 4. 压浆管:塑料波纹管 $\phi_{内}$ 50mm	t		3139.45	10469.86	1327.89	4752.99	1259.54	16196.74
	1-2-61	后张预应力钢筋制作安装(螺栓锚)	t	1	1088.85	5429.78	416.22			
	1-2-69	安装波纹管压浆管道	100m	2.8722	1210.67	3625.63				
	1-2-73	管道压素水泥浆	$10m^3$	0.2255	839.93	1414.46	911.67			
	BC-Z-007	锚具安装(YM15-3)	套							
27	040901006003	后张法预应力钢筋 1. 部位:现浇箱梁; 2. 预应力筋种类、规格:钢绞线 $5\phi_s15.2$; 3. 锚具:BM15-5; 4. 压浆管:扁形塑料波纹管 90mm×25mm	t		3379.6	13717.88	2137.07	5827.72	1544.35	20778.9
	1-2-61	后张预应力钢筋制作安装(螺栓锚)	t	1	1088.85	5429.78	416.22			
	1-2-69	安装波纹管压浆管道	100m	1.6733	705.32	2112.23				
	1-2-73	管道压素水泥浆	$10m^3$	0.4256	1585.43	2669.89	1720.85			
	BC-Z-008	锚具安装(BM15-5)	套	38.9553		3505.98				
28	040901006004	后张法预应力钢筋 1. 部位:现浇箱梁; 2. 预应力筋种类、规格:钢绞线 $4\phi_s15.2$; 3. 锚具:BM15-4 4. 压浆管:扁形塑料波纹管 70mm×25mm	t		3254.37	12518.67	1770.65	5323.23	1410.66	18954.35
	1-2-61	后张预应力钢筋制作安装(螺栓锚)	t	1	1088.85	5429.78	416.22			
	1-2-69	安装波纹管压浆管道	100m	2.1771	917.67	2748.18				
	1-2-73	管道压素水泥浆	$10m^3$	0.335	1247.85	2101.4	1354.43			
	BC-Z-009	锚具安装(BM15-4)	套	31.1015		2239.31				

续上表

序号	编码	名　称	单位	工程量	综合单价组成(元)					综合单价(元)
					人工费	材料费	机械费	计费基础	管理费和利润	
29	040901009001	预埋铁件 1.材质:预埋铁件; 2.部位:人行道伸缩板	kg		2.34	5.27	0.38	2.94	0.78	8.77
	1-2-34	预埋铁件制作安装	t	0.001	2.34	5.27	0.38			
30	040901001001	非预应力钢筋 1.部位:桥梁工程钻孔桩; 2.规格:HRB400ϕ10mm以上; 3.预制或现浇:现浇	t		1084.58	4623.32	438.04	1649.29	437.07	6583.01
	1-2-83	钻孔桩钢筋笼制作安装	t	1	1084.58	4623.32	438.04			
31	040901001002	非预应力钢筋 1.部位:桥梁工程钻孔桩; 2.规格:HPB300ϕ10mm以内; 3.预制或现浇:现浇	t		1084.58	4623.32	438.04	1649.29	437.07	6583.01
	1-2-83	钻孔桩钢筋笼制作安装	t	1	1084.58	4623.32	438.04			
32	040901001003	非预应力钢筋 1.部位:桥梁工程现浇混凝土钢筋; 2.规格:HRB400ϕ10mm以上; 3.预制或现浇:现浇	t		494.71	4688.39	93.09	634.99	168.27	5444.46
	1-2-7	$\phi>10$mm现浇混凝土钢筋制作安装	t	1	494.71	4688.39	93.09			
33	040901001004	非预应力钢筋 1.部位:桥梁工程现浇混凝土钢筋; 2.规格:HPB300ϕ10mm以内; 3.预制或现浇:现浇	t		1016.26	4139.01	61.34	1162.91	308.18	5524.79
	1-2-4	ϕ10mm以内现浇混凝土钢筋制作安装	t	1	1016.26	4139.01	61.34			
34	040901002001	非预应力钢筋 1.部位:桥梁工程 预制箱梁、人行道盖板; 2.规格:ϕ10mm以上; 3.预制或现浇:预制	t		479.46	4683.89	89.56	614.86	162.94	5415.85
	1-2-8	$\phi>10$mm预制混凝土钢筋制作安装	t	1	479.46	4683.89	89.56			

续上表

序号	编码	名称	单位	工程量	综合单价组成(元)					综合单价(元)
					人工费	材料费	机械费	计费基础	管理费和利润	
35	040901002002	非预应力钢筋 1. 部位:桥梁工程 预制箱梁、人行道盖板; 2. 规格:ϕ10mm 以内; 3. 预制或现浇:预制	t		1257.21	4143.54	72.33	1435.12	380.31	5853.39
	1-2-4	ϕ10mm 以内预制混凝土钢筋制作安装	t	1	1257.21	4143.54	72.33			
36	040901001005	非预应力钢筋 1. 部位:桥梁工程 桥面铺装钢筋网; 2. 规格:D6 冷轧带肋; 3. 预制或现浇:现浇	t		1054.69	4377.55	19.44	1162.15	307.97	5759.65
	1-2-33	水泥混凝土路面钢筋网	t	1	1054.69	4377.55	19.44			
37	040301012001	超声波检测管 材料、规格:钢管 ϕ57mm × 3.5mm	m			35				35
	3-1-315	超声波检测管安放	m	1		35				
38	040204004003	安砌立缘石 1. 材料:机切花岗岩; 2. 规格:99.5cm × 15cm × 35cm,6cm 圆角	m		7.92	47.04		8.57	2.27	57.23
	2-4-25	安砌石质侧缘石(立缘石)	100m	0.01	7.92	1.36				
	050302940@1	石质侧石(立缘石)300mm × 150mm	m	1.015		45.68				
39	040101002001	挖沟槽土方 1. 土壤类别:综合; 2. 挖土深度:综合; 3. 部位:系梁、桥台盖梁、锥、护坡等	m^3		0.42		2.82	3.31	0.88	4.12
	1-1-123	反铲挖掘机挖三类土	$100m^3$	0.01	0.42		2.82			
40	040103001004	填方 1. 填方材料品种:素土; 2. 密实度:夯实; 3. 部位:系梁、锥、护坡	m^3		8.42		2.07	11.29	3	13.49
	1-1-328	槽坑填土夯实	$100m^3$	0.01	8.42		2.07			

措施项目清单综合单价分析表 表 3-3-9

序号	项目编码	项目名称	计量单位	工程量	综合单价组成(元)					综合单价(元)
					人工费	材料费	机械费	计费基础	管理费和利润	
1	AA001	预制箱梁模板	m^2		63.93	41.38	17.67	87.39	27.36	150.34
	3-509	预制混凝土箱形梁模板	$10m^2$	0.1	63.93	41.38	17.67			
2	AA002	现浇墩盖梁模板	m^2		30.5	15.99	27.61	60.92	19.07	93.17
	3-434	墩盖梁模板	$10m^2$	0.1	30.5	15.99	27.61			
3	AA003	现浇台盖梁模板	m^2		33.55	17.62	30.54	67.18	21.03	102.74
	3-436	台盖梁模板	$10m^2$	0.1	33.55	17.62	30.54			
4	AA004	现浇柱式墩模板	m^2		39.28	25.81	26.77	69.52	21.76	113.62
	3-428	柱式墩台身模板	$10m^2$	0.1	39.28	25.81	26.77			
5	AA005	现浇系梁模板	m^2		22.08	45.27	13.08	37.11	11.61	92.04
	3-418	横梁模板	$10m^2$	0.1	22.08	45.27	13.08			
6	AA006	现浇箱梁接头板模板	m^2		32.7	47.93	0.79	36.23	11.34	92.76
	3-463	梁与梁接头模板	$10m^2$	0.1	32.7	47.93	0.79			
7	AA007	现浇人行道梁、栏杆座模板	m^2		18.36	32.16	0.34	20.24	6.33	57.19
	3-476	地梁、侧石、缘石模板	$10m^2$	0.1	18.36	32.16	0.34			
8	AA008	现浇搭板模板	m^2		13.42	14.48	11.82	26.45	8.28	48
	3-450	矩形实体连续板模板	$10m^2$	0.1	13.42	14.48	11.82			
9	AA009	现浇混凝土底模	m^2		19.46	49.31	12.61	33.8	10.58	91.96
	3-414	混凝土承台模板(有底模)	$10m^2$	0.1	19.46	49.31	12.61			
10	AA010	现浇垫石模板	m^2		40.5	39.25	1.66	45.62	14.27	95.68
	3-474	立柱、端柱、灯柱模板	$10m^2$	0.1	40.5	39.25	1.66			
11	AA011	预制人行道盖板模板	m^2		29.34	20.24	2.55	34.45	10.79	62.92
	3-521	预制混凝土缘石、人行道、锚定板模板	$10m^2$	0.1	29.34	20.24	2.55			
12	AA012	柱脚手架	m^2		5.15	6.22	2.02	7.63	2.39	15.78
	1-430	钢管脚手架 双排8m内	$100m^2$	0.01	5.15	6.22	2.02			
13	AA013	盖梁脚手架	m^2		5.15	6.22	2.02	7.63	2.39	15.78
	1-430	钢管脚手架 双排8m内	$100m^2$	0.01	5.15	6.22	2.02			

措施项目清单与计价表(一) 表3-3-10

工程名称:沁水河大桥桥梁工程

序号	项目名称	计算基础	费率(%)	费率(含管理费利润率,%)	金额(元)
1	夜间施工增加费	省人工费+省机械费	0.09	0.09×(1+0.186+0.127)=0.1182	5700.09
2	冬雨季施工增加费		0.67	0.67×(1+0.186+0.127)=0.8797	42434.04
3	场地清理费		0.08	0.08×(1+0.186+0.127)=0.1050	5066.75
4	中小型机械及工具用具使用费		1.68	1.68×(1+0.186+0.127)=2.2058	106401.75
5	施工因素增加费		1.54	1.54×(1+0.186+0.127)=2.0220	97534.94
6	已完工程及设备保护费				
7	大型机械设备进出场及安拆费	省人工费+省机械费	3	3×(1+0.186+0.127)=3.9390	190003.14
8	混凝土、钢筋混凝土模板及支架费				
9	脚手架费				
10	施工排水降水费	省人工费+省机械费	5	5×(1+0.186+0.127)=6.5650	316671.89
11	临时供水、供电费				
12	围堰费	省人工费+省机械费	10	10×(1+0.186+0.127)=13.1300	633343.79
13	筑岛费		13.8	13.8×(1+0.186+0.127)=18.1194	874014.44
14	便道费		15	15×(1+0.186+0.127)=19.6950	950015.68
15	便桥费				
合计					3221186.51

措施项目清单与计价表(二) 表3-3-11

工程名称:沁水河大桥桥梁工程

序号	项目编码	项目名称及项目特征	计量单位	工程数量	金额(元)	
					综合单价	合价
1	AA001	预制箱梁模板	m^2	18212.57	150.34	2738077.77
2	AA002	现浇墩盖梁模板	m^2	1161.65	93.17	108230.93
3	AA003	现浇台盖梁模板	m^2	670.78	102.74	68915.94
4	AA004	现浇柱式墩模板	m^2	951.64	113.62	108125.34
5	AA005	现浇系梁模板	m^2	400.79	92.04	36888.71
6	AA006	现浇箱梁接头板模板	m^2	1705.21	92.76	158175.28
7	AA007	现浇人行道梁、栏杆座模板	m^2	792.63	57.19	45330.51
8	AA008	现浇搭板模板	m^2	58.8	48	2822.4
9	AA009	现浇混凝土底模	m^2	332.64	91.96	30589.57
10	AA010	现浇垫石模板	m^2	36.97	95.68	3537.29

续上表

序号	项目编码	项目名称及项目特征	计量单位	工程数量	金额(元)	
					综合单价	合价
11	AA011	预制人行道盖板模板	m^2	379.2	62.92	23859.26
12	AA012	柱脚手架	m^2	1791	15.78	28261.98
13	AA013	盖梁脚手架	m^2	614.88	15.78	9702.81
合计						3362517.79

措施项目清单计价汇总表 表 3-3-12

工程名称:沁水河大桥桥梁工程

序号	项目名称	金额(元)
1	措施项目清单计价(一)	3221186.51
2	措施项目清单计价(二)	3362517.79
合计		6583704.3

规费、税金项目清单与计价表 表 3-3-13

工程名称:沁水河大桥桥梁工程

序号	项目名称	计 算 基 础	费率(%)	金额(元)
1	规费			1802518.9
1.1	安全文明施工费			887468.89
1.1.1	环境保护费	分部分项工程费合计+措施项目费合计+其他项目费合计	0.2	50424.37
1.1.2	文明施工费		0.5	126060.92
1.1.3	临时设施费		1.82	458861.76
1.1.4	安全施工费		1	252121.84
1.2	社会保障费	分部分项工程费合计+措施项目费合计+其他项目费合计	2.75	693335.07
1.3	住房公积金	分部分项人工费+措施项目人工费	3.6	183896.66
1.4	建设项目工伤保险费	分部分项工程费合计+措施项目费合计+其他项目费合计	0.15	37818.28
2	税金	分部分项工程费合计+措施项目费合计+其他项目费合计+规费	3.48	940111.67
合计				2742630.57

任务总结与评价

<table>
<tr><td colspan="2">姓名</td><td></td><td>学号</td><td></td><td>成绩</td><td></td></tr>
<tr><td colspan="2">任务名称</td><td colspan="5">编制桥梁施工图清单计价表</td></tr>
<tr><td colspan="3">评价内容</td><td>优秀</td><td>良好</td><td>合格</td><td>继续努力</td></tr>
<tr><td rowspan="3">任务实施</td><td>知识点一</td><td>熟悉桥梁工程清单项目组合工作内容定额工程量的计算</td><td></td><td></td><td></td><td></td></tr>
<tr><td>知识点二</td><td>掌握桥梁工程清单项目综合单价的计算</td><td></td><td></td><td></td><td></td></tr>
<tr><td>知识点三</td><td>掌握桥梁工程施工图清单计价表的编制</td><td></td><td></td><td></td><td></td></tr>
<tr><td colspan="2">问题与感想</td><td colspan="5"></td></tr>
<tr><td colspan="2">任务综合评价</td><td colspan="5"></td></tr>
</table>

知识测试与能力训练

一、单选题

1. 道路遇到障碍中断时,跨越障碍的主要承载结构是(　　)。

A. 横隔梁　　B. 主梁　　C. 圈梁　　D. 连系梁

2. 在所有深基础中,结构最轻、施工进度较快且经济的基础结构是(　　)。

A. 桩基础　　B. 沉井基础　　C. 扩大基础　　D. 浮桥浮体

3. 某预制钢筋混凝土方桩共计 48 根,单根桩长 50m(未包括桩尖),桩尖长 0.5m,每根桩直径为 1.2m,其清单工程量计算正确的是(　　)。

A. 2400m　　B. $2424m^2$　　C. 24 根　　D. $2740.09m^3$

4. 桥梁工程桥面铺装的工程量计算方法是(　　)。

A. 按设计尺寸以体积计算　　B. 按设计尺寸以面积计算

C. 按桥面铺装的实际铺装面积计算　　D. 按桥面铺装的实际铺装体积计算

5. 桥梁工程的模板工程量按(　　)计算。

A. 体积　　B. 面积　　C. 长度　　D. 接触面积

6. 灌注桩定额中所指的钻孔长度应为(　　)。

A. 设计长度　　B. 理论长度　　C. 实际长度　　D. 入土长度

二、多选题

1. 梁式桥的基本组成包括(　　)。

A. 桥跨结构　　B. 桥墩、桥台　　C. 墩台基础　　D. 支座

2. 桥梁按结构体系分类包括(　　)。

A. 高架桥　　B. 拱桥　　C. 梁桥　　D. 吊桥

3. 桥梁工程施工图的内容有(　　)。

A. 桥位平面图　　B. 桥位地质断面图

C. 桥梁总体布置图　　D. 构件图

4. 桥梁的伸缩缝通常设置在(　　)。

A. 桥梁的铰接位置　　B. 墩台与基础处

C. 两梁端之间　　D. 梁端与桥台之间

三、计算题

某单跨混凝土简支梁桥,桥台基础采用 ϕ100cm 钻孔灌注桩基础(C30 混凝土),灌注桩 16 根/台,土质为砂土,护筒埋设深度 2m,采用回旋钻机成孔,如题图 3-1 所示。试计算该工程一个桥台埋设钢护筒、成孔、灌注混凝土的定额工程量。

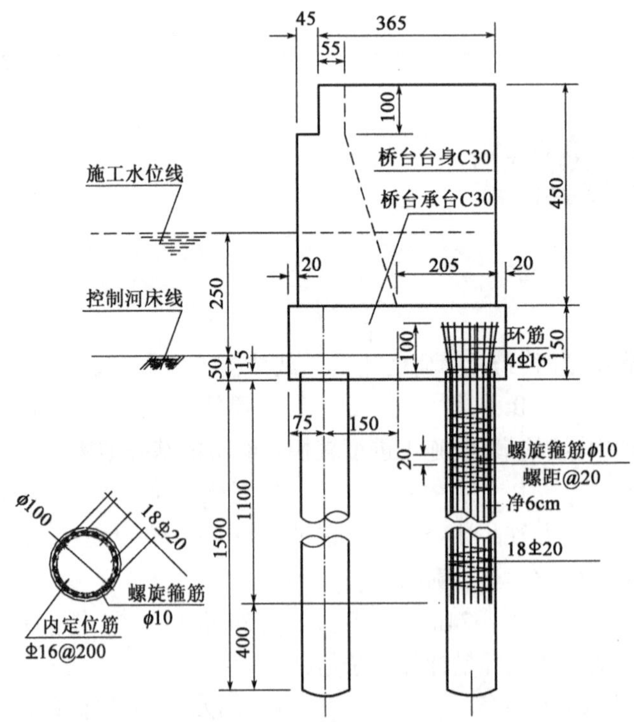

题图 3-1　某钻孔灌注桩基础图(尺寸单位:cm)

回 执考链接

某简支板梁桥,桥宽38m;上部结构采用装配式预应力空心板梁,下部结构为:ϕ80cm钻孔灌注桩基础(C20混凝土),C25混凝土承台,C25混凝土重力式桥台台身,具体设计布置见题图3-2。

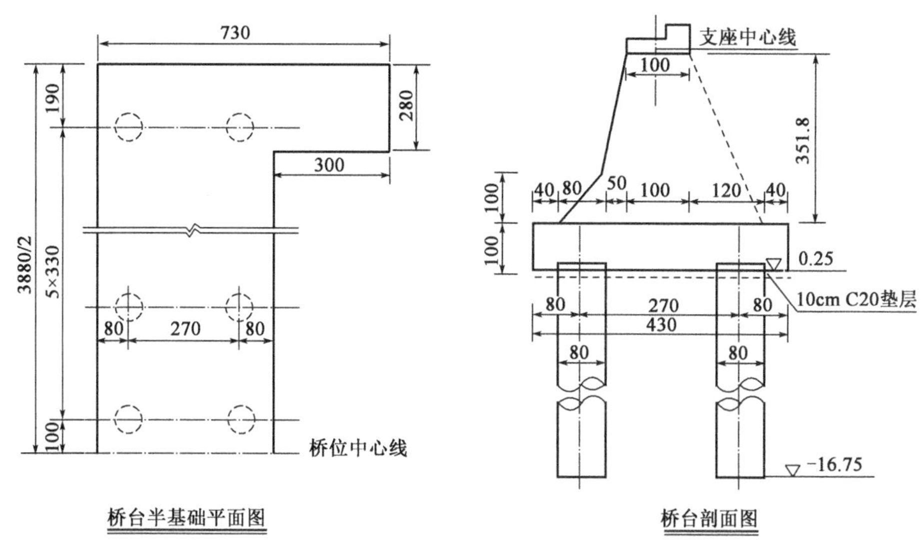

题图3-2 某桥台基础平面图、剖面图(尺寸单位:cm;标高单位:m)

已知:桩顶标高为0.45m。该桥台位于河中,桥台处河床平均标高为1.5m,水位标高为3.0m,钢护筒顶标高为4.0m、底标高为-0.8m。桩基础部位土质为砂性土和黏性土。凿除桩头按0.5m/根计,泥渣运距按5km计。机械安拆、施工通道、凿除的废料弃置不考虑。垫层尺寸同基础,支架平台按水上平台考虑。围堰不考虑。请计算:

(1)一座桥台的桩基础、承台(不计算台帽和台身)的定额工程量并填写至题表3-1中;

(2)按提供的表式计算该桥台桩基础的分部分项工程量清单综合单价并填写至题表3-2中。

定额工程量计算表 题表3-1

序号	项 目 编 号	项 目 名 称	单位	工程量计算

分部分项工程量清单综合单价计算表 题表 3-2

<table>
<tr><td>项目编码</td><td></td><td>项目名称</td><td>机械成孔灌注桩</td><td>计量单位</td><td></td><td>工程量</td><td></td></tr>
<tr><td colspan="8">清单综合单价组成明细</td></tr>
<tr><td>定额编号</td><td colspan="2">名称</td><td>单位</td><td colspan="2">工程量</td><td>基价</td><td>合价</td></tr>
<tr><td></td><td colspan="2"></td><td></td><td colspan="2"></td><td></td><td></td></tr>
<tr><td></td><td colspan="2"></td><td></td><td colspan="2"></td><td></td><td></td></tr>
<tr><td></td><td colspan="2"></td><td></td><td colspan="2"></td><td></td><td></td></tr>
<tr><td></td><td colspan="2"></td><td></td><td colspan="2"></td><td></td><td></td></tr>
<tr><td></td><td colspan="2"></td><td></td><td colspan="2"></td><td></td><td></td></tr>
<tr><td></td><td colspan="2"></td><td></td><td colspan="2"></td><td></td><td></td></tr>
<tr><td></td><td colspan="2"></td><td></td><td colspan="2"></td><td></td><td></td></tr>
<tr><td></td><td colspan="2"></td><td></td><td colspan="2"></td><td></td><td></td></tr>
<tr><td></td><td colspan="2"></td><td></td><td colspan="2"></td><td></td><td></td></tr>
<tr><td colspan="7">清单项目综合单价(元)</td><td></td></tr>
</table>

学习情境四

排水工程施工图清单编制

学习目标

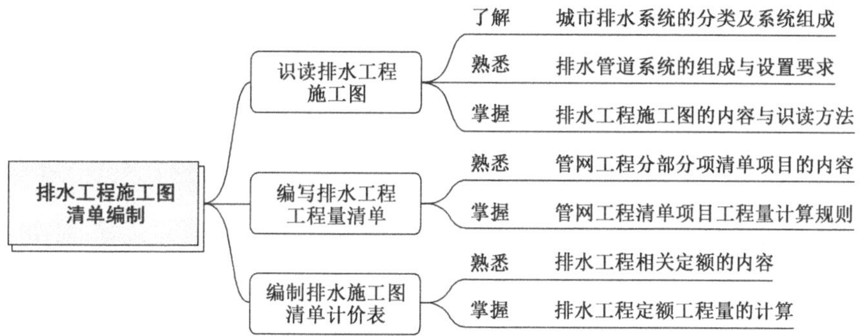

学习任务一 识读排水工程施工图

任务描述

请认真识读某大街跨沁水河大桥排水工程施工图，通过学习排水工程基本知识，熟悉该项目排水管道系统各组成部分的内容；通过小组讨论，完成该排水工程施工图的识读任务，并将识读结果填写至表4-1-1中。

知识导图

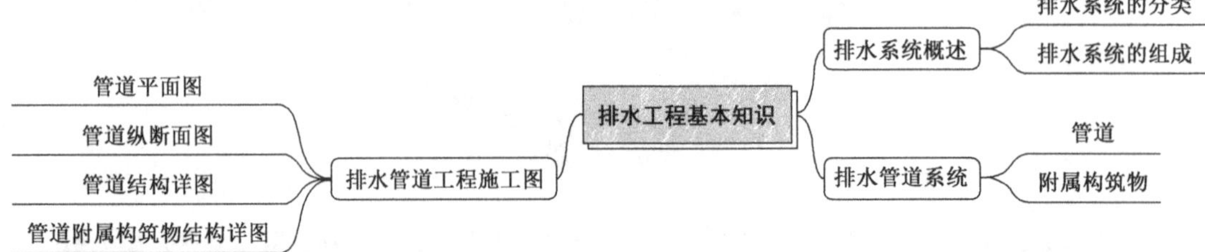

相关知识

4.1 排水工程基本知识

一、排水系统概述

城市排水系统是收集、输送、处理和排放城市污水和雨水的设施系统，是城市公用设施的组成部分。其中，排除城市污水、工业废水的系统称为污水排水系统；排除降水的系统称为雨水排水系统。污水和雨水排水系统的处理流程如下：

污、废水→污水排水系统→污水处理厂→排入水体或再利用。

雨水降水→雨水排水系统→排入水体。

采用不同管渠分别收集、输送污水和雨水的排水方式称为分流制排水。根据雨水的排除方式不同，分流制排水可分为下列两种情况：

(1)完全分流制(图4-1-1)。完全分流制排水是将污水用一条管道排除，而雨水用另一条管道来排除的排水方式。其比较符合环境保护的要求，但对城市管渠的一次性投资较大，适用于新建城市。

(2)不完全分流制(图4-1-2)。不完全分流制排水是城市中受经济条件的限制，建有完整的污水排水系统，各种污水通过污水排水系统送至污水处理厂，经过处理后排入水体；雨水沿道路边沟、明渠排除，或只建一部分雨水管道，待城市进一步发展后再将其改造成完全分流制。这样可以节省初期投资，有利于城镇的逐步发展。

排水系统通常由排水管道系统和污水处理系统组成。在排水系统中，除污水处理厂外，其余均属排水管道系统，它是由一系列管道和附属构筑物组成。

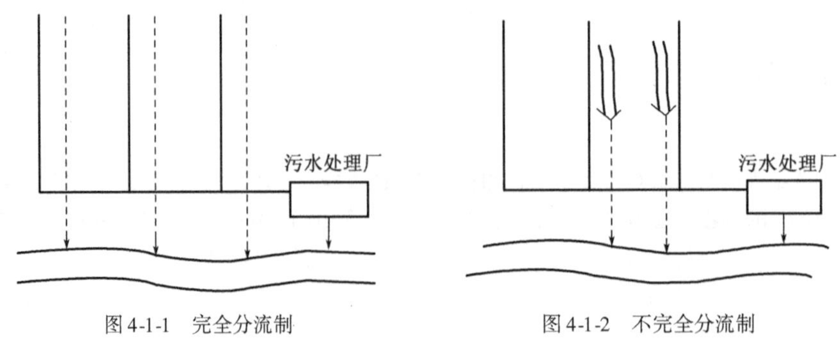

图4-1-1 完全分流制　　图4-1-2 不完全分流制

二、排水管道系统

排水管道系统是收集、输送污(废)水和雨水的工程设施,通常由管道(主干管、干管、支管)及其附属构筑物(雨水口、检查井、跌水井)等组成。

1. 排水管材

(1)混凝土管和钢筋混凝土管

该类管适用于排除雨水和污水,可在专门工厂预制,也可在现场浇制。其分为混凝土管、轻型钢筋混凝土管和重型钢筋混凝土管三种。管口形状通常有承插式、企口式、平口式三种,如图4-1-3所示。

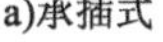

a)承插式

b)企口式

c)平口式

图4-1-3 混凝土管和钢筋混凝土管管口形状

混凝土管适用于管径较小的无压管,当管道埋深较大或铺设在土质条件不良的地段,为抵抗外压时,通常考虑采用钢筋混凝土管。混凝土管和钢筋混凝土管便于就地取材,制造方便,在排水管道系统中得到了普遍应用。混凝土管和钢筋混凝土管除用作一般自流排水管道外,钢筋混凝土管和预应力钢筋混凝土管也可用作泵站的压力管和倒虹管。其主要缺点是耐酸碱腐蚀及抗渗性差,管节短、接头多、施工复杂。在地震烈度大于8度的地区及饱和松砂、淤泥土质、充填土、杂填土的地区不易敷设。另外,管径较大时其自重较大,不易搬运。

随着新型建材的不断研发,用于制作排水管道的材料也日益增多,新型排水管材不断涌现,如高密度聚乙烯管和玻璃钢夹砂管,如图4-1-4所示,其性能均优于普通的混凝土管和钢筋混凝土管。

a)高密度聚乙烯管

b)玻璃钢夹砂管

图4-1-4 新型排水管材

(2)高密度聚乙烯(HDPE)管

HDPE 管是一种具有环状波纹结构外壁和平滑内壁的新型塑料管材。根据管壁结构的不同,HDPE 管可分为双壁波纹管和缠绕增强管两种类型。接口形式有电热熔、热熔对接和热熔承插连接等。其主要优点是抗腐蚀性好,水流阻力小,相比混凝土管质轻,装卸、运输、安装方便,施工速度快。

(3)玻璃钢(FRP)管

玻璃钢管是一种新型的复合管材,它主要以树脂为基体,以玻璃纤维为增强材料制成。其广泛应用于化工行业腐蚀性介质输送以及城市给排水工程等诸多领域。

在玻璃钢管的基础上,以石英砂为填充材料制成的玻璃钢夹砂(FRPM)管,以其优异的耐腐蚀性能、轻质高强、输送流量大、安装方便、工期短和综合投资低等优点,成为化工行业、排水管线工程的最佳选择。

2. 排水管道接口

排水管道安装的严密性和耐久性,在很大程度上取决于管道敷设时接口的质量。根据接口的弹性,排水管道接口一般可分为柔性接口、刚性接口和半刚性半柔性接口三种形式。

(1)柔性接口。柔性接口是指允许管道接口有一定的弯曲和变形,而不致引起渗漏的接口。常用的有石棉沥青卷材和橡胶圈接口,如图 4-1-5 所示。

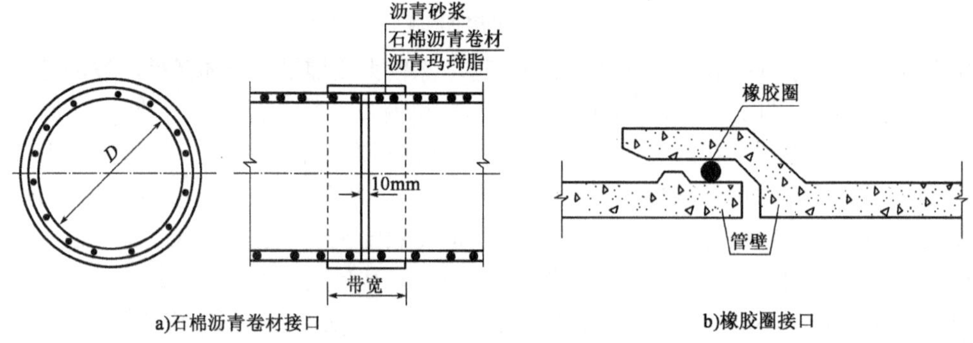

图 4-1-5 柔性接口

(2)刚性接口。刚性接口不允许管道接口有轴向变形,但比柔性接口造价低,适用于承插管、企口管及平口管的连接,如图 4-1-6 和图 4-1-7 所示。常用的刚性接口有水泥砂浆抹带接口和钢丝网水泥砂浆抹带接口。刚性接口抗震性能差,适用于地基比较良好及有带形基础的无压管道。

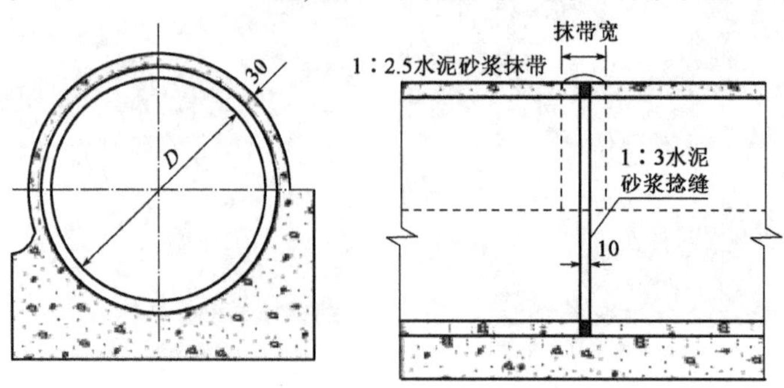

图 4-1-6 水泥砂浆抹带接口(平口式)(尺寸单位:mm)

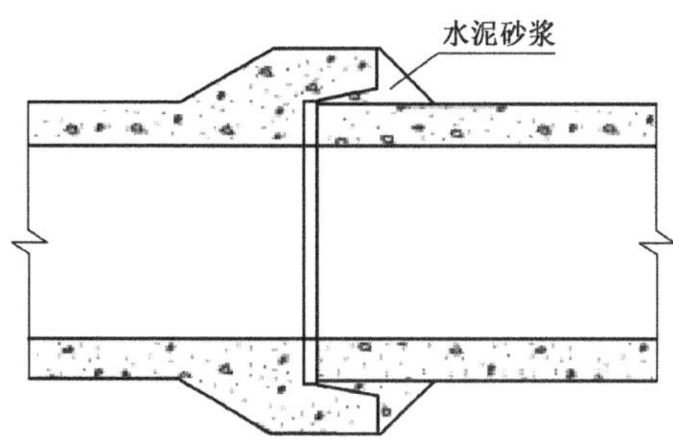

图 4-1-7 水泥砂浆抹带接口(承插式)

(3)半刚性半柔性接口。半刚性半柔性接口的使用条件介于上述两种接口之间,其接口形式常用的有预制套环石棉水泥接口,这种接口强度高、严密性好,适用于大、中型的平口管道,如图 4-1-8 所示。

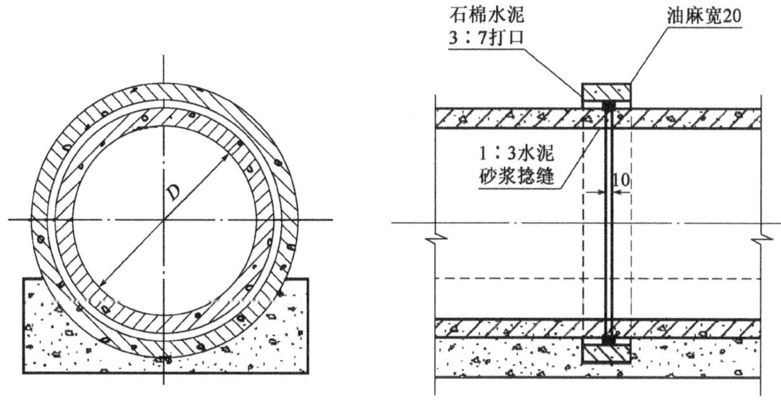

图 4-1-8 预制套环石棉水泥接口(尺寸单位:mm)

3. 排水管道基础

目前,常用的排水管道基础有砂土基础、混凝土枕基和混凝土带形基础。

(1)砂土基础

砂土基础适用于土壤条件非常好、无地下水,管道直径小于 600mm,管顶覆土厚度在 0.7 ~ 2.0m 之间,不在车行道下的次要管道及临时性管道。砂土基础包括弧形素土基础和砂垫层基础,如图 4-1-9 所示。

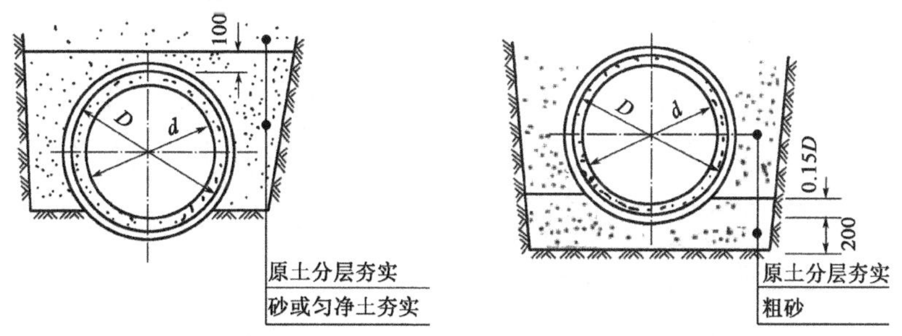

图 4-1-9 砂土基础(尺寸单位:mm)

(2)混凝土枕基

混凝土枕基是仅在管道接口处才设置的管道局部基础,如图 4-1-10 所示。通常在管道接口下用 C10 混凝土做成枕状垫块,垫块常采用预制 90°或 135°管座。这种基础适用于干燥土壤中的雨水管道及不太重要的污水支管,其常与砂土基础联合使用。

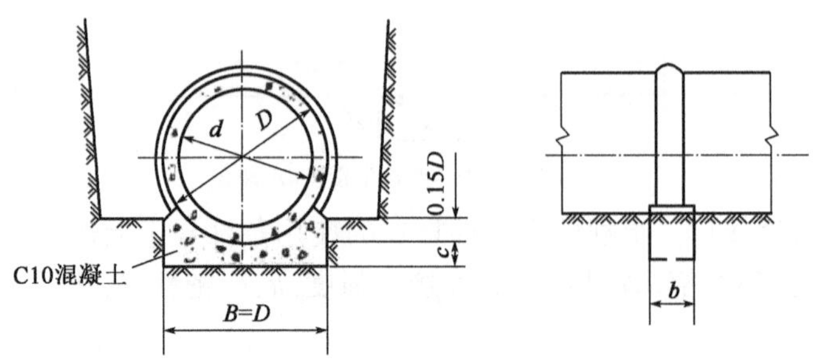

图 4-1-10 混凝土枕基

(3)混凝土带形基础

混凝土带形基础是沿管道全长铺设的基础,如图 4-1-11 所示。管道设置基础和管座是为了保护管道不被压坏,管座包的中心角越大,管道的受力状态越好。通常管座包角分为 90°、135°、180°、360°等几种形式。混凝土带形基础适用于各种潮湿土壤及地基软硬不均匀的排水管道。

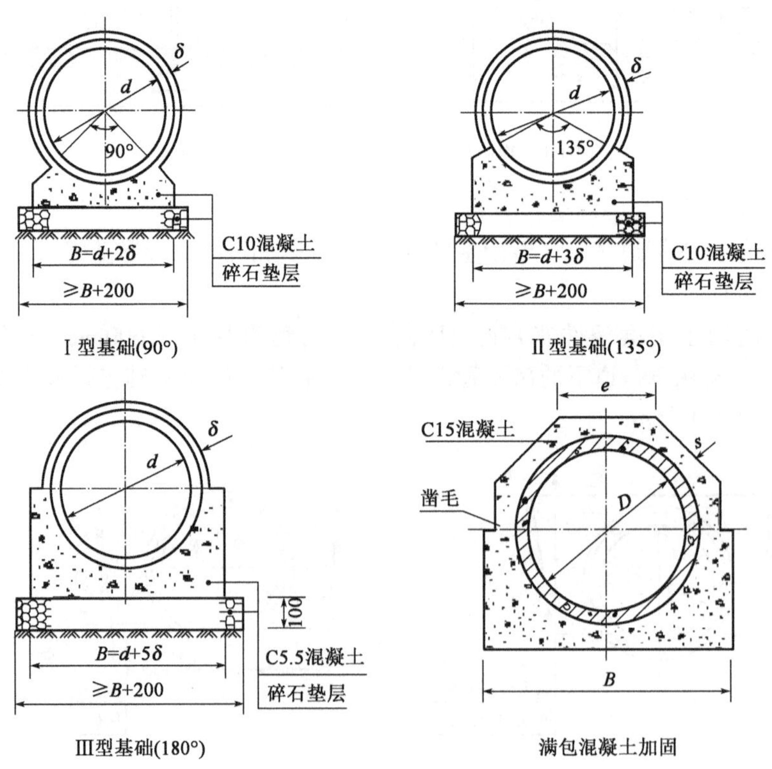

图 4-1-11 混凝土带形基础(尺寸单位:mm)

4. 附属构筑物

(1)雨水口

雨水口一般设在道路交叉口、路侧边沟的一定距离处以及设有路缘石的低洼处，在直线道路上其间距一般为25～50m，在低洼和易积水的地段，要适当缩小雨水口的间距。

雨水口的构造包括进水箅、井筒和连接管三部分，如图4-1-12所示。

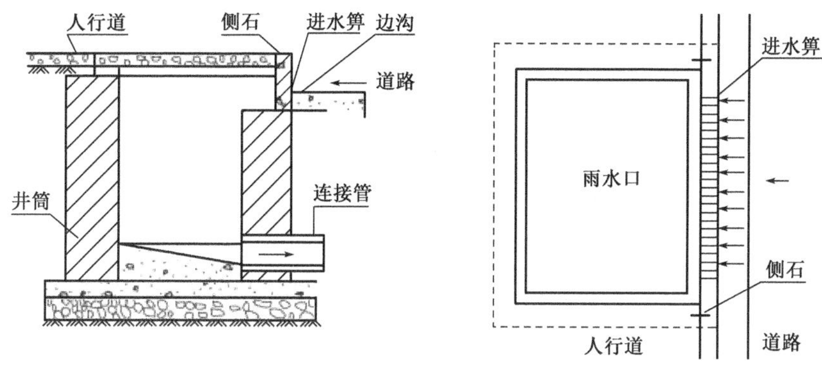

图4-1-12　雨水口(雨水井)立面与平面构造示意

雨水口由连接管与雨水管渠或雨水检查井相连接。连接管的最小管径为200mm，坡度一般为1%，长度不宜超过25m。井筒一般深度不大于1m，在有冻胀影响的地区，可根据经验适当加大。

(2)检查井

为便于对排水管道系统进行定期检查和清通，必须设置检查井。检查井通常设在管道交汇、转弯、管道尺寸或坡度改变、跌水等处以及相隔一定距离的直线管段上。常见的检查井的平面形状有圆形和矩形。矩形检查井用于大直径管道的连接处或交汇处，小管径管道一般采用圆形检查井。

检查井由井底(包括基础)、井身和井盖(包括盖座)三部分组成，如图4-1-13所示。

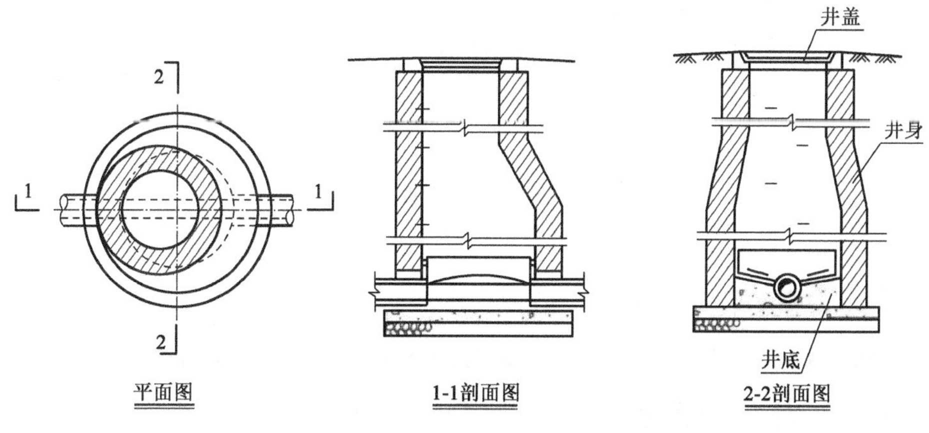

图4-1-13　圆形检查井

检查井井底材料一般采用低强度等级混凝土,基础采用碎石、卵石夯实或低强度等级混凝土。为使水流流过检查井时阻力较小,井底应设置半圆形或弧形流槽,流槽两侧至井壁间应有不小于20cm的宽度,以便于养护人员下井时立足。

检查井井身材料可采用砖、石、混凝土或钢筋混凝土,我国目前大部分采用砖砌,并以水泥砂浆抹面。埋深较浅的检查井,井身为直壁圆筒形;埋深较深的检查井,其井身在构造上分为井室、渐缩部、井筒三个部分,井室直径不小于1m,井筒直径不小于0.7m,井室与井筒间以渐缩部连接。也可在井室上加钢筋混凝土盖板,在盖板上砌筑井筒。

检查井井盖由井盖和盖座组成,常采用铸铁、钢筋混凝土等制作,车行道上一般采用铸铁井盖。

(3)跌水井

排水管道通常采用重力流输水,管道需要有一定坡度,因此,常造成管道的埋深逐渐加大。当排水检查井内衔接的上、下游管底标高落差大于1m时,按正常管道坡度无法满足设计要求时,为消减水流速度,防止冲刷,在检查井内应设消能措施,使井内水流产生跌落,这样的井称为跌水井,如图4-1-14所示。

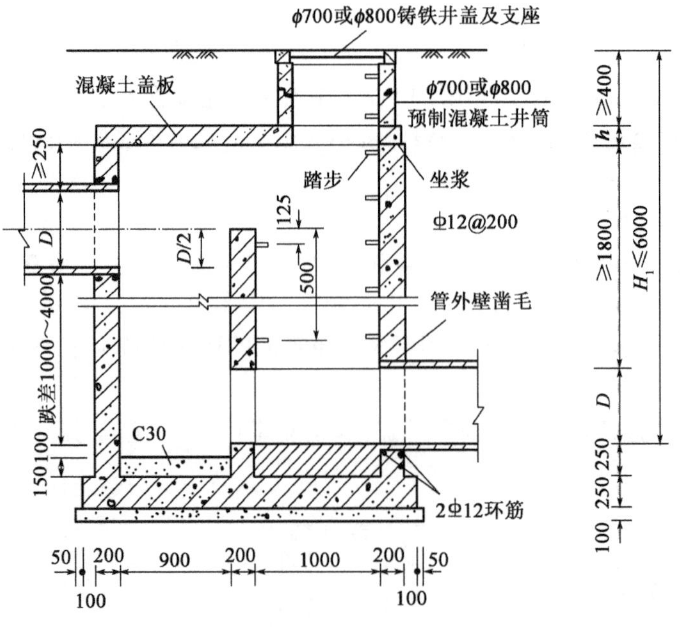

图4-1-14 竖槽式混凝土跌水井(尺寸单位:mm)

注:适用跌落管径 D=200~600mm、跌差为1000~4000mm的雨污水管。

三、排水管道工程施工图

排水管道工程施工图主要由管道平面图、管道纵断面图、管道结构详图及管道附属构筑物结构详图等组成。这里只针对市政排水管道工程图进行识读。

在识读市政管道工程图之前,应清楚管道的埋深关系,如图4-1-15所示。

覆土深度:是指地面标高至管道外顶标高之间的距离。

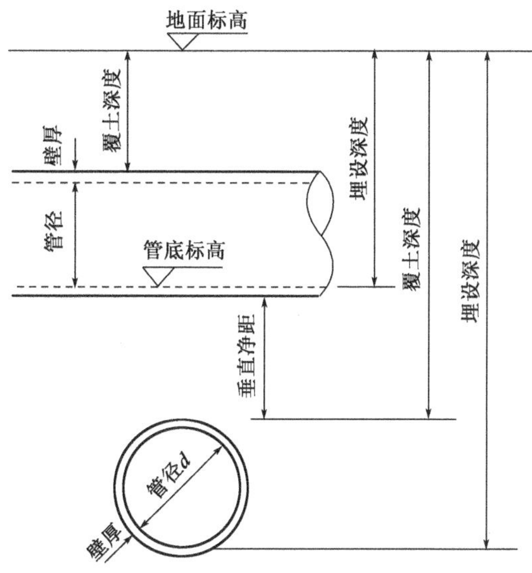

图 4-1-15 管道埋深关系图

埋设深度：是指地面标高至管道内底标高之间的距离。

一般排水管道的覆土厚度不小于0.7m。掌握管道的埋深关系，对于识读管道平面图、纵断面图，结合图纸计算管道土方工程量具有重要作用。

1. 管道平面图

市政排水管道平面图主要用来表示室外排水管道的平面布置情况，如图 4-1-16 所示。

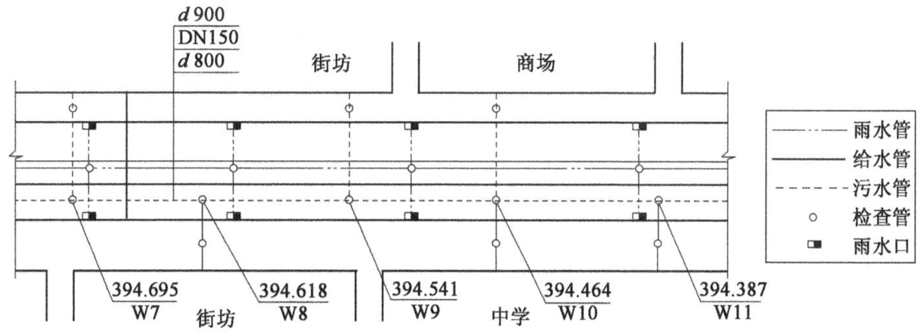

图 4-1-16 某排水管道平面图

2. 管道纵断面图

管道纵断面图主要用来表示管道埋深、坡度和管道竖向空间的关系，如图 4-1-17 所示。

3. 管道结构详图

排水管道结构详图通常采用横断面图来说明管道的结构构造，如图 4-1-18 所示。

4. 管道附属构筑物结构详图

管道附属构筑物结构详图通常采用三面正投影图（立面图、侧面图、平面图）来说明。这里以检查井和雨水口为例进行介绍。

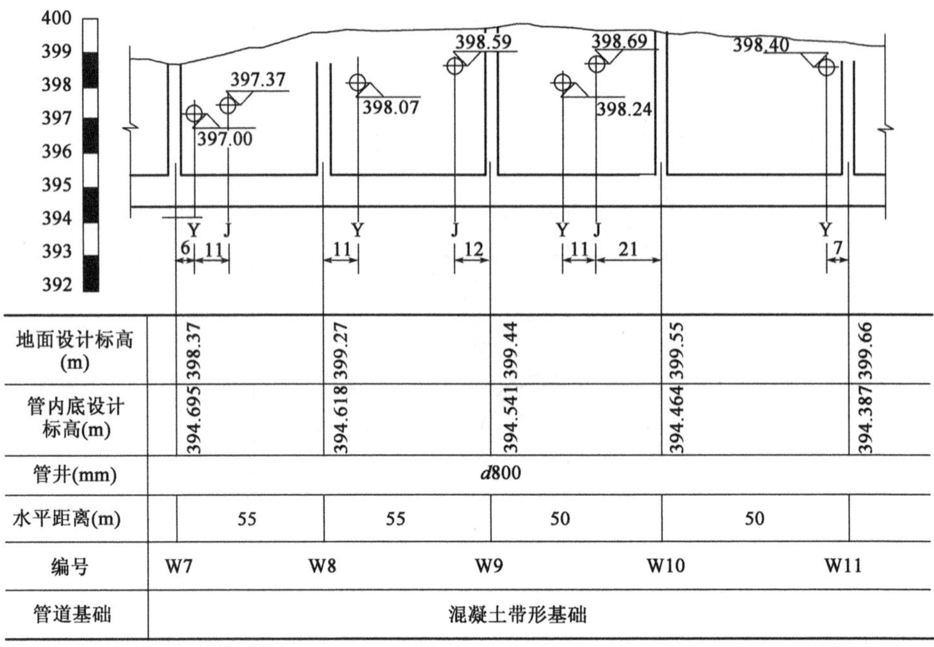

图 4-1-17　某污水管道纵断面图

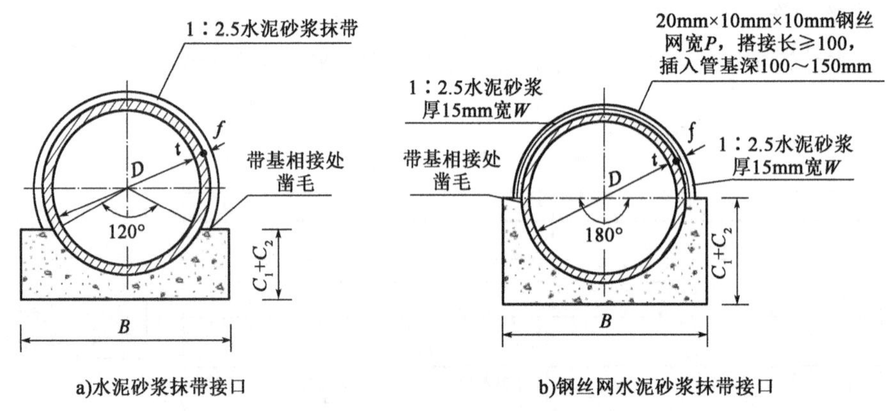

图 4-1-18　管道结构详图

注：管道内径为 D，管道壁厚为 t。管道基础采用现浇混凝土带形基础，管座包角分别为 120° 和 180°。基础底宽为 B，基础高为 C_1+C_2。其中，120° 管座包角的管道采用水泥砂浆抹带接口；180° 管座包角的管道采用钢丝网水泥砂浆抹带接口（具体做法如图所示）。

（1）检查井：如图 4-1-19 所示，为某混凝土圆形污水检查井。

该检查井基础板厚 220mm，下设 100mm 厚 C10 混凝土垫层，其直径为 1700mm。检查井井身平面尺寸比基础内缩 100mm。下部井室为钢筋混凝土结构，井室内径为 1000mm，壁厚为 200mm，井室高度自井底至盖板底净高为 $D+1800$mm，盖板厚 $h$mm，盖板坐浆通常采用 1∶2 防水水泥砂浆。井室上部为 ϕ700mm 或 ϕ800mm 预制混凝土井筒，井筒上部设有 C30 混凝土井圈，其上安装 ϕ700mm 或 ϕ800mm 铸铁井盖及支座，井身内壁装有脚蹬式踏步。图中有三条管道穿过该检查井，其中进水管管径分别为 D_1、D_2，出水管管径为 D，且出水管道内底标高与井底标高一致。为保证井内良好的水流条件，检查井井底设有 U 形流槽，流槽通常采用 M7.5 水泥砂浆砌 MU10 砖，然后采用 1∶2 防水水泥砂浆进行抹面，厚 20mm。

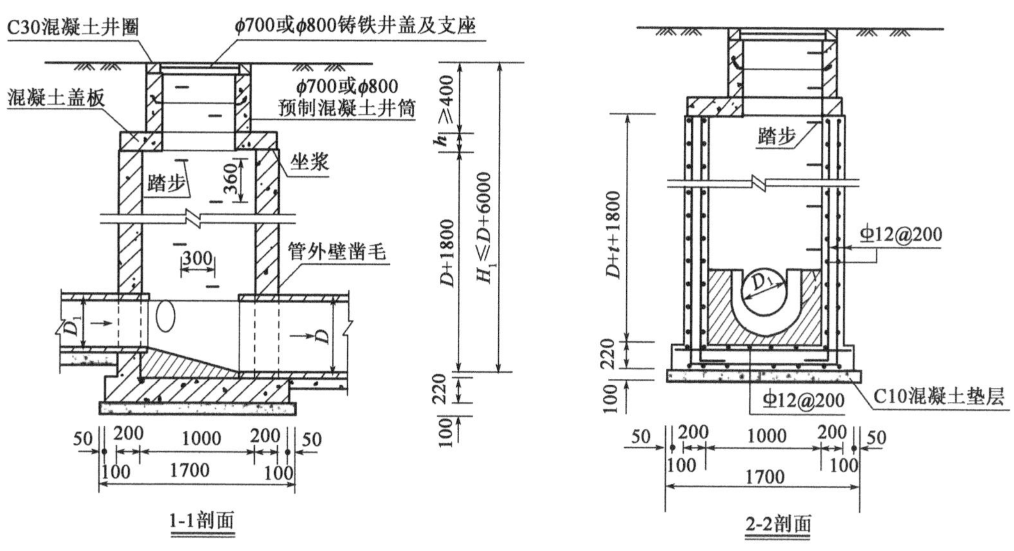

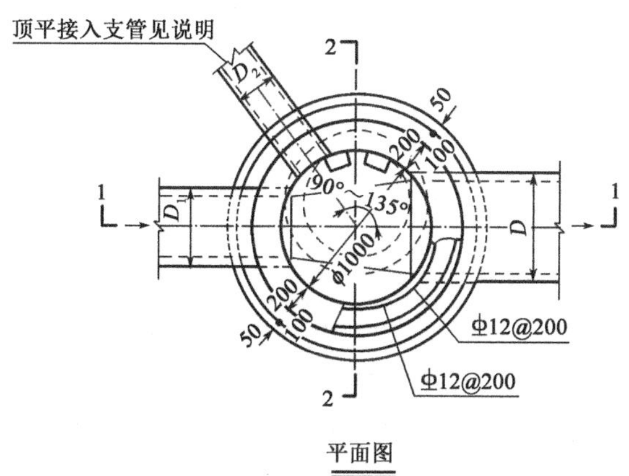

图 4-1-19 某混凝土圆形污水检查井(尺寸单位:mm)

(2)雨水口：如图 4-1-20 所示，为某砖砌平箅式雨水口。

该雨水口井的基础采用 C10 混凝土现浇基础，其尺寸为 1260mm × 960mm × 100mm，井内采用 50mm 厚 C10 豆石混凝土作为井底流槽。井身为 240mm 厚 M10 水泥砂浆砌 MU10 砖，且墙内采用 1∶2 水泥砂浆勾缝。井内净空尺寸为 680mm × 380mm，高度在 1m 以内。井身上部为铸铁井圈及铸铁井箅。对雨水口井与路面连接的顶面进行了找坡处理，方便雨水快速汇集至雨水井，并通过井底的雨水连接管排至雨水检查井内。

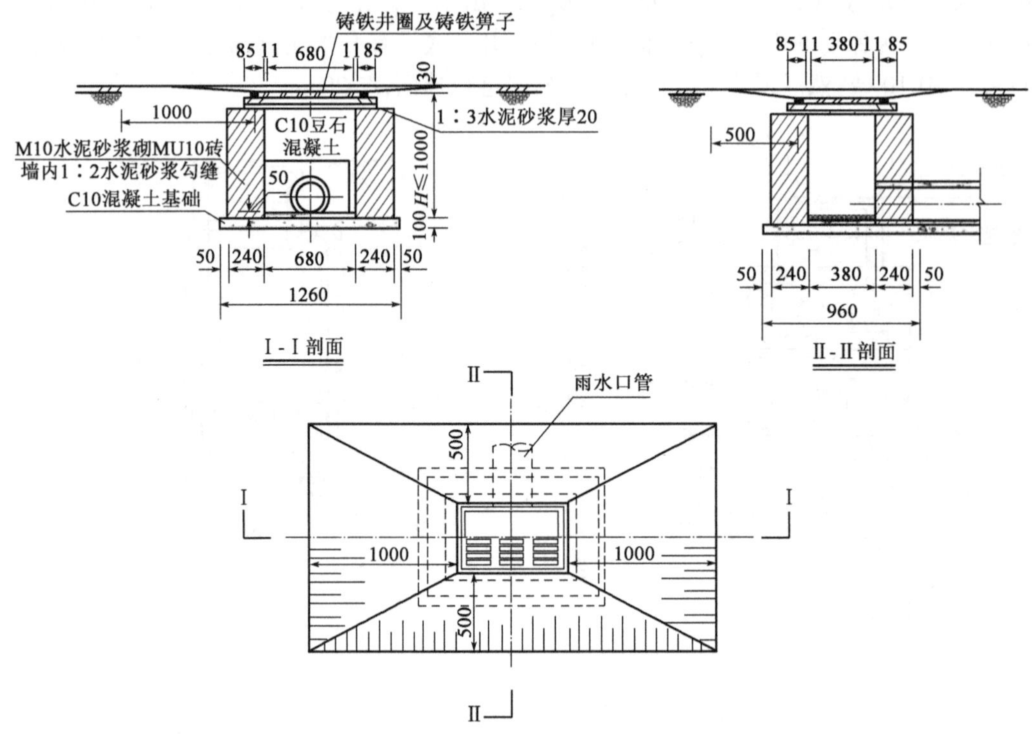

图 4-1-20 某砖砌雨水口井(单平箅)(尺寸单位:mm)

任务实施

请根据任务描述,通过学习相关知识,完成该排水工程施工图识读任务,将识读结果填写至表 4-1-1。

排水工程施工图识读任务表 表 4-1-1

序号	任 务
1	本工程范围内排水工程的设计内容有哪些?其布设位置分别在哪里?
2	本工程排水管线布设的桩号和长度分别是多少?
3	本项目起点处昆山路雨水管网的水流方向是?Y 南-1 与 Y 北-1 设计管内底标高分别是多少?若 Y 南-1 与 Y 北-1 间管长 25m,则雨水管道坡度应为多少?

续上表

序号	任　务
4	本项目终点处隆达路雨水管网水流方向是？Y 北-7 与 Y 南-7 设计管内底标高分别是多少？
5	本工程雨水管网的组成有哪些？
6	本工程雨水检查井的类型、规格、数量、构造组成及做法分别是？
7	本工程管道的材质、管径及数量、接口方式、管道基础分别是？
8	本工程雨水口的类型、数量、构造组成及做法分别是？

任务总结与评价

<table>
<tr><td colspan="2">姓名</td><td></td><td>学号</td><td></td><td>成绩</td><td></td></tr>
<tr><td colspan="2">任务名称</td><td colspan="5">识读排水工程施工图</td></tr>
<tr><td colspan="3">评价内容</td><td>优秀</td><td>良好</td><td>合格</td><td>继续努力</td></tr>
<tr><td rowspan="3">任务实施</td><td>知识点一</td><td>了解城市排水系统的分类及系统组成</td><td></td><td></td><td></td><td></td></tr>
<tr><td>知识点二</td><td>熟悉排水管道系统的组成及设置要求</td><td></td><td></td><td></td><td></td></tr>
<tr><td>知识点三</td><td>掌握排水工程施工图的内容及识读方法</td><td></td><td></td><td></td><td></td></tr>
<tr><td colspan="2">问题与感想</td><td colspan="5"></td></tr>
<tr><td colspan="2">任务综合评价</td><td colspan="5"></td></tr>
</table>

学习任务二 编写排水工程工程量清单

任务描述

请根据某大街跨沁水河大桥排水工程施工图，运用现行《市政工程工程量计算规范》(GB 50857)，明确该排水工程需要编写的各项清单项目名称、项目编码、项目特征、计量单位，正确计算各清单项目的工程量并编写该排水工程工程量清单。

知识导图

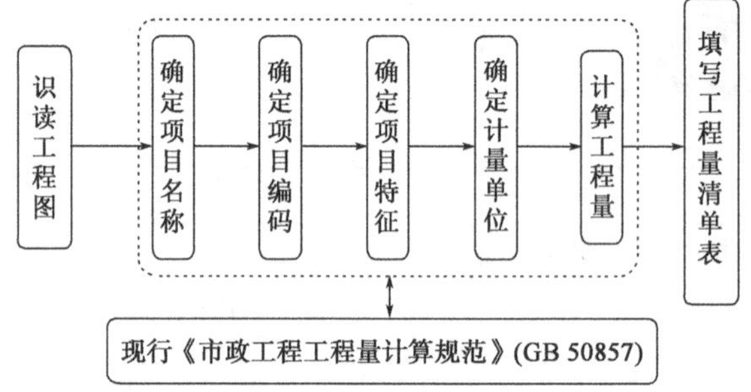

相关知识

某大街跨沁水河大桥排水工程所涉及的工程量清单内容主要有管网工程和土石方工程，工程量清单项目内容及工程量计算规则参见附录。

附表E管网工程中，设置了4个小节51个清单项目，4个小节分别为：管道铺设，管件、阀门及附件安装，支架制作及安装，管道附属构筑物。管网工程包括市政排水、给水、燃气、供热等管网工程。

1. 管网工程分部分项清单项目

(1)管道铺设

本小节根据管(渠)道材料、铺设方式的不同，设置了20个清单项目：混凝土管铺设、钢管铺设、铸铁管铺设、塑料管铺设、直埋式预制保温管铺设、管道架空跨越、隧道(沟、管)内管道铺设、水平导向钻进、夯管、顶(夯)管工作坑、预制混凝土工作坑、顶管、土壤加固、新旧管连接、临时放水管线、砌筑方沟、混凝土方沟、砌筑渠道、混凝土渠道、警示(示踪)带铺设。

其中铸铁管铺设、直埋式预制保温管铺设、管道架空跨越、临时放水管线等清单项目主要存在于给水、燃气、供热等管网工程。

特别提示

管道铺设项目的做法,设计说明中如为标准设计,可在项目特征中标注标准图集号及页码。

管道铺设项目特征中的检验及试验要求,应根据专业的施工验收规范及设计要求,对已完成管道工程进行的严密性试验、闭水试验、吹扫、冲洗消毒、强度试验等进行描述。

(2)管件、阀门及附件安装

本小节共设置了18个清单项目,主要是给水工程、燃气、供热管网工程的清单项目。

(3)支架制作及安装

本小节共设置了4个清单项目,主要是给水工程、燃气、供热管网工程的清单项目。

(4)管道附属构筑物

本小节共设置了9个清单项目,包括:砌筑井、混凝土井、塑料检查井、砖砌井筒、预制混凝土井筒、砌体出水口、混凝土出水口、整体化粪池、雨水口。

特别提示

管道附属构筑物为标准定型构筑物时,在项目特征中应标注标准图集编号及页码。

2.管网工程分部分项清单项目工程量计算规则

本节主要介绍市政排水管网工程常见的分部分项清单项目的工程量计算规则。

(1)管道铺设

排水工程常见的清单项目包括:混凝土管道铺设、塑料管道铺设、水平导向钻进、顶管、顶管工作坑、砌筑渠道、混凝土渠道等。

①混凝土管道铺设、塑料管道铺设:按设计图示中心线长度以延长米计算,不扣除附属构筑物、管件及阀门所占长度,计量单位为米(m)。

管道铺设清单工程量 = 设计图示井中至井中的距离

渠道铺设清单工程量 = 设计图示渠道长度

在计算管道铺设清单工程量时,要根据具体工程的施工图样,结合管道铺设清单项目的项目特征,划分不同的清单项目,分别计算其工程量。

如"混凝土管铺设"清单项目特征有以下7点,需结合工程实际加以区别:

a. 垫层、基础材质及厚度;

b. 管座材质;

c. 规格,即管内径;

d. 接口形式:区分平(企)接口、承插接口、套环接口等形式;

e. 铺设深度;

f. 混凝土强度等级;

g. 管道检验及试验要求:是否要求做管道严密性试验。

如果上述 7 个项目特征有 1 个不同,不同项就应是 1 个具体的清单项目,其管道铺设的工程量应分别计算。

【例 4-2-1】 某段雨水管道平面图如图 4-2-1 所示,管道均采用钢筋混凝土管、承插式橡胶圈接口,基础均采用钢筋混凝土条形基础,管道基础结构如图 4-2-2 所示。试计算该段雨水管道清单项目名称、项目编码及其工程量。

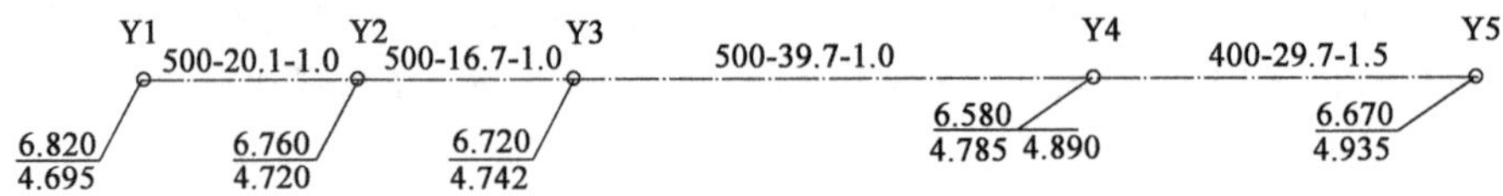

图 4-2-1 某段雨水管道平面图(标高单位:m)

注:500-20.1-1.0 表示管道直径(mm)-中间距(m)-管道坡度(%),余同。

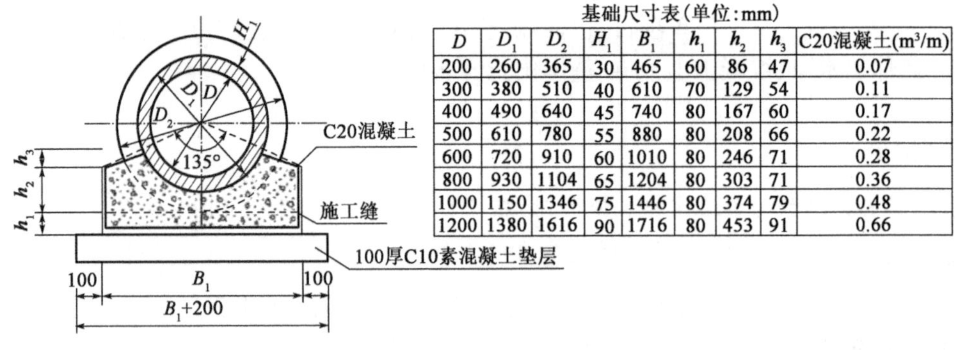

基础尺寸表(单位:mm)

D	D_1	D_2	H_1	B_1	h_1	h_2	h_3	C20混凝土(m^3/m)
200	260	365	30	465	60	86	47	0.07
300	380	510	40	610	70	129	54	0.11
400	490	640	45	740	80	167	60	0.17
500	610	780	55	880	80	208	66	0.22
600	720	910	60	1010	80	246	71	0.28
800	930	1104	65	1204	80	303	71	0.36
1000	1150	1346	75	1446	80	374	79	0.48
1200	1380	1616	90	1716	80	453	91	0.66

图 4-2-2 管道基础结构图(尺寸单位:mm)

【解】 由管道平面图可知,该段管道有两种规格:D400mm 管道、D500mm 管道,所以有两个管道铺设的清单项目,工程量分开计算。

(1)项目名称:D400mm 混凝土管道铺设(橡胶圈接口、C20 钢筋混凝土条形基础、C10 素混凝土垫层)

项目编码:040501001001

清单工程量 =29.7m

(2)项目名称:D500mm 混凝土管道铺设(橡胶圈接口、C20 钢筋混凝土条形基础、C10 素混凝土垫层)

项目编码:040501001002

清单工程量 =20.1 +16.7 +39.7 =76.5(m)

特别提示

a. 管道铺设清单项目包括垫层、管道基础(平基、管座)混凝土浇筑、模板的安拆、管道铺设、管道接口、闭水试验等内容。

b. 管道铺设清单项目不包括管道基础钢筋的制作安装,钢筋制作安装按附表J钢筋工程另列清单项目计算。

②水平导向钻进、顶管:按设计图示长度以延长米计算,扣除附属构筑物(检查井)所占长度,计量单位为米(m)。

③顶管工作坑、预制混凝土工作坑:按设计图示数量计算,计量单位为座。

④砌筑方沟(渠道)、混凝土方沟(渠道):按设计图示尺寸以延长米计算。

(2)管道附属构筑物

排水工程常见的清单项目包括:砌筑井、混凝土井、塑料检查井、雨水口、砌体出水口、混凝土出水口。

①工程量计算规则:按设计图示以数量计算,计量单位为座。

②工程量计算方法:管道附属构筑物工程量=附属构筑物的数量。

【例4-2-2】 某段雨水管道平面图如图4-2-1所示,已知Y1、Y2、Y3、Y4、Y5均为1100mm×1100mm砖砌检查井,其中落底井落底为50cm,试计算该段管道检查井清单项目名称、项目编码及清单工程量。

【解】 由管道平面图可知:Y1、Y2、Y3、Y5均为雨水流槽井,Y4为雨水落底井。

根据平面图所示标高计算各井的井深如下:

Y1井井深=2.125m,Y2井井深=2.040m,Y3井井深=1.978m,Y5井井深=1.735m,Y1、Y2、Y3、Y5平均井深=1.97m。

Y4井井深=2.3m。

根据该段雨水管道检查井的结构、尺寸、井深等项目特征,可设置两个具体的清单项目。

(1)项目名称:1100mm×1100mm砖砌雨水检查井(不落底井,平均井深1.97m)。

项目编码:040504001001

清单工程量=4座

(2)项目名称:1100mm×1100mm砖砌雨水检查井(不落底井,井深2.3m)。

项目编码:040504001002

清单工程量=1座

特别提示

在计算工程量时,要根据具体工程的施工图样,结合检查井清单项目的项目特征,划分不同的具体清单项目,分别计算其工程量。

a. 检查井、雨水口清单项目一般包括以下组合工作内容:井垫层铺筑、井底板混凝土浇筑、模板的安拆、井身砌筑、井身勾缝、抹灰、盖板制作安装、井圈、井盖(箅)座制作安装等。

b. 检查井、雨水口清单项目不包括井底板、盖板,过梁、井圈等钢筋混凝土结构中钢筋的制作安装,钢筋制作安装按附表J钢筋工程另列清单项目计算。

c.检查井、雨水口清单项目不包括井深大于1.5m砌筑时所需的井字架工程、砌筑高度超过1.2m及抹灰高度超过1.5m所需脚手架工程。井字架、脚手架均列入单价措施项目计算。

任务实施

请根据任务描述,通过学习相关知识及学习情境一中所学习的工程量清单编写内容及要求,试编写该排水工程的分部分项工程量清单并计算其清单工程量,填写至表4-2-1中。

分部分项工程量清单表 表4-2-1

序号	项目编码	项目名称 项目特征	计量单位	工 程 量

特别提示

在查找某个市政工程的分部分项工程量清单需要编写哪些项目名称时，在熟悉工程图的基础上，可依据《规范》的附录顺序，由前往后依次查找（编写时可依此顺序或者按照施工顺序依次编写）。没有查找到的清单项目，可以考虑编写补充项目。

任务总结与评价

<table>
<tr><td colspan="2">姓名</td><td></td><td>学号</td><td></td><td>成绩</td><td colspan="2"></td></tr>
<tr><td colspan="2">任务名称</td><td colspan="6">编写排水工程工程量清单</td></tr>
<tr><td colspan="3">评价内容</td><td>优秀</td><td>良好</td><td>合格</td><td colspan="2">继续努力</td></tr>
<tr><td rowspan="3">任务实施</td><td>知识点一</td><td>了解管网工程工程量清单编写的内容及原则</td><td></td><td></td><td></td><td colspan="2"></td></tr>
<tr><td>知识点二</td><td>熟悉管网工程分部分项清单项目的内容</td><td></td><td></td><td></td><td colspan="2"></td></tr>
<tr><td>知识点三</td><td>掌握管网工程清单项目工程量计算规则</td><td></td><td></td><td></td><td colspan="2"></td></tr>
<tr><td colspan="2">问题与感想</td><td colspan="6"></td></tr>
<tr><td colspan="2">任务综合评价</td><td colspan="6"></td></tr>
</table>

学习任务三 编制排水施工图清单计价表

子任务一 计算清单项目组合工作内容的工程量

任务描述

请根据某大街跨沁水河大桥排水工程施工图和已编写的排水工程分部分项工程量清单，利用现行《山东省市政工程消耗量定额》（2016 版），列项计算该排水工程各清单项目组合工作内容的定额工程量。

知识导图

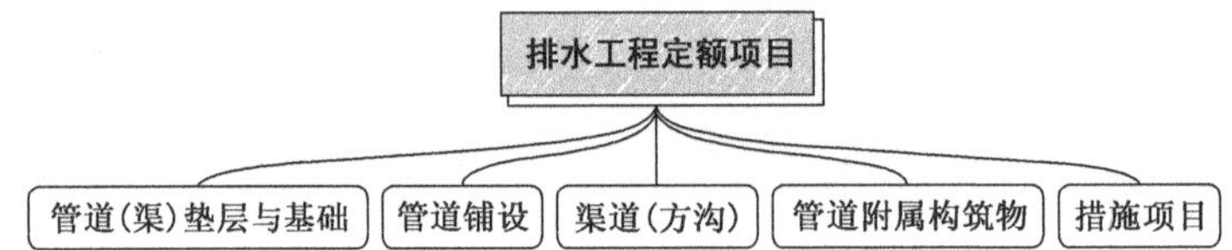

相关知识

一、《排水工程》册说明

《排水工程》是《定额》的第六册，包括管道(渠)垫层与基础、管道铺设、水平导向钻进、顶管、渠道(方沟)、管道附属构筑物及措施项目共七章。

结合某大街跨沁水河大桥排水工程清单项目，下面主要介绍管道(渠)垫层与基础、管道铺设、渠道(方沟)、管道附属构筑物及措施项目等章节的定额内容。

1.《排水工程》册适用范围

(1)本册定额适用于城镇范围内的新建、改建、扩建的市政排水工程。

(2)本册定额使用界限划分：市政排水管道与厂、区室外排水管道以接入市政管道的检查井、接户井为界，凡厂、区室外排水管道(接户井)以外的市政管道、渠道及检查井，均执行本定额。

2.《排水工程》册定额中管道安装适用的沟深

(1)混凝土管道(胶圈接口)：按沟深 3m 内考虑；其他混凝土管道、塑料管：管径≤1650mm 时按沟深 5m 以内，管径 >1650mm 时按沟深 8m 以内考虑。

(2)管道埋深超过上述深度时，每超深 1m，人工、机械乘以系数 1.05。

3.《排水工程》册其他说明事项

(1)管道沟槽和排水构筑物的土石方工程、打拔工具桩、支撑工程、井点降水以及涉及的钢筋工程,均执行第一册《通用工程》有关定额。

(2)本册定额所称混凝土管、塑料管的管径均指其内径。

(3)本册定额中注明的材料材质、规格、型号与设计要求不同时,材料价格可以换算。

(4)除特别说明外,本册中的材料及构件场内运输距离均按150m综合取定。

(5)本册定额中混凝土养护是按照塑料薄膜考虑的,使用土工布或毛毡养护时,土工布、毛毡消耗量按塑料薄膜用量乘以系数0.4,其他不变。

(6)本册定额同时适用于电缆管沟、综合管廊及电力、通信(市政道路范围内)、交通设施的土建工程项目;配管、配线及接地等项目执行《定额》第十册《路灯工程》相关项目。

(7)本册定额是按无地下水考虑的,如遇有地下水,需降水时执行《定额》第一册《通用工程》有关定额;需设排水盲沟时执行第二册《道路工程》相关定额。

二、管道(渠)垫层及基础

管道(渠)垫层及基础包括管道(渠)垫层和基础,其定额项目表可扫二维码查阅。

4.3.1 管道(渠)垫层与基础

1. 定额工程量计算规则

(1)管道(渠)垫层和基础(除定型管道基础外)均按设计图示尺寸以体积计算。

特别提示

混凝土管道通常采用条形基础,如图4-3-1所示。基础分为两个部位:施工缝(图中虚线)以下为"平基",施工缝以上为"管座"。在进行管道基础定额工程量计算时,需分别计算平基、管座的工程量,分别套用相应的定额子目。

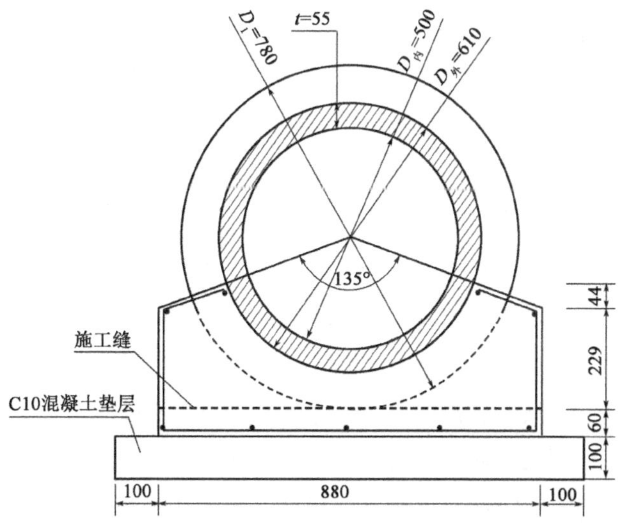

图4-3-1 钢筋混凝土条形基础剖面图(尺寸单位:mm)

特别提示

排水管道接入检查井时，管口通常与井内壁齐平，所以在计算管道垫层、基础的实际体积时，垫层、基础的长度应扣除检查井的长度。

【例4-3-1】 某工程雨水管道平面图、管道基础图如图4-2-1、图4-2-2所示，管道采用钢筋混凝土管，基础采用钢筋混凝土条形基础。已知Y1～Y5均为1100mm×1100mm的砖砌检查井，管道垫层、基础均采用预拌现浇混凝土。请计算Y2～Y3段管道垫层、基础的工程量，并确定套用的定额子目。

【解】 Y2～Y3段管道管径为D500mm，井中到井中长度为16.7m。

(1)管道垫层

工程量 $=(0.88+0.2)\times0.1\times(16.7-1.1)=1.68(m^3)$

套用定额子目：[6-1-11]

(2)管道基础

①平基

工程量 $=0.88\times0.08<(16.7-1.1)=1.10(m^3)$

套用定额子目：[6-1-61]H

②管座

工程量 $=(0.22-0.88\times0.08\times1)\times(16.7-1.1)=2.33(m)$

套用定额子目：[6-1-65]H

(2)定型管道混凝土基础工程量，按井中至井中的中心线扣除检查井长度，以“延长米”计算。每座检查井扣除长度按表4-3-1计算。

每座检查井扣除长度表 表4-3-1

检查井规格(mm)	扣除长度(m)	检查井规格	扣除长度(m)
φ700	0.40	各种矩形井	1.00
φ1000	0.70	各种交汇井	1.20
φ1250	0.95	各种扇形井	1.00
φ1500	1.20	圆形跌水井	1.60
φ2000	1.70	矩形跌水井	1.70
φ2500	2.20	阶梯式跌水井	按实扣

2.定额套用及换算说明

(1)定型管道基础(φ600mm及以上)按国家建筑标准设计图集《市政排水管道工程及附属设施》(06MS201)图集中Ⅱ、Ⅲ级管道混凝土基础计入，如实际采用Ⅰ级钢筋混凝土管道混凝土基础时，混凝土用量可按表4-3-2调整，其他材料、机械消耗量不变。

定型混凝土管道基础Ⅰ级管与Ⅱ、Ⅲ级管每延米混凝土含量对照表(单位:m^3/延长米)

表 4-3-2

管内径(mm)	120°混凝土基础		180°混凝土基础	
	Ⅰ级管	Ⅱ、Ⅲ级管	Ⅰ级管	Ⅱ、Ⅲ级管
600	0.179	0.182	0.239	0.262
700	0.212	0.226	0.304	0.357
800	0.260	0.296	0.405	0.466
900	0.315	0.375	0.488	0.591
1000	0.397	0.463	0.614	0.729
1100	0.488	0.560	0.756	0.882
1200	0.560	0.667	0.867	1.050
1350	0.723	0.844	1.122	1.328
1500	0.876	1.041	1.356	1.640
1650	1.076	1.262	1.670	1.984
1800	1.260	1.500	1.951	2.361
2000	1.584	1.852	2.458	2.915
2200	1.899	2.241	2.942	3.527
2400	2.240	2.557	3.469	4.011
2600	2.666	2.839	4.135	4.426
2800	3.071	3.316	4.756	5.173
3000	3.501	3.830	5.420	5.979

(2)混凝土枕基和管座不分角度,均按相应定额执行。

(3)混凝土管道需进行满包混凝土加固时,满包混凝土加固执行现浇混凝土枕基项目定额,人工、机械乘以系数1.2。

(4)电力、通信(市政道路范围内)、交通设施排管混凝土包封执行混凝土平基项目定额,人工、机械乘以系数1.1。

(5)块石平基材料按块石考虑,如采用片石或平石时,定额中的块石和砂浆用量分别乘以系数1.09和1.19,其他不变。

三、管道铺设

管道铺设包括混凝土管道铺设、塑料管道铺设及闭水试验等项目。管道铺设定额项目表可扫二维码查阅。

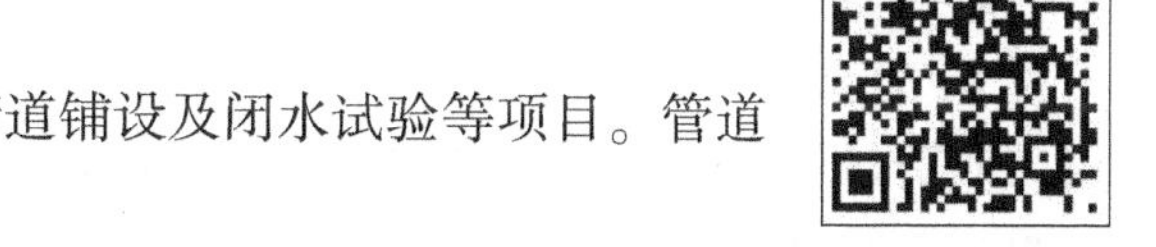

4.3.2 管道铺设

1. 定额工程量计算规则

(1)管道铺设工程量,按井中至井中的中心线扣除检查井的长度,以"延长米"计算。

①每座矩形检查井扣除长度按1.0m计算。

②每座圆形检查井扣除长度按井室内径每侧减15cm计算。

③雨水口井所占长度不予扣除。

【例4-3-2】 某雨水管道平面图如图4-3-2所示，已知Y1～Y4均为圆形检查井，Y1、Y2井内径为1.1m，Y3、Y4井内径为1.3m。试计算各管段管道铺设的工程量。

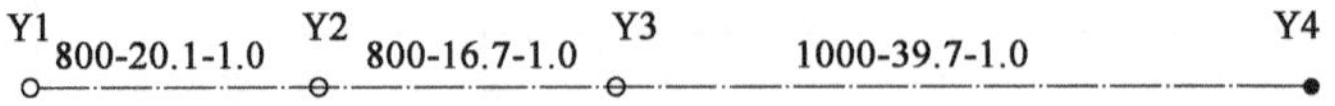

Y1 800-20.1-1.0 Y2 800-16.7-1.0 Y3 1000-39.7-1.0 Y4

图4-3-2 某雨水管道平面图

【解】 Y1～Y2段管道铺设的工程量＝20.1－0.8＝19.3(m)

Y2～Y3段管道铺设的工程量＝16.7－0.9＝15.8(m)

Y3～Y4段管道铺设的工程量＝39.7－1＝38.7(m)

(2)混凝土排水管道接口区分管径和做法，以实际接口个数计算。

特别提示

管道接口数量＝管节数量－1

管节数量＝管道铺设长度/每节管长度(根据计算结果进1，取整数)

每节管长度按实计算，通常UPVC(硬聚氯乙烯)、HDPE(高密度聚乙烯)等塑料管每节管长为6m；钢筋混凝土管管径≤600mm时，每节管长度通常为3m；钢筋混凝土管管径≥800mm时，每节管长度通常为2m。

(3)混凝土管截断，按照有筋、无筋区分管径，以“根”为单位计算。

(4)管道闭水试验，以实际闭水长度计算，不扣除各种井所占长度。

(5)塑料管与检查井的连接按砂浆或混凝土的体积计算。

(6)管口内抹口按照管口内周长以“延长米”计算。

2. 定额套用及换算说明

(1)管道铺设工作内容除另有说明外，均包括沿沟排管、清沟底、外观检查及清扫管材。

(2)混凝土管道铺设不包括接口，管道接口套用混凝土管道接口定额子目。

(3)管道铺设采用胶圈接口时，如管材为成套购置，即管材单价中已包括了胶圈价格，胶圈价值不再计取。

(4)如在无基础的沟槽内直接铺设混凝土管道时，其人工、机械乘以系数1.18。

(5)如遇特殊情况，必须在支撑下串管铺设时，其人工、机械乘以系数1.33。

(6)套管内管道铺设按相应的管道安装人工、机械乘以系数1.2。

(7)钢丝网水泥砂浆抹带接口均按管座120°和180°编制，如管座角度为90°和135°，按管座120°定额分别乘以系数1.33和0.89。

(8)除预拌混凝土(现浇)套环柔性接口外，其他接口形式定额中均不包括内抹口，如设计要求内抹口时，套用“管口内抹口”定额子目。

(9)闭水试验水源按自来水考虑，如采用其他介质可按实调整。

四、渠道(方沟)

渠道(方沟)定额包括墙身、拱盖砌筑,现浇混凝土渠道(方沟),渠道墙帽,钢筋混凝土盖板预制、安装,渠道抹灰、勾缝,施工缝,防水工程,渠道(方沟)闭水试验,电缆支架安装等项目。渠道(方沟)定额项目表可扫二维码查阅。

4.3.3 渠道(方沟)

1. 定额工程量计算规则

(1)渠道(方沟)墙身、壁、顶、板梁砌筑、浇筑及安装均按设计图示尺寸以体积计算。

(2)渠道(方沟)抹灰、勾缝,按设计面积计算。

(3)各类混凝土盖板的制作,按体积计算;安装应区分单件(块),按体积计算。

(4)施工缝不区分断面,按设计长度计算。

(5)各种防水层按设计图示尺寸以面积计算,不扣除 0.3m^2 以内孔洞所占面积;平面与立面交接处的防水层,其上卷高度超过 500mm 时,按立面防水层计算。

(6)渠道(方沟)闭水试验按渠道(方沟)实际闭水长度乘以断面面积以体积计算。

(7)电缆支架按照图示设计数量以“套”为单位计算。

2. 定额套用及换算说明

(1)渠道(方沟)垫层,套用本册定额第一章“管道(渠)垫层”相应子目,底板套用本册定额第一章“管道(渠)基础”中“平基”定额子目。

(2)石砌体均按块石考虑,如采用片石或平石时,项目中的块石和砂浆用量分别乘以系数 1.09 和 1.19,其他不变。

(3)拱(弧)形混凝土盖板的安装,按相应矩形板子目,人工、机械乘以系数 1.15。

(4)电缆支架项目适用于电缆沟内成品电缆支架安装,预制电缆沟盖板铺盖前安装支架的,按相应项目人工乘以系数 0.8 计算。

(5)电缆支架按照膨胀螺栓固定安装方式编制,以预埋铁件焊接固定方式施工的铁件按第一册《通用工程》中预埋铁件项目另计。

五、管道附属构筑物

管道附属构筑物定额包括定型检查井、非定型检查井、雨水口和出水口等项目。管道附属构筑物定额项目表可扫二维码查阅。

4.3.4 管道附属构筑物

1. 定额工程量计算规则

(1)各类定型井按设计图示数量计算。

(2)定型井井筒及井室调整按实际发生数量以“座”为单位计算。

(3)非定型井各项目的工程量按设计图示尺寸计算。其中,砌筑砖、石和浇筑混凝土按体积计算(扣除管道所占体积);抹灰、勾缝按面积计算(扣除管道所占面积)。

(4)井壁(墙)凿洞以实际凿除面积计算。

(5)管道出水口区分形式、材质及管径,以“处”为单位计算。

2. 定额套用及换算说明

(1)各类定型井、雨水口按国家建筑标准设计图集《市政排水管道工程及附属设施》06MS201 编制,设计要求与本定额所采用的标准图集不同时,执行“非定型井”相应子目。

(2)各类井的井深是指井盖顶面到井基础或混凝土底板顶面的距离,无基础的井深指井盖顶面到井垫层顶面的距离。当井深不同时,按“井筒、井室调整”定额进行调整。

(3)塑料检查井按设在非铺装路面考虑,其他各类井均按设在铺装路面考虑。

(4)各类砌筑定型井、雨水口均按砖砌考虑。石砌井执行本章“非定型井”相应项目,石砌体按块石考虑,采用片石或平石时,项目中的块石和砂浆用量分别乘以系数 1.09 和 1.19,其他不变。

(5)跌水井跌水部位的抹灰,按流槽面项目执行。

(6)井外壁抹灰按井内侧抹灰子目人工乘以系数 0.8,其他不变。

(7)各类定型井的井盖、井座按重型球墨铸铁考虑,爬梯按塑钢考虑。设计要求不同时,井盖、井座及爬梯材料可以换算,其他不变。

(8)本章所列项目的模板制作、安装及拆除,执行本册定额“措施项目”相应子目;钢筋制作、安装及场外运输执行第一册《通用工程》中有关定额项目。

4.3.5 措施项目

六、措施项目

措施项目定额包括现浇混凝土模板工程、预制混凝土模板工程、井字架、脚手架等项目。措施项目定额表可扫二维码查阅。

1. 定额工程量计算规则

(1)模板工程量,按构件与模板接触面积计算。

(2)井字架,区分材质和搭设高度,按搭设数量计算。

(3)脚手架工程量,按墙面长度乘以高度以面积计算;柱按设计结构外围周长另加 3.6m 乘以高度以面积计算。

2. 定额套用及换算说明

(1)模板定额中,均已包括钢筋垫块或第一层底浆的人工、材料以及看模工日,套用时不得重复计算。

(2)地、胎模和砖、石拱圈的拱盔、支架套用定额第三册《桥涵工程》相应项目。

(3)模板安拆以槽(坑)深 3m 为准,超过 3m 时,人工乘以系数 1.08,其他不变。

(4)现浇混凝土梁、板、柱、墙的模板,支模高度按 3.6m 考虑,超过 3.6m 时,超过部分的工程量另按超高的项目计算。

(5)砌筑物高度超过 1.2m 时应计算脚手架搭拆费用。木、钢管脚手架已包括斜道及拐弯平台的搭设。

(6)小型构件指单件体积在 0.05m^3 以内定额未列出项目的构件。

(7)模板预留洞小于 0.3m^2 时,混凝土用量不扣减,模板用量也不增加。

(8)矩形墙帽模板执行圈梁模板项目,异形墙帽执行异形梁模板项目。

(9)胶合板模板材质按竹胶板编制,使用不同材质胶合板时材料可进行调整。

任务实施

请根据任务描述,通过学习相关知识,熟悉排水工程相关的定额说明及定额工程量计算规则,通过小组讨论,完成表4-2-1分部分项工程量清单项目各组合工作内容的定额工程量计算,填写至表4-3-3中。

清单项目各组合工作内容定额工程量计算表　　表4-3-3

序号	项目编号	项 目 名 称	单位	工程量计算

续上表

序号	项目编号	项 目 名 称	单位	工程量计算

子任务二 计算排水工程清单项目综合单价

【做中学 学中做】

请根据前面表4-2-1及表4-3-3已完成的内容，结合学习情境一中所学习的《山东省建设工程费用项目组成及计算规则》，计算该排水工程各清单项目的综合单价，填写至表4-3-4中。

工程量清单综合单价计算表 表4-3-4

序号	编码	名称	单位	工程量	综合单价组成(元)					合计(元)
					人工费	材料费	机械费	计费基础	管理费和利润	

续上表

序号	编码	名称	单位	工程量	综合单价组成(元)					合计(元)
					人工费	材料费	机械费	计费基础	管理费和利润	

子任务三　排水工程施工图清单计价实例

【做中学 学中做】

请认真阅读排水工程清单计价实例表4-3-5～表4-3-10的内容，结合学习情境一中学习的《山东省建设工程费用项目组成及计算规则》，完成表4-3-5排水单位工程投标报价汇总表中空白项的填写。

排水单位工程投标报价汇总表　　表4-3-5

工程名称：沁水河大桥排水工程

序号	项目名称	金额(元)
1	分部分项工程费合计	
2	措施项目费	
2.1	措施项目费(一)	
2.2	措施项目费(二)	—
3	其他项目费	—
3.1	暂列金额	—
3.2	特殊项目费用	—
3.3	计日工	—
3.4	总承包服务费	—
4	规费	
5	税金	
单位工程费用合计=1+2+3+4+5－社会保障费		

分部分项工程量清单与计价表　　表4-3-6

工程名称：沁水河大桥排水工程

序号	项目编码	项目名称及项目特征	计量单位	工程数量	金额(元)	
					综合单价	合价
1	040101002002	挖沟槽土方 1.土石类别：综合； 2.挖深：4m内	m^3	1197.3	3.89	4657.5
2	040501004001	塑料管道铺设 1.管材规格：硬聚氯乙烯加筋管DN300mm； 2.接口形式：胶圈接口； 3.管基：砂石基础； 4.部位：雨水口连接管	m	62	362.1	22450.2

续上表

序号	项目编码	项目名称及项目特征	计量单位	工程数量	金额(元)	
					综合单价	合价
3	040501001001	混凝土管道铺设 1. 管材规格:DN400mm; 2. 接口形式:胶圈接口; 3. 管基:120°砂石基础	m	60	215.15	12909
4	040501001002	混凝土管道铺设 1. 管材规格:DN500mm; 2. 接口形式:胶圈接口; 3. 管基:120°砂石基础	m	286	260.98	74901.26
5	040504001001	砌筑检查井 1. 砌筑材料:砖; 2. 形状、断面尺寸:ϕ1000mm; 3. 定型井名称、定型图号:盖板式雨水检查井、06MS201-3-11; 4. 井盖、座:ϕ700mm 球墨铸铁重型防盗井盖、座; 5. 井深:2.5m 内; 6. 井圈加固:C30 混凝土	座	10	2285.47	22854.7
6	040504001002	砌筑检查井 1. 砌筑材料:砖; 2. 形状、断面尺寸:ϕ1250mm; 3. 定型井名称、定型图号:盖板式雨水检查井、06MS201-3-14; 4. 井盖、座:ϕ700mm 球墨铸铁重型防盗井盖、座; 5. 井深:2m 内; 6. 井圈加固:C30 混凝土	座	3	2793.26	8379.78
7	040504001003	砌筑检查井 1. 砌筑材料:砖; 2. 形状、断面尺寸:ϕ1500mm; 3. 定型井名称、定型图号:盖板式雨水检查井、06MS201-3-16; 4. 井盖、座:ϕ700mm 球墨铸铁重型防盗井盖、座; 5. 井深:2m 内	座	1	3319.36	3319.36
8	040504009001	雨水口 1. 砌筑材料:砖; 2. 定型井名称、定型图号:平箅式双箅雨水口、06MS201-8-21; 3. 箅子:钢纤维混凝土井箅,铸铁井座	座	14	1899.84	26597.76

续上表

序号	项目编码	项目名称及项目特征	计量单位	工程数量	金额(元)	
					综合单价	合价
9	040103001005	填方 1. 填方材料品种:级配碎石; 2. 密实度:压实; 3. 部位:检查井井室及井筒周围0.5m	m^3	90.86	133.65	12143.44
10	040103001006	填方 1. 填方材料品种:中粗砂; 2. 密实度:压实	m^3	330.58	111.15	36743.97
11	040103001007	填方 1. 填方材料品种:土; 2. 密实度:夯实	m^3	549.79	12.71	6987.83
12	040103002002	余方弃置 1. 废弃料品种:土方; 2. 运距:综合	m^3	583.72	16.92	9876.54
合计						241821.34

工程量清单综合单价分析表 表 4-3-7

工程名称:沁水河大桥排水工程

序号	编码	名称	单位	工程量	综合单价组成(元)					综合单价(元)
					人工费	材料费	机械费	计费基础	管理费和利润	
1	040101002002	挖沟槽土方 1. 土石类别:综合; 2. 挖深:4m 内	m^3		0.42		2.82	3.31	0.65	3.89
	1-1-110	反铲挖掘机(斗容量0.6m^3)不装车 挖三类土	100m^3	0.01	0.42		2.82			
2	040501004001	塑料管道铺设 1. 管材规格:硬聚氯乙烯加筋管 DN300mm; 2. 接口形式:胶圈接口; 3. 管基:砂石基础; 4. 部位:雨水口连接管	m		29.1	315.82	0.81	32.34	16.37	362.1
	5-1-103	承插塑料管(胶圈接口)DN300mm 内	10m	0.1	16.84	0.07	0.02			
	C0515A@1	塑料管(聚乙烯)DN300mm 内	m	1		270				
	6-1-9	干铺砂垫层	10m^3	0.0385	12.26	45.75	0.8			

续上表

序号	编码	名称	单位	工程量	综合单价组成(元)					综合单价(元)
					人工费	材料费	机械费	计费基础	管理费和利润	
3	040501001001	混凝土管道铺设 1. 管材规格:DN400mm; 2. 接口形式:胶圈接口; 3. 管基:120°砂石基础	m		35.81	144.5	10.2	48.71	24.64	215.15
	5-1-2	承插预应力管(胶圈接口)DN400mm 内	10m	0.1	19.89	0.08	9.17			
	C0022G@1	预(自)应力钢筋混凝土管 DN400mm 内	m	1		85				
	6-1-9	干铺砂垫层	$10m^3$	0.05	15.92	59.42	1.04			
4	040501001002	混凝土管道铺设 1. 管材规格:DN500mm; 2. 接口形式:胶圈接口; 3. 管基:120°砂石基础	m		45.4	172.35	12.29	61.15	30.94	260.98
	5-1-3	承插预应力管(胶圈接口)DN500mm 内	10m	0.1	24.71	0.1	10.94			
	C0022H@1	预(自)应力钢筋混凝土管 DN500mm 内	m	1		95				
	6-1-9	干铺砂垫层	$10m^3$	0.065	20.7	77.25	1.35			
5	040504001001	砌筑检查井 1. 砌筑材料:砖; 2. 形状、断面尺寸:ϕ1000mm; 3. 定型井名称、定型图号:盖板式雨水检查井、06MS201-3-11; 4. 井盖、座:ϕ700mm 球墨铸铁重型防盗井盖座; 5. 井深:2.7m 内; 6. 井圈加固:C30 混凝土	座		497.15	1507.73	5.55	543.57	275.04	2285.47
	6-6-4	砖砌圆形雨水检查井 ϕ1000mm <2.35m	座	1	497.15	1507.73	5.55			
6	040504001002	砌筑检查井 1. 砌筑材料:砖; 2. 形状、断面尺寸:ϕ1250mm;	座		575.84	1887.54	9.64	632.88	320.24	2793.26

续上表

序号	编码	名称	单位	工程量	综合单价组成(元)					综合单价(元)
					人工费	材料费	机械费	计费基础	管理费和利润	
6	040504001002	3. 定型井名称、定型图号:盖板式雨水检查井、06MS201-3-14; 4. 井盖、座:ϕ700mm 球墨铸铁重型防盗井盖座; 5. 井深:2.5m 内; 6. 井圈加固:C30 混凝土	座		575.84	1887.54	9.64	632.88	320.24	2793.26
	6-6-5	砖砌圆形雨水检查井 ϕ1250mm <2.4m	座	1	575.84	1887.54	9.64			
7	040504001003	砌筑检查井 1. 砌筑材料:砖; 2. 形状、断面尺寸:ϕ1500mm; 3. 定型井名称、定型图号:盖板式雨水检查井、06MS201-3-16; 4. 井盖、座:ϕ700mm 球墨铸铁重型防盗井盖座; 5. 井深:2m 内	座		637.45	2207.02	84.72	771.09	390.17	3319.36
	6-6-6	砖砌圆形雨水检查井 ϕ1500mm <2.4m	座	1	637.45	2207.02	84.72			
8	040504009001	雨水口 1. 砌筑材料:砖; 2. 定型井名称、定型图号:平箅式双箅雨水口、06MS201-8-21; 3. 箅子:钢纤维混凝土井箅,铸铁井座	座		395.28	1157.44	86.46	515.13	260.66	1899.84
	6-6-403	双平箅雨水井(1450mm × 380mm)深 1.0m 内	座	1	395.28	1157.44	86.46			
9	040103001005	填方 1. 填方材料品种:级配碎石; 2. 密实度:压实; 3. 部位:检查井井室及井筒周围 0.5m	m^3		28.06	98.98	0.54	30.94	6.07	133.65
	1-1-327	槽坑回填级配碎石	$100m^3$	0.01	28.06	98.98	0.54			
10	040103001006	填方 1. 填方材料品种:中粗砂; 2. 密实度:压实	m^3		8.54	100.8		9.24	1.81	111.15

续上表

序号	编码	名　称	单位	工程量	综合单价组成(元)					综合单价(元)
					人工费	材料费	机械费	计费基础	管理费和利润	
	1-1-324	人工回填砂	$100m^3$	0.01	8.54	100.8				
11	040103001007	填方 1. 填方材料品种:土; 2. 密实度:夯实	m^3		8.42		2.07	11.29	2.22	12.71
	1-1-226	槽坑填土夯实	$100m^3$	0.01	8.42		2.07			
12	040103002002	余方弃置 1. 废弃料品种:土方; 2. 运距:综合	m^3			0.12	14.03	14.17	2.77	16.92
	[1-1-179] + [1-1-180] ×4	15t 内自卸汽车运土 1km 内 实际运距(km):5	$100m^3$	0.01		0.12	14.03			

措施项目清单与计价表(一) 表 4-3-8

工程名称:沁水河大桥排水工程

序号	项 目 名 称	计算基础	费率(%)	费率(含管理费利润率%)	金额(元)
1	夜间施工增加费	省人工费 + 省机械费	0.1	0.1 ×(1 +0.135 +0.061) = 0.1196	67.58
2	冬雨季施工增加费		0.91	0.91 ×(1 +0.135 +0.061) = 1.0884	614.99
3	场地清理费		0.12	0.12 ×(1 +0.135 +0.061) = 0.1435	81.11
4	中小型机械及工具用具使用费		2.01	2.01 ×(1 +0.135 +0.061) = 2.4040	1358.41
5	施工因素增加费		1.95	1.95 ×(1 +0.135 +0.061) = 2.3322	1434.16
6	已完工程及设备保护费				
7	大型机械设备进出场及安拆费				
8	混凝土、钢筋混凝土模板及支架费				
9	脚手架费				
10	施工排水费、降水费				
11	隧道内施工的通风、供水、供气、供电、照明及通信设施费				
12	围堰费				
13	筑岛费				
14	便道费				
15	便桥费				
16	洞内施工的通风、供水、供气、供电、照明及通信设施费				
17	驳岸块石清理费				
合计					3556.25

措施项目清单计价汇总表 表4-3-9

工程名称:沁水河大桥排水工程

序号	项目名称	金额(元)
1	措施项目清单计价(一)	3556.25
合计		3556.25

规费、税金项目清单与计价表 表4-3-10

工程名称:沁水河大桥排水工程

序号	项目名称	计算基础	费率(%)	金额(元)
1	规费			17278.72
1.1	安全文明施工费			8637.3
1.1.1	环境保护费	分部分项工程费合计+措施项目费合计+其他项目费合计	0.2	490.76
1.1.2	文明施工费		0.5	1226.89
1.1.3	临时设施费		1.82	4465.87
1.1.4	安全施工费		1	2453.78
1.2	社会保障费	分部分项工程费合计+措施项目费合计+其他项目费合计	2.75	6747.89
1.3	住房公积金	分部分项人工费+措施项目人工费	3.6	1525.46
1.4	建设项目工伤保险费	分部分项工程费合计+措施项目费合计+其他项目费合计	0.15	368.07
2	税金	分部分项工程费合计+措施项目费合计+其他项目费合计+规费	3.48	9140.44
合计				26419.16

任务总结与评价

姓名		学号		成绩	
任务名称	编制排水施工图清单计价表				
评价内容		优秀	良好	合格	继续努力

续上表

任务实施	知识点一	熟悉排水工程清单项目组合工作内容定额工程量的计算				
	知识点二	掌握排水工程清单项目综合单价的计算				
	知识点三	掌握排水工程施工图清单计价表的编制				
问题与感想						
任务综合评价						

知识测试与能力训练

一、单选题

1. 下列不属于城市排水管道系统组成的是(　　)。

A. 检查井　B. 雨水口　C. 污水处理厂　D. 雨水管

2. 水泥砂浆抹带接口属于(　　)。

A. 柔性接口　B. 刚性接口

C. 螺纹接口　D. 半柔半刚性接口

3. 某钢筋混凝土管,管道内径 $D=700$mm,壁厚80mm,管道埋深2.5m,覆土深度为(　　)m。

A. 1.83　B. 1.65　C. 1.78　D. 1.72

4. 排水管道铺设清单工程量,按设计井中至井中的中心线长度,以(　　)计算。

A. 座数　B. 延长米　C. 重量　D. 体积

5. 检查井清单工程量按设计图示数量,以(　　)计算。

A. 座数　B. 个数　C. 重量　D. 体积

6.《排水工程》册定额,非定型管道垫层和基础工程量按设计图示尺寸以(　　)计算。

A. 座数　B. 延长米　C. 重量　D. 体积

7.《排水工程》册定额,定型管道混凝土基础工程量按设计图示尺寸以(　　)计算。

A. 座数　B. 延长米　C. 重量　D. 体积

8.《排水工程》册定额,管道铺设工程量按井中至井中的中心线扣除检查井的长度以(　　)计算。

A. 座数　B. 延长米　C. 重量　D. 体积

二、多选题

1. 排水管道的接口形式，一般有（ ）。

A. 柔性接口　　B. 刚性接口

C. 塑性接口　　D. 半柔半刚性接口

2. 目前排水管道常用的管道基础有（ ）。

A. 砂垫层基础　　B. 混凝土枕基

C. 混凝土带形基础　　D. 弧形素土基础

3. 排水工程施工图主要由（ ）组成。

A. 管道平面图　　B. 管道纵断面图

C. 管道结构详图　　D. 附属构筑物结构详图

4. 市政工程排水管道的附属构筑物包括（ ）。

A. 检查井　　B. 阀门井　　C. 跌水井　　D. 雨水口

5. 管道铺设清单项目一般包括（ ）等组合工作内容。

A. 管道基础　　B. 管道铺设

C. 管道接口　　D. 闭水试验

三、计算题

某工程 Y1 ~ Y2 段管道采用钢筋混凝土管、135°钢筋混凝土条形基础，100mm 厚 C10 素混凝土垫层，管道平面图、基础结构图如题图 4-1 所示。基础及垫层均采用商拌混凝土，计算 Y1 ~ Y2 段管道垫层、基础混凝土的工程量，并确定套用的定额子目。

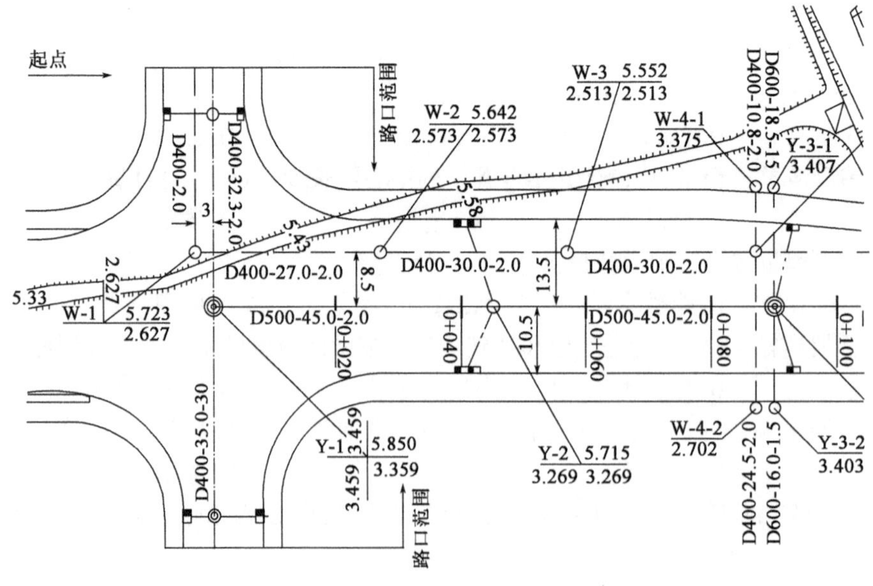

题图 4-1

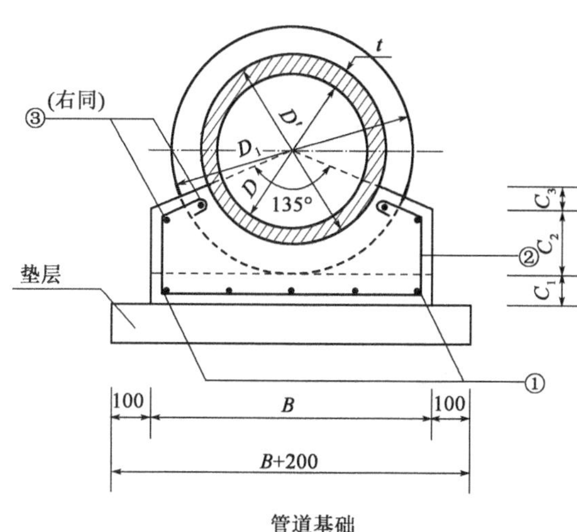

管道基础

说明：

1.本图尺寸以毫米计。

2.适用条件：

(1)管顶覆土：D500mm～D600mm为0.7～4.0m。

(2)开槽埋设的排水管道。

(3)地基为原状土。

3.材料为C20混凝土，钢筋为HPB235钢筋。

4.主筋净保护层：下层为35mm，其他为30mm。

5.管槽回填土的密实度要求：管道两侧不低于90%；管顶以上500mm内不低于85%；管顶500mm以上按路基要求回填。

基础尺寸及材料表

D (mm)	D' (mm)	D_1 (mm)	t (mm)	B (mm)	C_1 (mm)	C_2 (mm)	C_3 (mm)	①	②	③	每米管道基础工程量			
											C20 (m^3)	①基长 (m)	②基长 (m)	③基长 (m)
500	610	780	55	880	80	208	66	5ϕ10	ϕ8@200	4ϕ10	0.224	5.00	8.005	4.00
600	720	910	60	1010	80	246	71	6ϕ10	ϕ8@200	4ϕ10	0.282	6.00	9.165	4.00

题图 4-1 某排水管道平面图、管道基础结构图

执考链接

某排水管道长 200m，管径 $D=600$mm，钢筋混凝土管(2m 一节，122 元/m，人机配合下管)，120°管座包角，C15 混凝土基础，基础下设 10cm 厚中粗砂垫层，平接式钢丝网水泥砂浆接口(题图 4-2)；ϕ1250mm 砖砌圆形污水检查井 4 座(在管线中间等距离布置，检查井投影面积超出管道基础的投影面积为 $1m^2$/座)。已知：土方需回填至原地面，管道、基础及垫层所占空间体积为 $0.67m^3$/m，检查井所占空间体积为 $8m^3$/座。

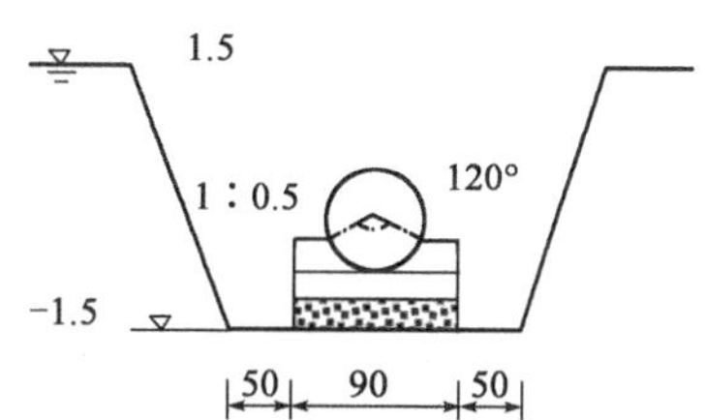

题图 4-2 某排水管道基础图(尺寸单位：cm；标高单位：m)

请依据本题所列条件及图示，计算该排水管道工程的定额工程量及清单工程量并填写至题表 4-1 中(基础和井的模板不考虑)。

工程量计算表 题表 4-1

子目名称	工程量计算公式	备注

学习情境五

BIM市政计量 GMA2021软件应用

学习目标

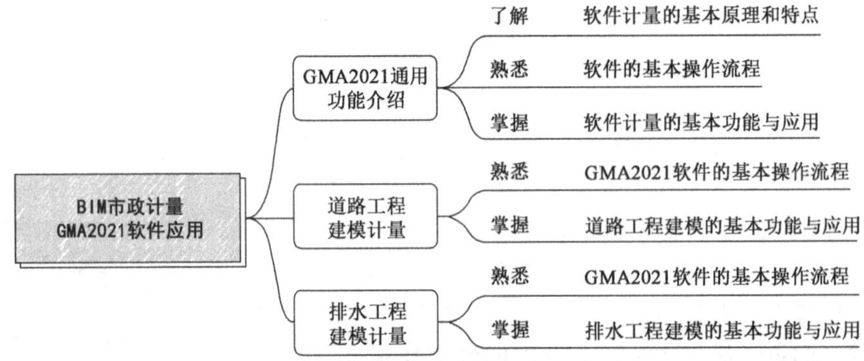

学习任务一 市政计量软件基础理论

任务描述

请扫描二维码获取××道路工程图纸，熟悉该道路工程图的相关内容，根据软件通用功能相关知识的学习，熟悉广联达 BIM 市政计量 GMA2021 软件的基本操作流程；掌握软件计量的基本功能应用，能熟练操作软件。

5.1 道路图纸

知识导图

相关知识

一、广联达 BIM 市政计量 GMA2021 软件的原理和特点

广联达 BIM 市政计量平台 GMA2021 是一款基于三维一体化建模技术，集成多地区、多专业的专业化计量软件。其主要原理是：基于 BIM 技术，通过对 BIM 模型进行数据提取和计算，从而实现对市政工程量的自动化计量。

该计量软件的特点：

(1)自动化计量：可以实现对市政工程量的自动化计量，可大大提高计量效率，减少因人工计算而产生的误差。

(2)数据准确性高：通过直接从 BIM 模型中提取数据进行计算，避免了人为因素对数据的影响，从而大大提高了数据的准确性。

(3)多维信息显示：可以展示模型构件间的相互位置关系，使各业务模块一体化三维建模，所见即所得，查量对量方便清晰，做到有据可依。

总之，BIM 市政计量 GMA2021 软件相对传统手工算量而言，可以使工程量数据更加直观和易于理解，可有效提高计量效率和准确性，并实现多方数据共享和交流。因此，作为市政造价从业人员，掌握现代化计量的技能十分必要。

二、市政计量 GMA2021 软件通用功能介绍

在进行实际工程的建模和计算时，软件的基本操作流程如图 5-1-1 所示。

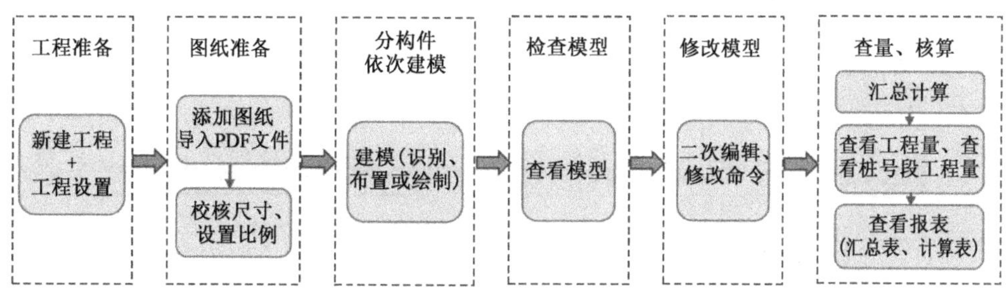

图 5-1-1 市政计量 GMA2021 软件操作流程图

本学习任务主要介绍软件建模前的准备工作，下面将以某道路工程为例来演示软件通用功能菜单的操作应用，本工程所用 GMA2021 版本号为 V5.23.1.10588。

1. 新建工程

了解工程的基本概况后，启动广联达 BIM 市政计量 GMA2021 软件，选择新建工程，进入如图 5-1-2 所示的新建工程界面。

5.1.1 新建工程

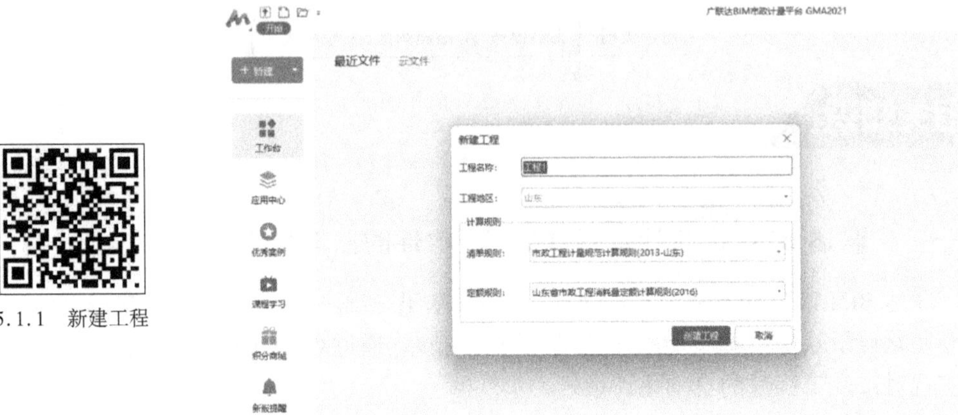

图 5-1-2 新建工程界面

填写工程名称，选择工程所在地区及清单规则和定额规则，然后单击“创建工程”，进入软件操作界面，如图 5-1-3 所示。广联达 GMA2021 界面主要由选项菜单栏、图纸页签、导航栏、构件列表、构件属性、绘图区域、状态栏等构成。

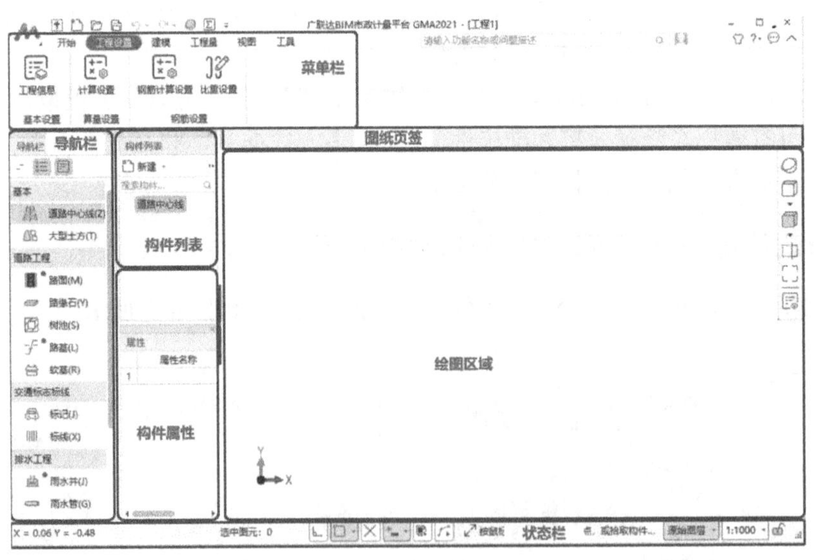

图 5-1-3 GMA2021 界面

2. 工程设置

工程设置选项包括基本设置、算量设置和钢筋设置三类，如图 5-1-4 所示。

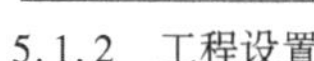

5.1.2 工程设置

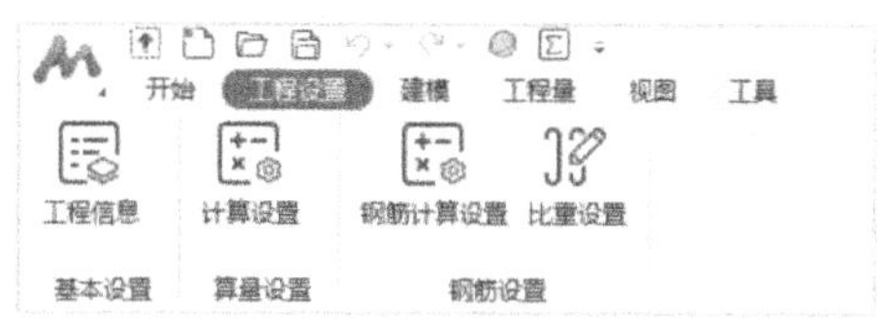

图 5-1-4 工程设置界面

单击基本设置中的“工程信息”命令,弹出对话框,如图 5-1-5 所示。新建工程时的工程名称、工程地区、清单和定额规则,会在工程信息中显示,还可以补充其他信息。

工程信息

	属性名称	属性值
1	⊟ 工程信息	
2	工程名称	工程1
3	工程地区	山东
4	标段范围	
5	专业内容	
6	合同日期	
7	开工日期	
8	竣工日期	
9	⊟ 计算规则	
10	清单项	市政工程计量规范计算规则(2013-山东)&2016定额
11	定额项	山东省市政工程消耗量定额计算规则(2016)
12	⊟ 编制信息	
13	建设单位	
14	设计单位	
15	施工单位	
16	编制单位	
17	编制日期	2023-02-27
18	编制人	
19	编制人证号	
20	审核人	
21	审核人证号	

图 5-1-5 “工程信息”对话框

单击算量设置中的“计算设置”命令,弹出对话框,如图 5-1-6 所示。计算设置目前主要有道路计算设置和排水计算设置两项。如工程涉及特殊计量要求,有别于常用计量规则时,可在计算设置中进行调整。若工程当前没有计算设置调整内容,可暂时按默认设置,或者在建模完成之后、汇总计算之前进行计算设置调整。

计算设置

道路
排水

	属性名称	清单属性值	定额属性值
1	⊟ 路面计算规则		
2	路面和路面相交扣减	是	是
3	计算方式	按平均宽度计算	按平均宽度计算
4	面层扣除侧缘石	是	是
5	面层扣除平石	是	是
6	面层扣除路缘石垫层、基础、靠背	是	是
7	基层扣除侧缘石	是	是
8	基层扣除平石	是	是
9	基层扣除路缘石垫层、基础、靠背	是	是
10	扣除树池	是	是
11	面层扣除 检查井、雨水口	否	否
12	基层扣除 检查井、雨水口	否	否
13	⊟ 树池计算规则		
14	树池侧石长度计算规则		按外边线计算
15	树池侧石与路缘石相切位置是否计算		是
16	填方深度 (cm)		60
17	路面扣除树池厚度(cm)	20	20

恢复默认值

图 5-1-6 “计算设置”对话框

钢筋计算设置,如图 5-1-7 所示,主要用于排水检查井中的钢筋节点设置、搭接设置和修改钢筋计算规则。若工程没有钢筋计算设置调整内容,可按默认设置。

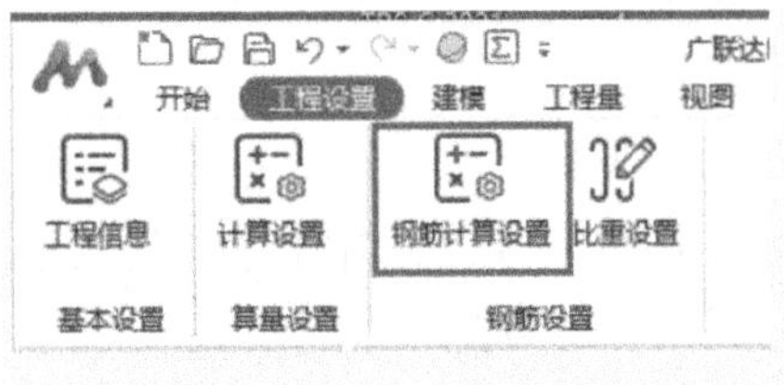

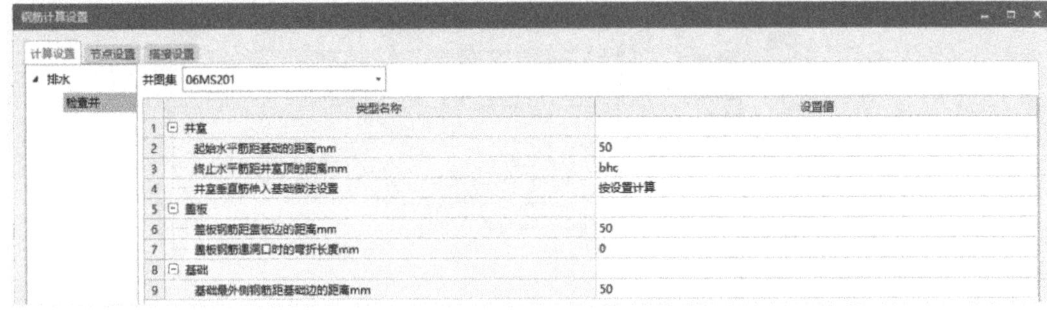

图 5-1-7 “钢筋计算设置”对话框

3. 图纸管理

工程设置完成后,点击“建模”选项找到“图纸管理”菜单,如图 5-1-8 所示。GMA2021 可以将多种格式的电子图纸导入软件,基于图纸进行建模,目前支持的图纸的格式有“. dwg”“. dxf”“. pdf”等,其中“. dwg”“. dxf”是 AutoCAD 软件保存的格式。“图纸管理”功能菜单主要有添加图纸、定位图纸、拆分图纸、导入 PDF、插入图纸和保存图纸等。

5.1.3 添加图纸

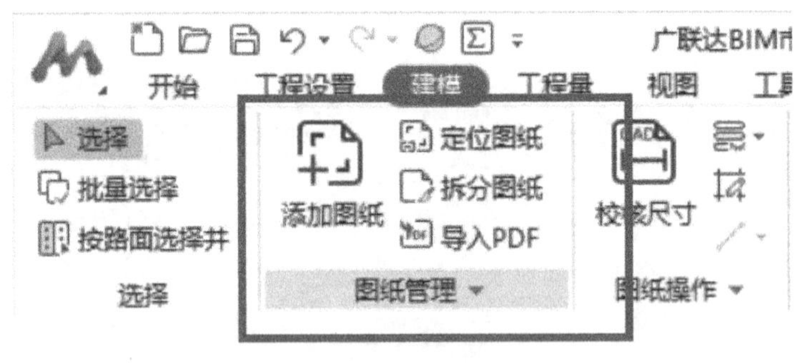

图 5-1-8 图纸管理界面

点击“添加图纸”命令,弹出添加图纸对话框,如图 5-1-9 所示,选择电子图纸所在的文件夹,并选择需要导入的电子图,窗体右侧区域可以选择导入图纸的模型或布局,默认导入模型,点击下方“打开”即可导入图纸。

导入图纸后,在绘图区域上方可显示图纸名称的页签,如图 5-1-10 所示,单击可加载并显示对应图纸。

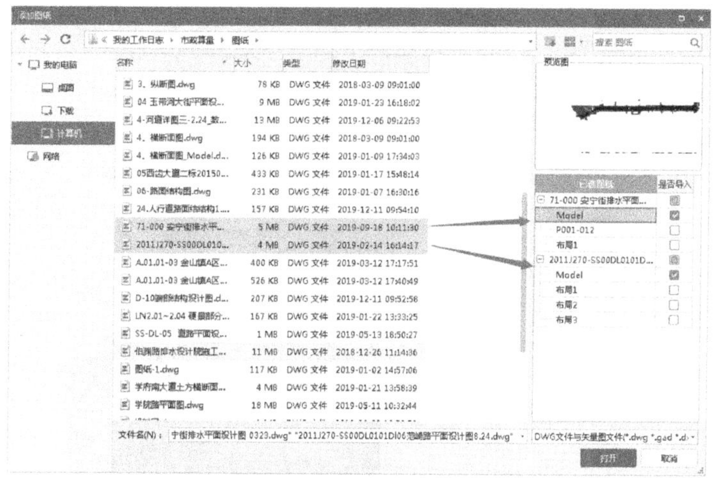

图 5-1-9 “添加图纸”对话框

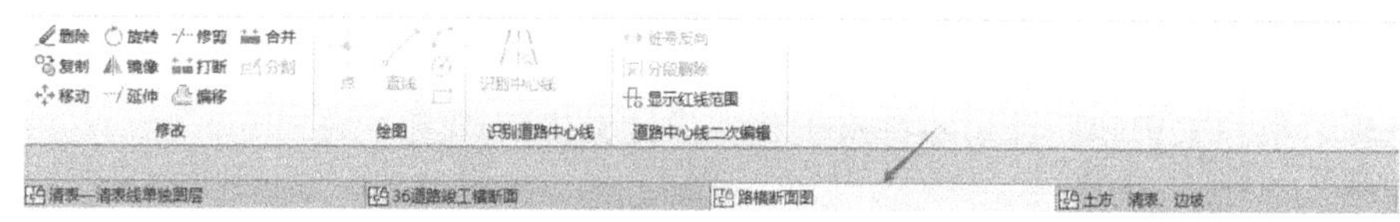

图 5-1-10 图纸页签

4. 校核尺寸

添加图纸后，点击图纸操作功能菜单中的“校核尺寸”按钮，如图 5-1-11 所示。当图纸横向与纵向比例相同时，设置整体比例：选择平面图中任意两点距离，然后在窗体中输入两点间的实际距离，点击“确定”即可。

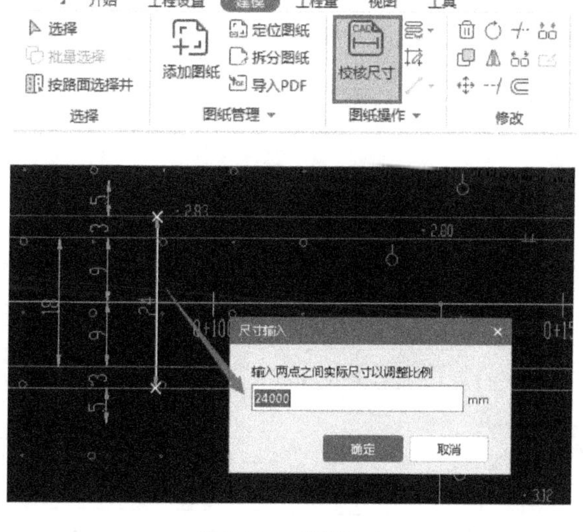

图 5-1-11 校核尺寸

5.1.4 校核尺寸

当图纸横向与纵向比例不同时,需分别设置横、纵向比例,如图 5-1-12 所示。①点选“校核横纵尺寸”;②选择横向两个点,然后在窗体中输入两点间的实际距离,点击“确定”;③选择纵向两个点,然后在窗体中输入两点间的实际距离,点击“确定”。

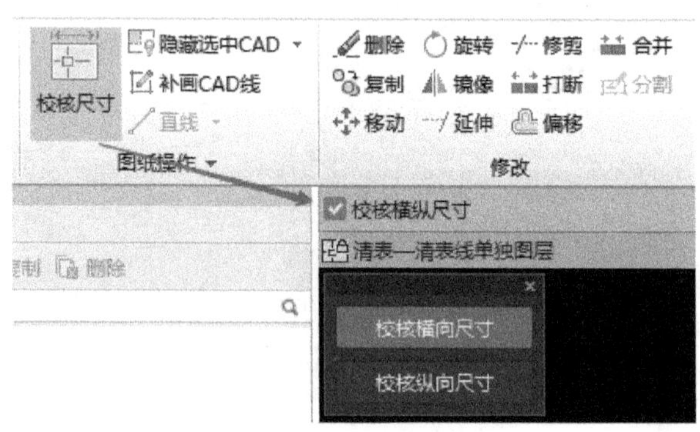

图 5-1-12 分别校核横、纵向尺寸

图纸尺寸校核完成后,就可以进行各构件的建模和操作。下面将在学习任务二和学习任务三中分别对道路工程建模计量和排水工程建模计量进行详细介绍。

学习任务二 道路工程建模计量

任务描述

请认真识读 ×× 道路工程图的相关内容,根据道路工程建模相关知识的学习,熟悉广联达 BIM 市政计量 GMA2021 软件的基本操作;掌握软件的道路工程建模基本流程,完成该道路工程图的模型构建,并进行工程量的计算。

知识导图

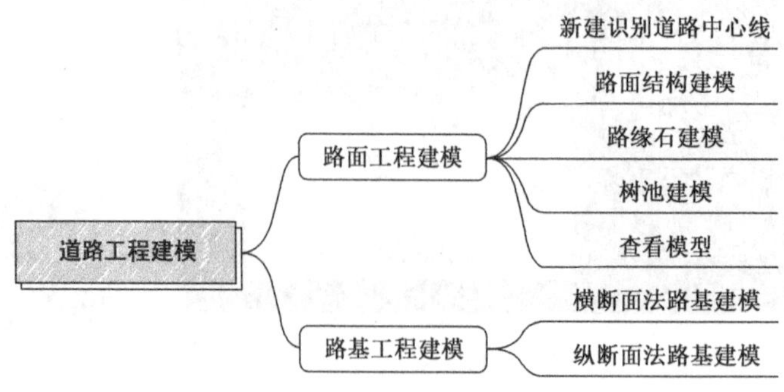

一、路面工程建模

前期准备工作即新建工程、添加图纸、校核尺寸完成之后，路面工程建模的操作流程为：新建识别道路中心线→路面结构建模→路缘石建模→树池建模→查看模型。

1.新建识别道路中心线

在构建列表中点击新建道路中心线，点击菜单栏“识别中心线”按钮，弹出对话框，根据对话框提示，依次点选识别，最后点击“确认”，生成中心线及桩号，如图5-2-1所示。

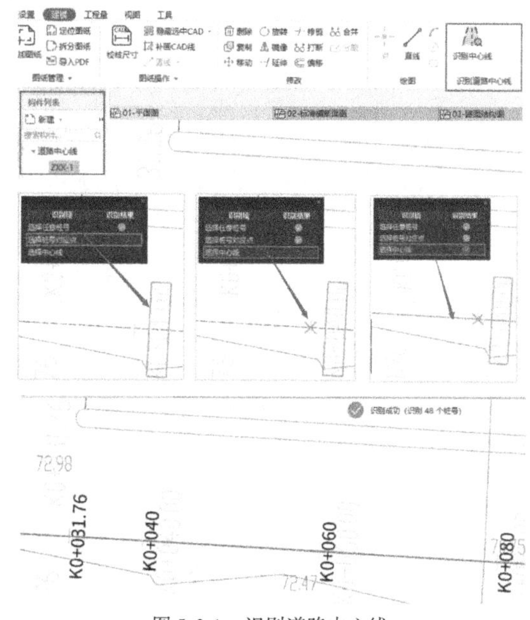

5.2.1 识别中心线

图5-2-1 识别道路中心线

2.路面结构建模

路面结构建模的流程为：定义路面结构层→识别结构层。

(1)定义路面结构层

将图纸切换到路面结构设计图，根据工程图纸的路面类型定义机动车道、非机动车道、人行道、绿化带等路面结构。首先点击导航栏中的路面菜单，点击“构件列表”中的“新建机动车道”，如图5-2-2所示。在弹出的窗口中，点击“识别路面结构层”，在CAD图中，框选对应的结构层，点击鼠标右键，结构层名称、厚度即识别到表格中，对应加宽厚度和结构层厚度不同的情况输入加宽、放坡，如图5-2-3所示。

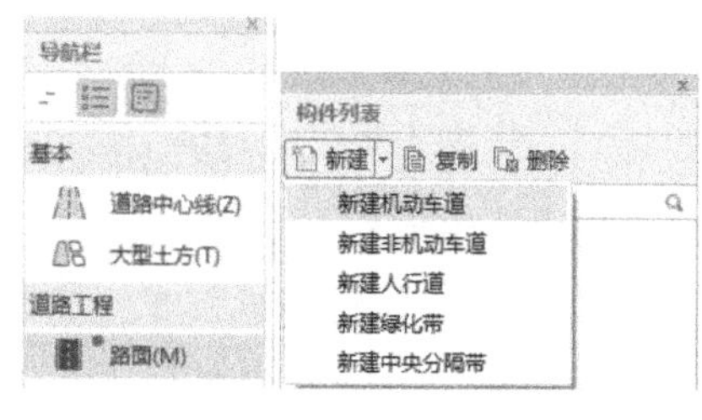

5.2.2 定义路面结构层

图5-2-2 新建路面结构层

5.2.3 路面内部点识别

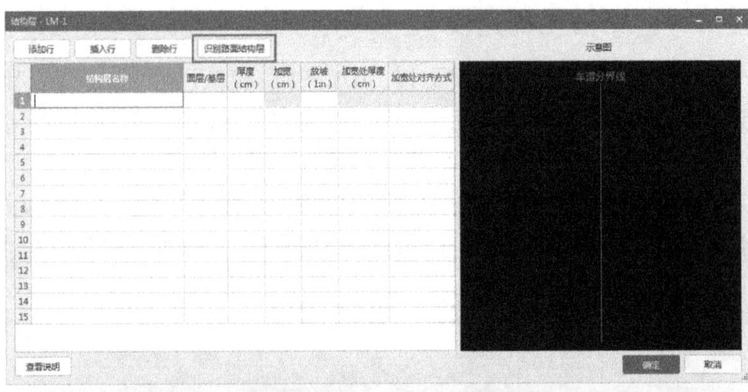

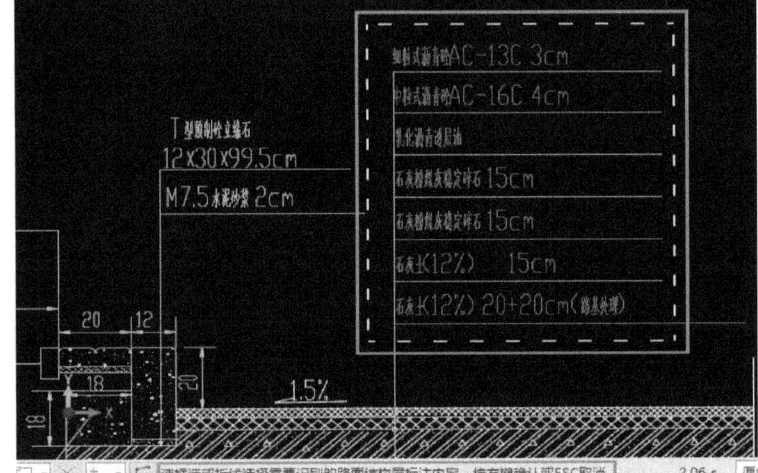

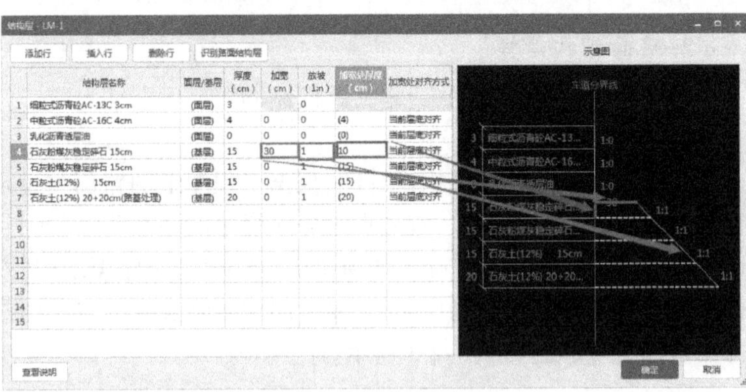

图 5-2-3 定义路面结构层

(2)识别结构层

根据 CAD 设计图，识别封闭区域，快速、准确地生成路面。按照实际工程新建定义路面结构层后，点击建模选项中的“内部点识别”，在绘图区域移动鼠标至一个封闭区域，当出现加粗的白色框时，点击鼠标左键生成路面，如图 5-2-4 所示。重复以上步骤，直到生成所有路面。

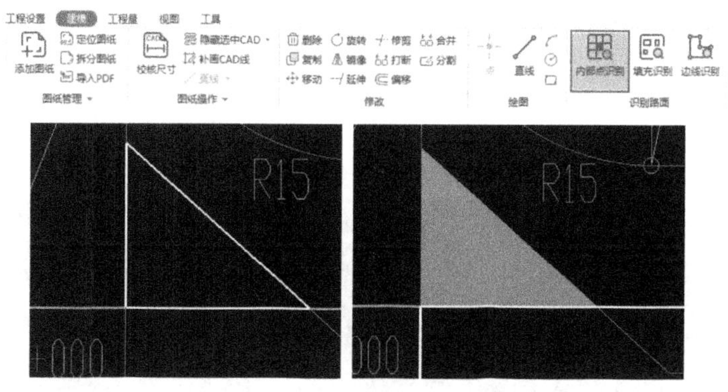

图 5-2-4　内部点识别

当遇到需要识别的区域不封闭时，可补画 CAD 线形成封闭区域，也可按住 Ctrl 键自动调整封闭区域的误差值，通过按“S”键缩小识别误差、按“F”键放大识别误差来调整误差值，直到想要识别的区域显示出白色边框为止，如图 5-2-5 所示。

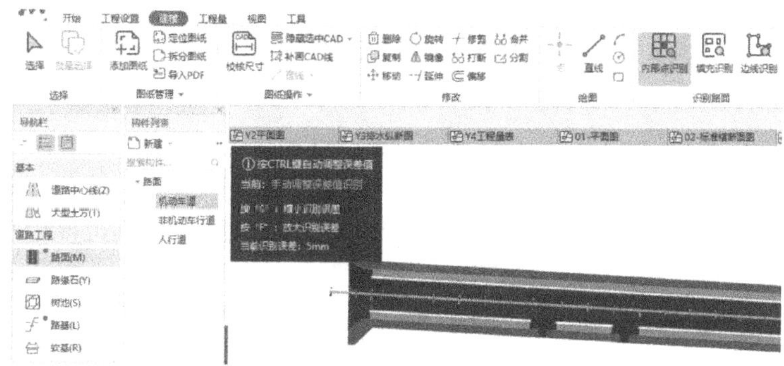

图 5-2-5　按 Ctrl 键调整误差值

3. 路缘石建模

路缘石建模的流程为：定义路缘石→布置路缘石。

(1)定义路缘石

首先将图纸切换到路面结构设计图，点击导航栏中的路缘石菜单，点击构件列表中的“新建”，会出现“新建参数化路缘石”与“新建自定义路缘石”两种选项，如图 5-2-6 所示。

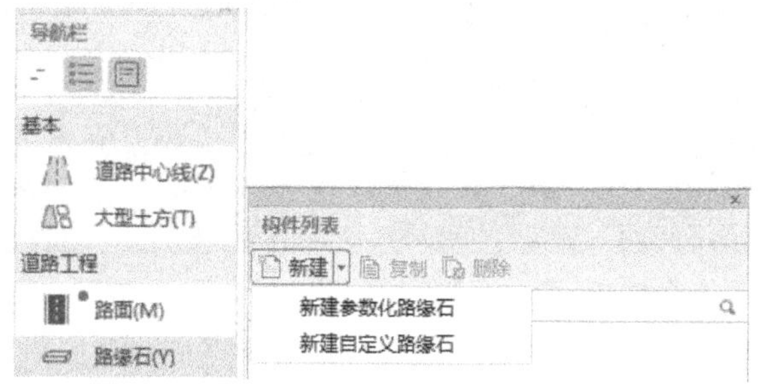

图 5-2-6　新建路缘石

5.2.4　定义路缘石

参数化路缘石是软件内置了一些常见的参数化路缘石模型,模型库中显示为绿色的数字参数,可以根据实际项目尺寸进行修改,如图 5-2-7 所示。适用于路缘石结构简单的工程。

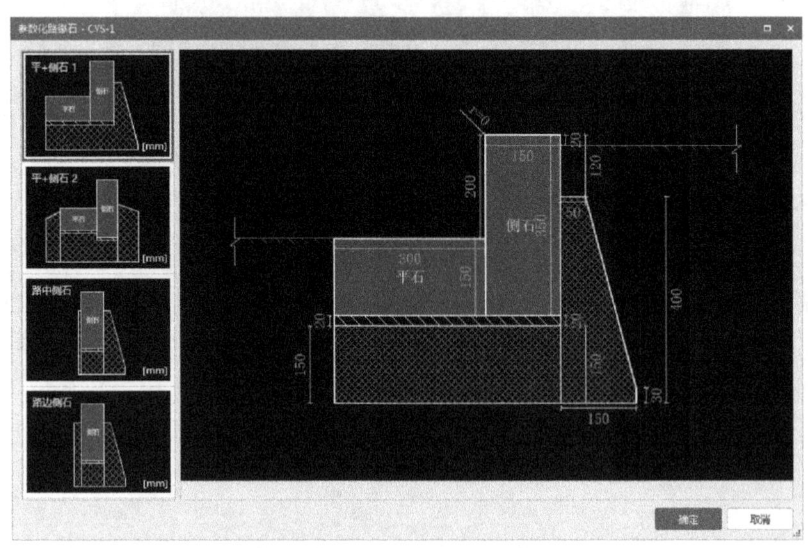

图 5-2-7　新建参数化路缘石

对一些路缘石结构比较复杂的工程,无对应参数化路缘石规格,则可使用“新建自定义路缘石”。新建自定义路缘石具体步骤如下:

第一步:选择新建自定义路缘石,可新建平石等细部结构,点击提取 CAD 图命令,如图 5-2-8所示。

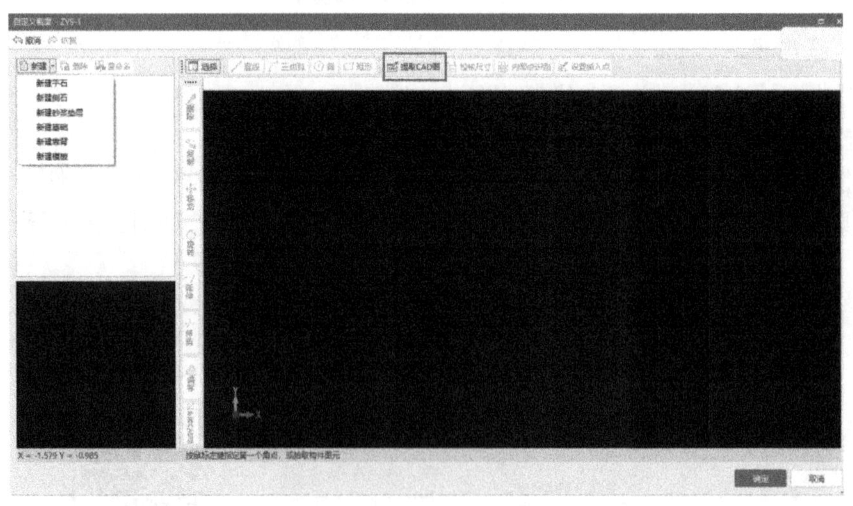

图 5-2-8　新建自定义路缘石

第二步:在工程图中,框选 CAD 路缘石图,如图 5-2-9 所示。

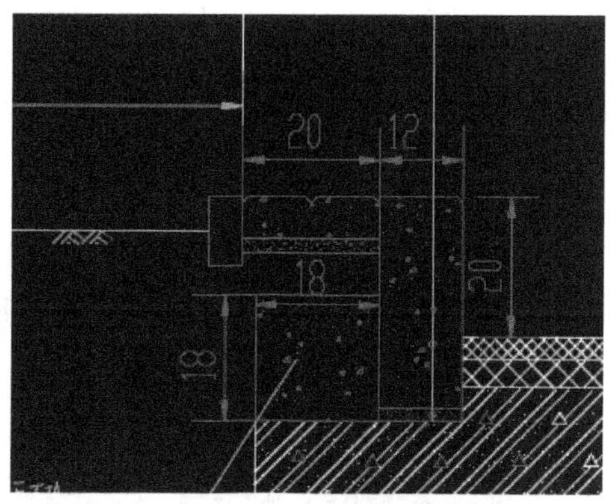

图 5-2-9　框选 CAD 中的路缘石图

第三步:点击鼠标右键后,在弹出窗口中,先校核尺寸,选择两点,输入实际尺寸,点击“确定”,如图 5-2-10 所示。

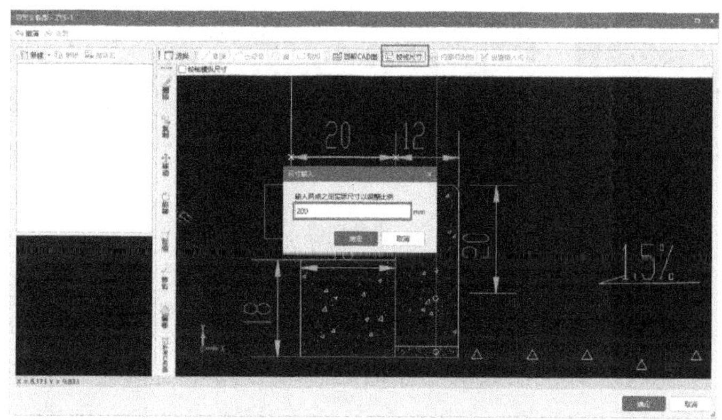

图 5-2-10　校核路缘石尺寸

第四步:内部点识别路缘石结构,如图 5-2-11 所示。

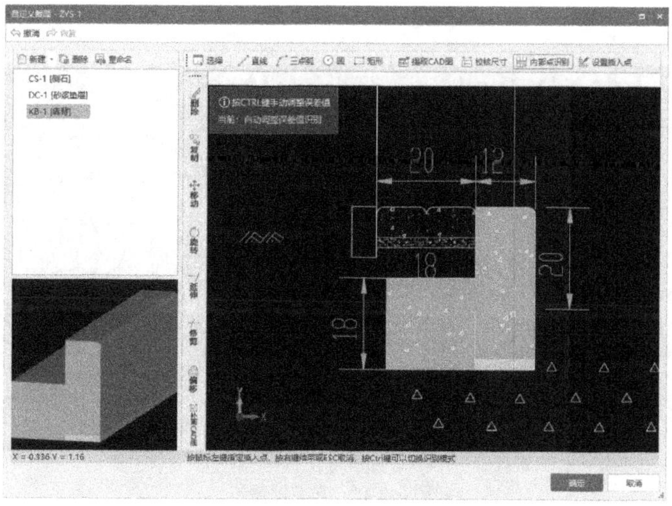

图 5-2-11　内部点识别路缘石

第五步:设置插入点,路缘石与路面布置位置点,如图 5-2-12 所示。

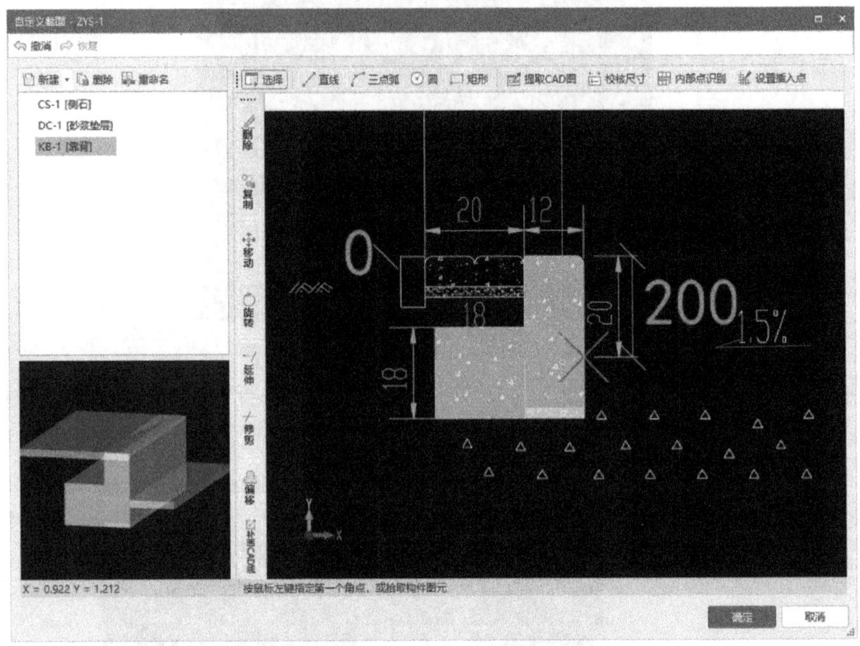

图 5-2-12 设置路缘石插入点

5.2.5 布置路缘石

(2)布置路缘石

在路缘石导航栏下,点击建模选项下的"按路面边线布置",如图 5-2-13 所示。在绘图区域按鼠标左键选择布置路缘石的第一条边,然后选择第二条边后,软件会自动连接上一条边,按右键确认或 ESC 取消。

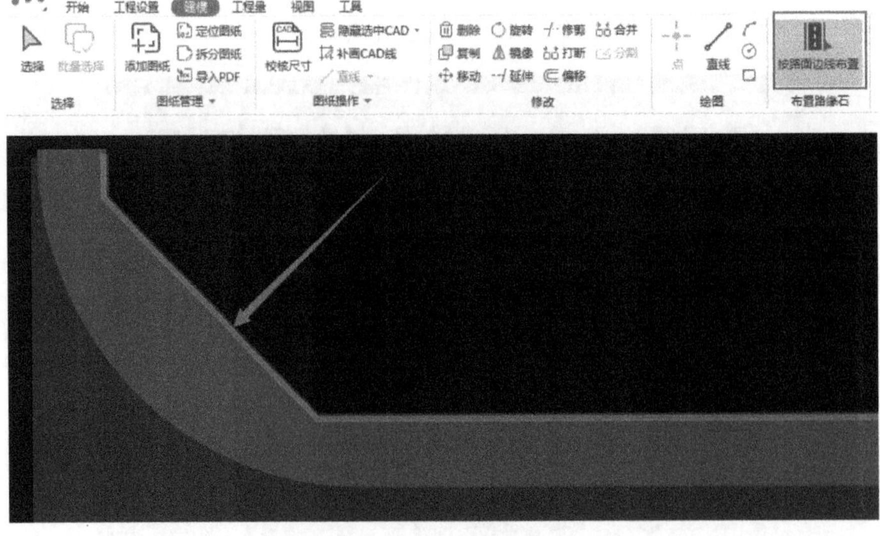

图 5-2-13 布置路缘石

4. 树池建模

点击导航栏中的“树池”,在构件列表中根据图纸中树池具体情况新建矩形(圆形)树池。如果树池有大样图,则可以通过“识别树池”命令进行识别,如图5-2-14所示。如果没有则根据树池尺寸进行设置,设置完成后,按路缘石布置树池,输入树池间距以及树池边缘到路缘石轴线的距离等数据,如图5-2-15所示,然后在导入的图纸中点击树池对应位置即可。

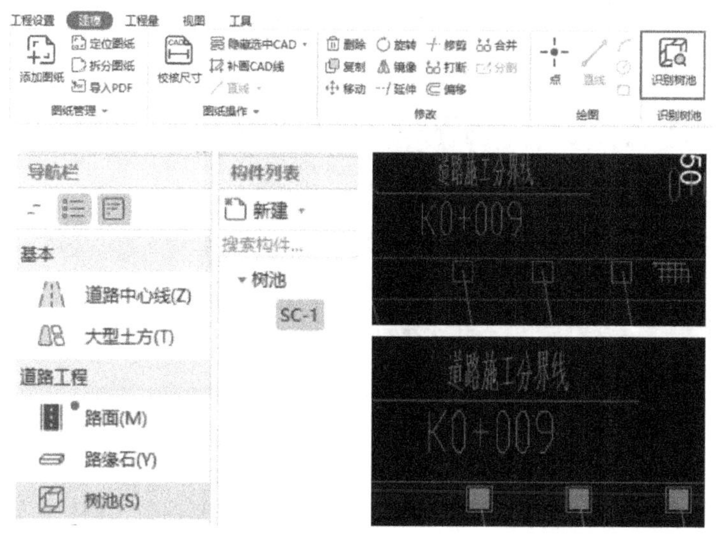

图5-2-14 识别树池

5.2.6 布置树池

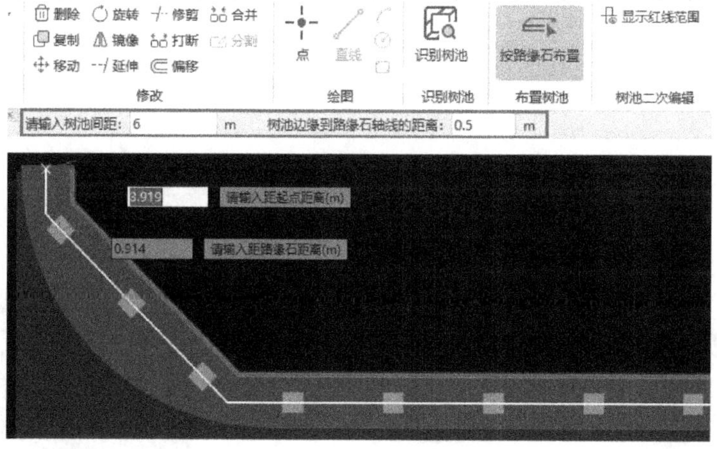

图5-2-15 按路缘石布置树池

5. 查看模型

根据工程图纸信息,整个路面工程模型创建完成后,可通过动态观察,从不同角度对工程进行三维效果的预览,通过显示构件的三维立体效果,检查构件模型是否正确,如图5-2-16所示。

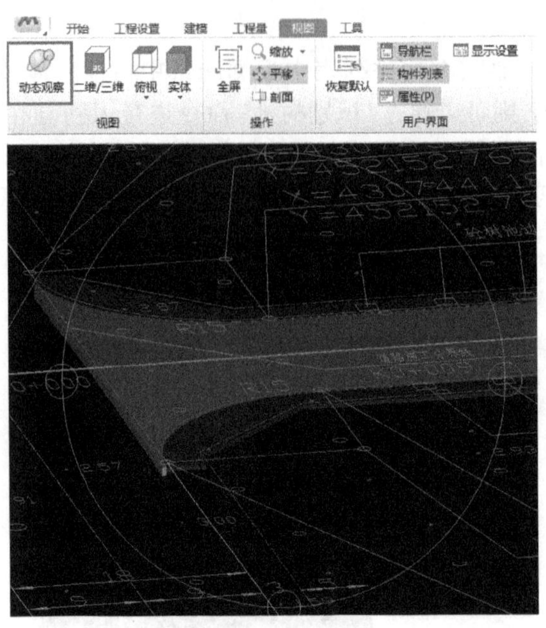

图 5-2-16 动态观察模型图

二、路基工程建模

路基工程的建模分横断面法和纵断面法两种类型。横断面法主要通过 CAD 土方横断面图来进行识别建模，纵断面法主要通过有详细标高数据的 CAD 纵断面图来进行识别建模。

1. 横断面法路基建模

完成 CAD 土方横断面图纸尺寸校核之后，点击导航栏中的“路基”，在“构件列表”中点击“新建”，新建路基，在识别路基工具栏中选择“识别横断面”按钮，绘图区域弹出识别窗口，如图 5-2-17 所示。

5.2.7 横断面法路基建模

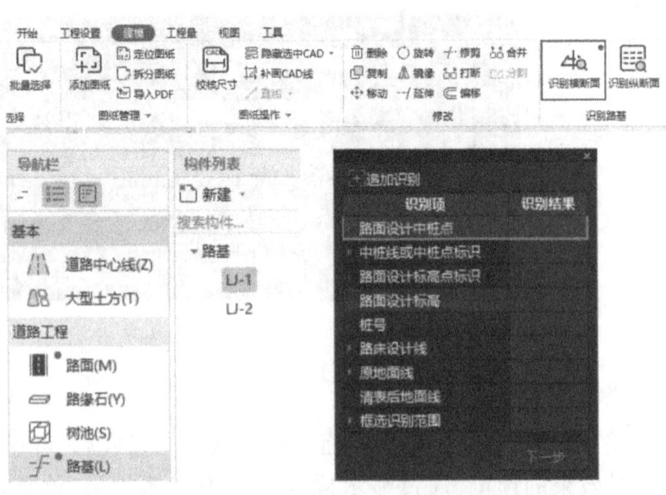

图 5-2-17 路基横断面识别对话框

路基横断面图识别的具体步骤如下：

第一步：选择中桩点，中桩点是路面设计线的中桩位置的点，如图 5-2-18 所示。

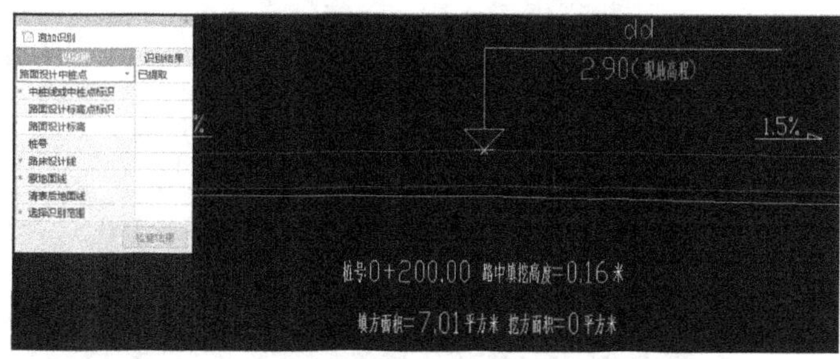

图 5-2-18　选择中桩点

第二步：选择中桩线或中桩点标识，点击鼠标右键确认，如图 5-2-19 所示。

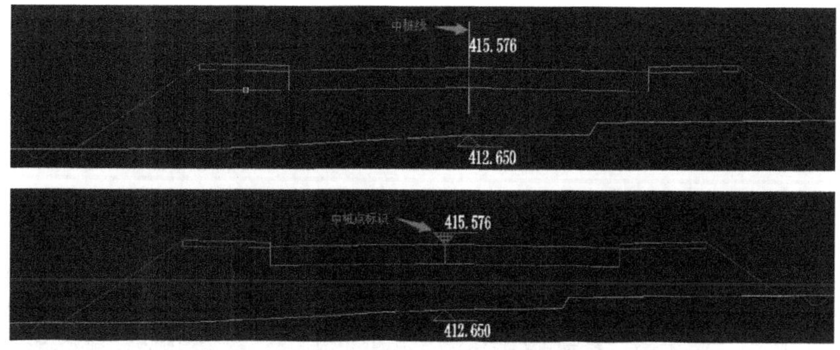

图 5-2-19　选择中桩线或中桩点标识

中桩线或中桩点标识是通过中桩点的线或标识。

操作技巧：如果标识和其他图元是一个块图元，按 Ctrl 键可选择块中的单独线条。

第三步：路面设计标高的识别，如图 5-2-20 所示。路基编辑表格中的设计标高按“路面设计标高”取值。

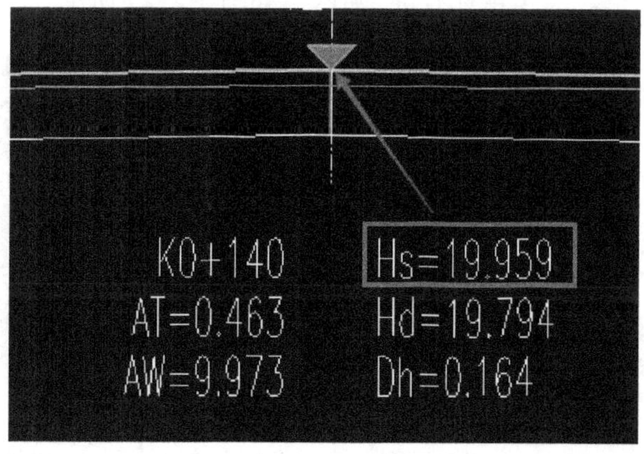

图 5-2-20　选择路面设计标高

第四步:选择桩号,如图 5-2-21 所示。选择后会自动跳到下一步。

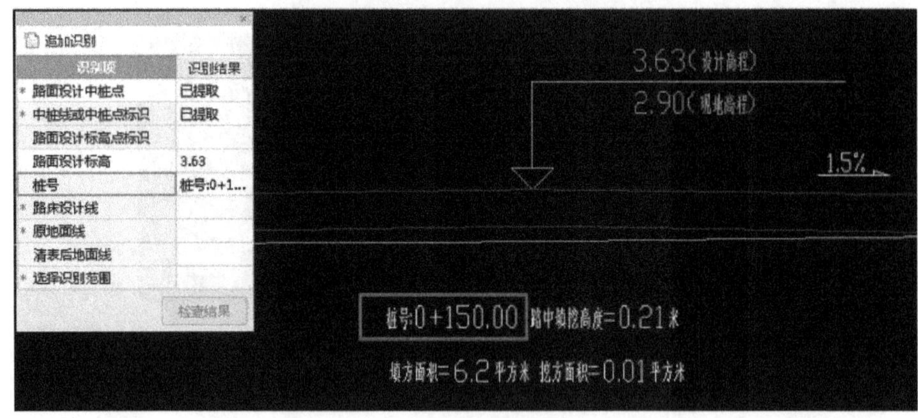

图 5-2-21 选择桩号

第五步:选择路床设计线(边坡线、排水沟、挡土墙均按路床线选择),点击鼠标右键确认,如图 5-2-22 所示。

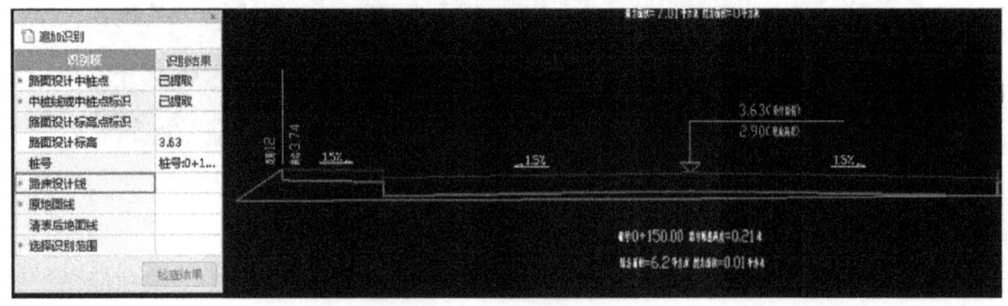

图 5-2-22 选择路床设计线

第六步:选择原地面线,点击鼠标右键"确认",如图 5-2-23 所示。

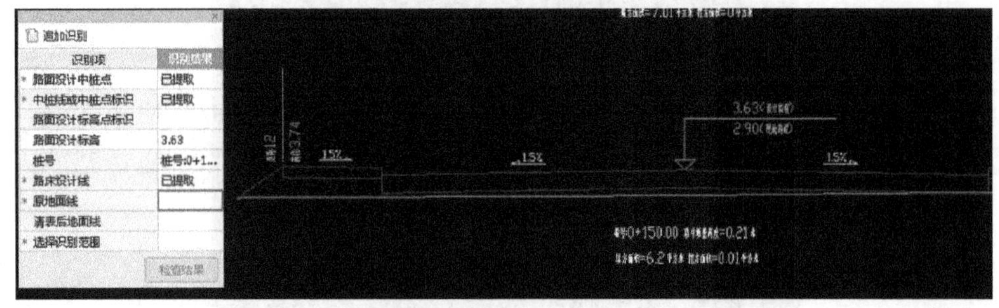

图 5-2-23 选择原地面线

第七步:选择识别范围(可连续多次框选),框选所有要识别的横断面,点击鼠标右键确认,如图 5-2-24 所示。

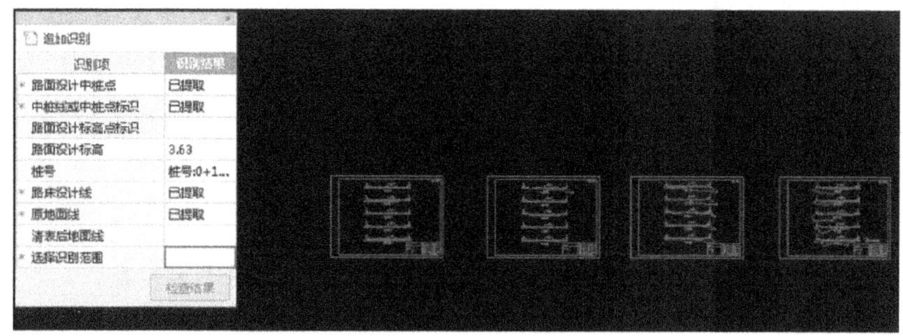

图 5-2-24 选择识别范围

第八步:如果存在未识别到的横断面,则可以点击"追加识别"来补充识别横断面,如图 5-2-25所示。

第九步:点击"下一步"按钮,检查识别结果,有错误的信息会以红色字体显示。当设计标高提取不正确或 PDF 图纸的设计标高不能识别时,可以在输入框内直接输入正确的标高,如图 5-2-26 所示,修改错误信息后,点击"确定"按钮。

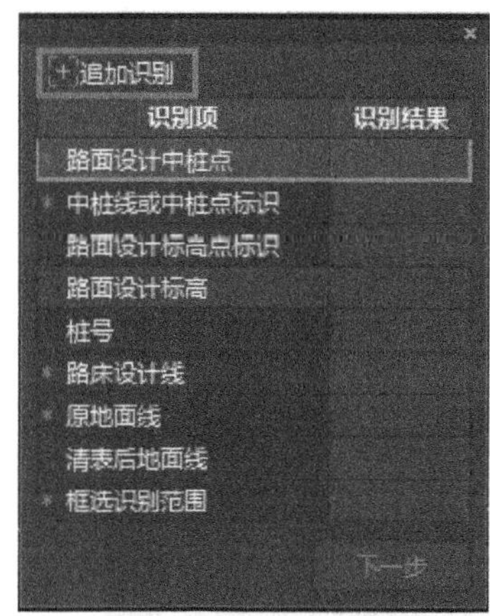

图 5-2-25 追加识别

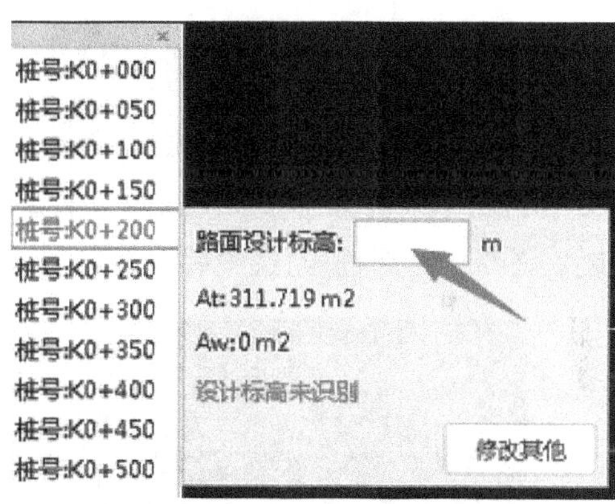

图 5-2-26 修改错误信息

第十步:路基横断面图识别完成后,在路基属性中的"路基编辑"中可以查看截面,如图 5-2-27所示。

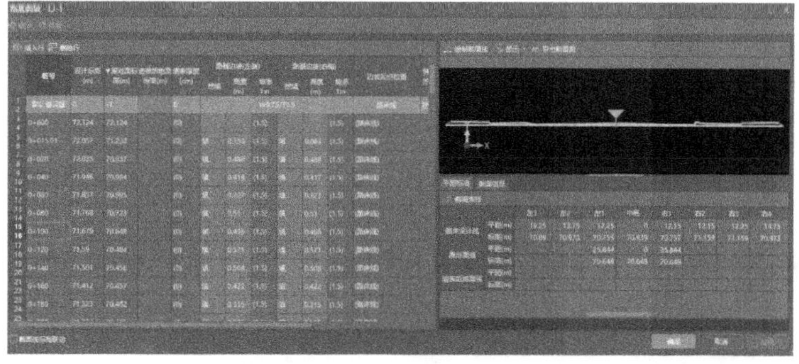

图 5-2-27 路基属性对话框

5.2.8 纵断面法路基建模

2. 纵断面法路基建模

纵断面法路基建模的具体步骤如下：

第一步：完成 CAD 纵断面图纸尺寸校核之后，触发功能，点选路基工具栏中的“识别纵断面”按钮，如图 5-2-28 所示。

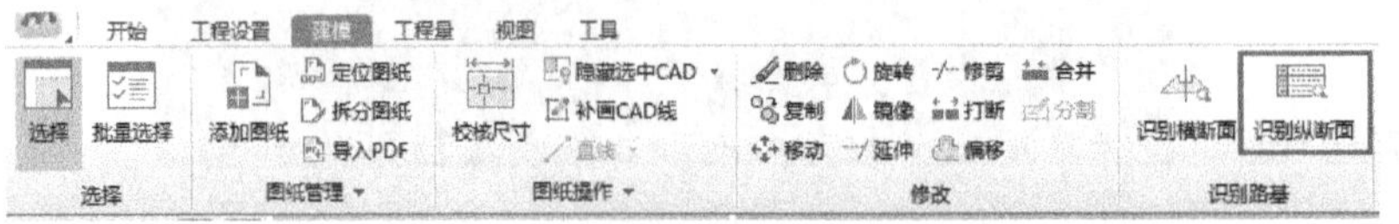

图 5-2-28 识别纵断面

5.2.9 路基编辑

第二步：设置基准行，默认以桩号为基准行，如图 5-2-29 所示。

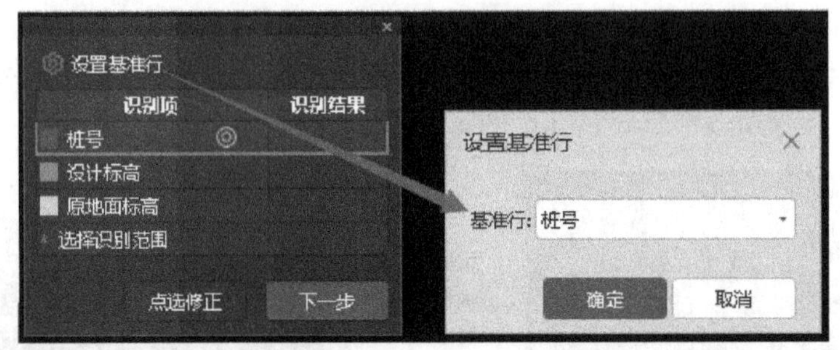

图 5-2-29 设置基准行

第三步：在图纸中选择桩号，选中后以虚实框间隔标识，如图 5-2-30 所示。

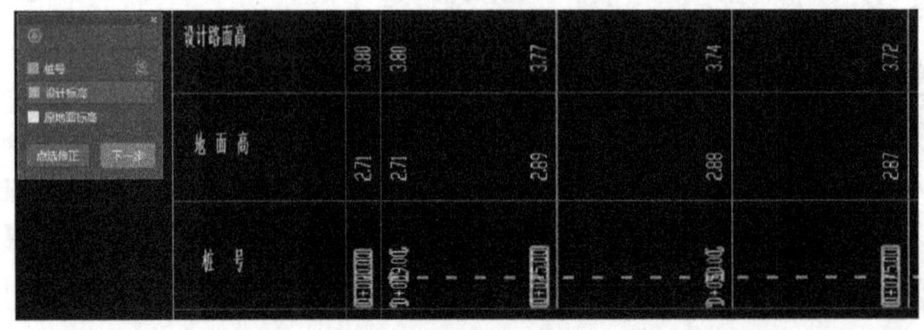

图 5-2-30 选择桩号

第四步：在图纸中选择设计标高、原地面标高，选中后以虚实框间隔标识，如图 5-2-31 所示。

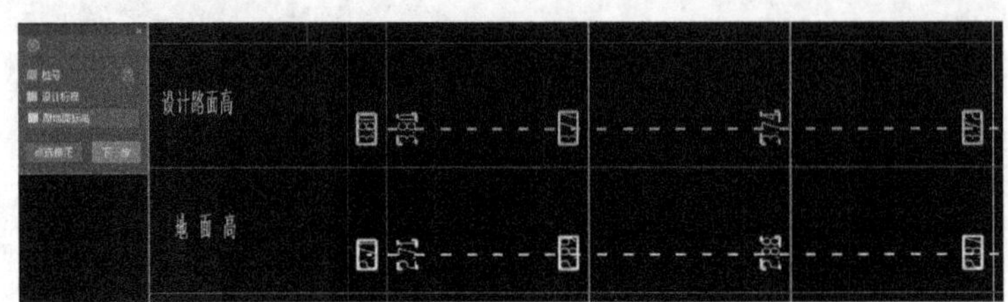

图 5-2-31 选择设计标高、原地面标高

第五步：如果图纸中标识的是清表后的地面标高，则可以在属性编辑器中修改为清表后地面标高，如图 5-2-32 所示。

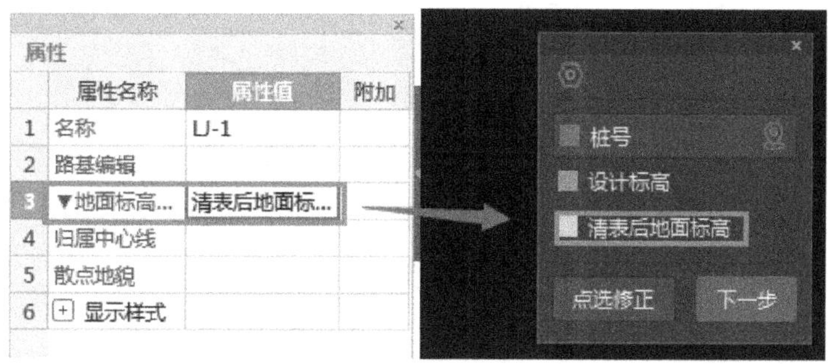

图 5-2-32 属性编辑器中修改属性

第六步：框选要识别的纵断面图表，点击鼠标右键"确认"，如图 5-2-33 所示。

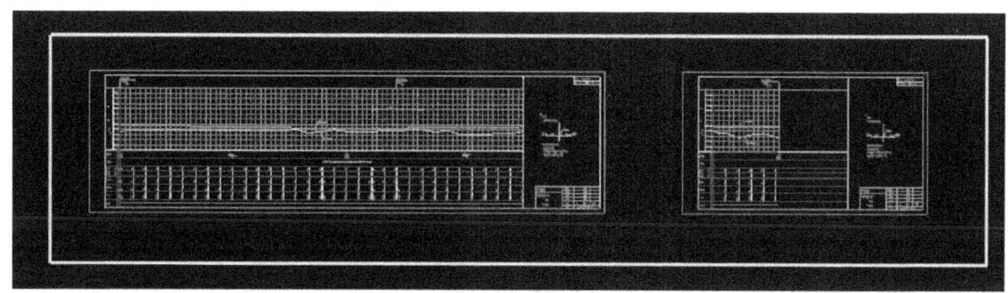

图 5-2-33 框选要识别的纵断面图

第七步：如果有一些数据没有识别到或者识别多了，则点击"点选修正"，点击对应的数据可以补充选择或者取消选择，如图 5-2-34 所示。

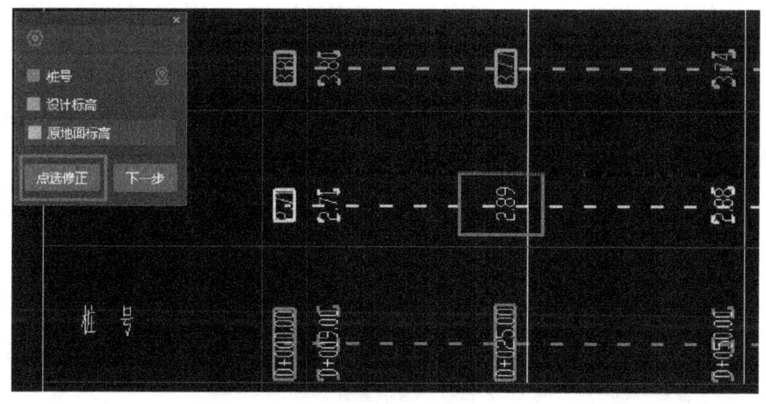

图 5-2-34 点选修正

第八步：如果数据都已经识别完整，则点击"下一步"，可以在窗口中看到所有已经识别的数据，如图 5-2-35 所示。

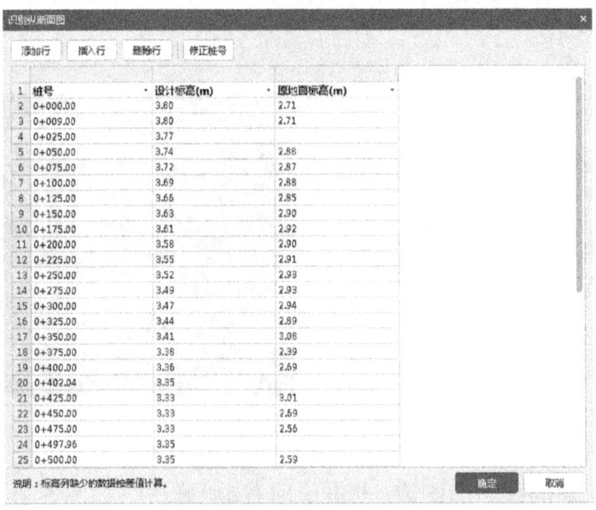

	桩号	设计标高(m)	原地面标高(m)
2	0+000.00	3.80	2.71
3	0+009.00	3.80	2.71
4	0+025.00	3.77	
5	0+050.00	3.74	2.88
6	0+075.00	3.72	2.87
7	0+100.00	3.69	2.88
8	0+125.00	3.66	2.85
9	0+150.00	3.63	2.90
10	0+175.00	3.61	2.92
11	0+200.00	3.58	2.90
12	0+225.00	3.55	2.91
13	0+250.00	3.52	2.93
14	0+275.00	3.49	2.93
15	0+300.00	3.47	2.94
16	0+325.00	3.44	2.89
17	0+350.00	3.41	3.08
18	0+375.00	3.38	2.39
19	0+400.00	3.36	2.69
20	0+402.04	3.35	
21	0+425.00	3.33	3.01
22	0+450.00	3.33	2.69
23	0+475.00	3.33	2.56
24	0+497.96	3.35	
25	0+500.00	3.35	2.59

图 5-2-35　识别纵断面对话框

3. 合法性检查

模型建立后，在汇总计算工程量前，可以通过“合法性检查”功能进行图元的合法性检查，及时发现非法图元，保证模型及计算结果的正确性。具体步骤如下：

第一步：触发功能后，则开始进行合法性检查，如图 5-2-36 所示。

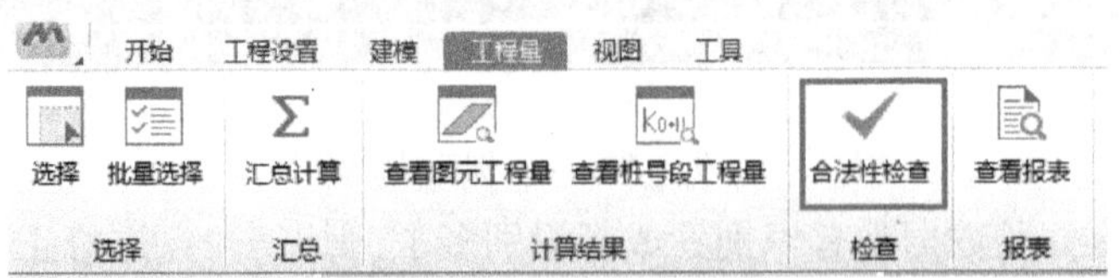

图 5-2-36　合法性检查

第二步：如果存在非法图元，则会弹窗提示，点击错误行可以定位到错误图元，如图 5-2-37 所示。

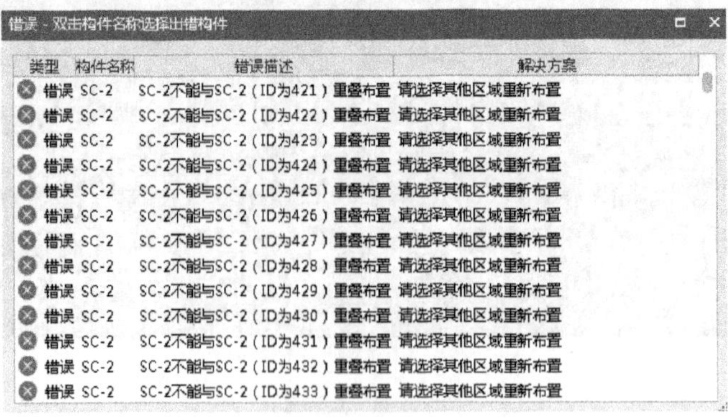

类型	构件名称	错误描述	解决方案
错误	SC-2	SC-2不能与SC-2（ID为421）重叠布置	请选择其他区域重新布置
错误	SC-2	SC-2不能与SC-2（ID为422）重叠布置	请选择其他区域重新布置
错误	SC-2	SC-2不能与SC-2（ID为423）重叠布置	请选择其他区域重新布置
错误	SC-2	SC-2不能与SC-2（ID为424）重叠布置	请选择其他区域重新布置
错误	SC-2	SC-2不能与SC-2（ID为425）重叠布置	请选择其他区域重新布置
错误	SC-2	SC-2不能与SC-2（ID为426）重叠布置	请选择其他区域重新布置
错误	SC-2	SC-2不能与SC-2（ID为427）重叠布置	请选择其他区域重新布置
错误	SC-2	SC-2不能与SC-2（ID为428）重叠布置	请选择其他区域重新布置
错误	SC-2	SC-2不能与SC-2（ID为429）重叠布置	请选择其他区域重新布置
错误	SC-2	SC-2不能与SC-2（ID为430）重叠布置	请选择其他区域重新布置
错误	SC-2	SC-2不能与SC-2（ID为431）重叠布置	请选择其他区域重新布置
错误	SC-2	SC-2不能与SC-2（ID为432）重叠布置	请选择其他区域重新布置
错误	SC-2	SC-2不能与SC-2（ID为433）重叠布置	请选择其他区域重新布置

图 5-2-37　非法图元提示

第三步：如果合法，则会弹出“合法性校验成功”窗口，如图5-2-38所示。

图5-2-38 合法性校验成功

学习任务三 排水工程建模计量

任务描述

请扫描二维码获取排水工程图纸，认真识读该排水工程图的相关内容，根据排水工程建模相关知识的学习，熟悉广联达BIM市政计量软件的基本操作；掌握GMA2021软件的排水工程建模基本流程，完成该排水工程图的模型构建，并进行工程量计算，最后导出报表为Excel文件。

5.3 排水图纸

知识导图

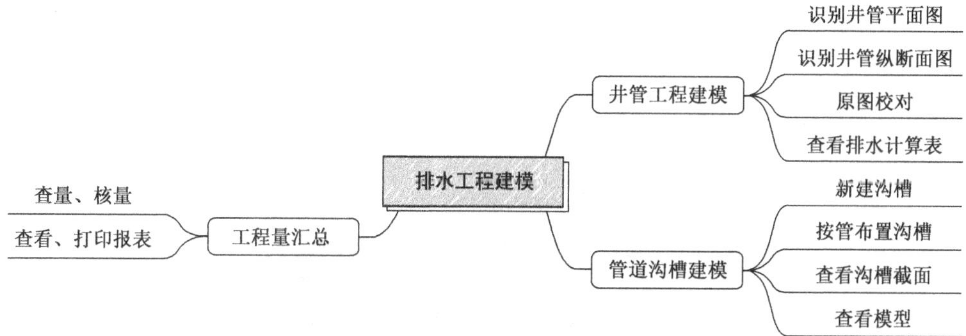

相关知识

排水工程建模主要包括井管工程建模与管道沟槽建模。下面以雨水管道工程为例介绍软件的操作流程。

一、井管工程建模

前期准备工作即添加排水工程图纸、校核尺寸完成后，井管工程建模的操作流程为：识别平面图→识别纵断面图→原图校对→查看排水计算表。

5.3.1 识别排水平面图

1. 识别平面图

首先将图纸切换至排水平面图，然后点击导航栏中的“雨水井”，点击识别菜单中的“识别平面图”按钮，弹出识别平面图对话框，如图 5-3-1 所示。根据对话框提示，在绘图区域点选井图例提取信息，然后点击鼠标右键，命令自动跳转，依次完成提取井编号，提取雨水口图例，提取普通管、连管，提取管径管长等信息，如图 5-3-2 所示。识别完成后点击右键，显示识别结果，如图 5-3-3所示。平面图根据识别结果自动生成雨水井管的平面模型。

图 5-3-1 “识别平面图”对话框

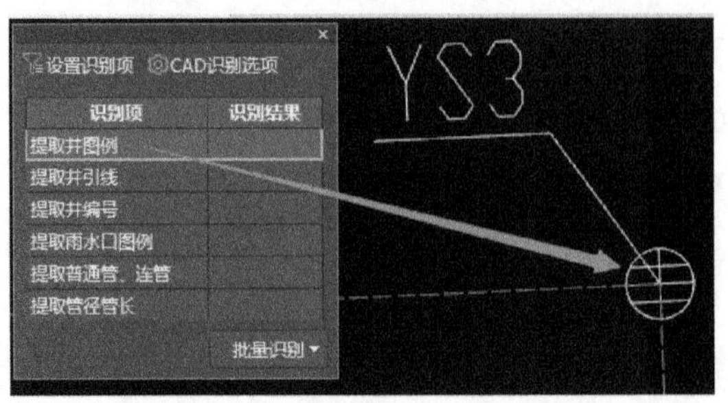

图 5-3-2

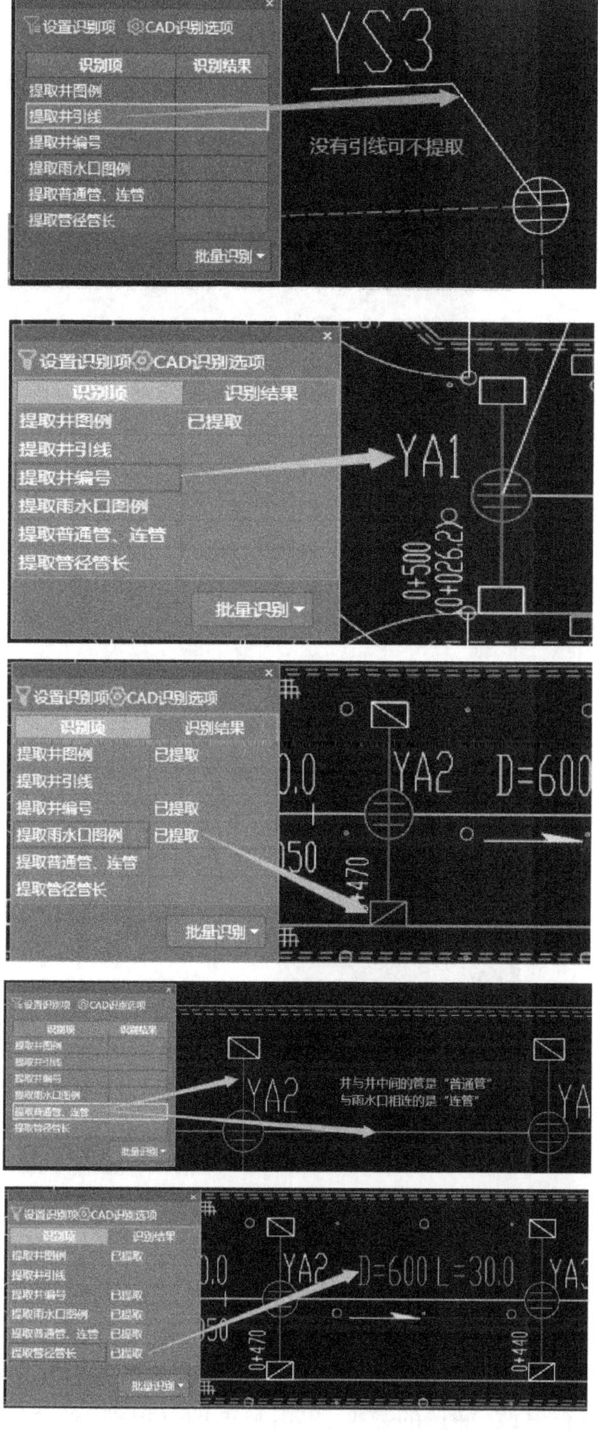

图 5-3-2　识别平面图选项

5.3.2 识别排水纵断面图

图 5-3-3 识别结果

2. 识别纵断面图

将图纸切换到排水纵断面图,点击识别菜单中的“识别纵断面”,弹出“识别纵断面图”对话框,如图 5-3-4 所示。

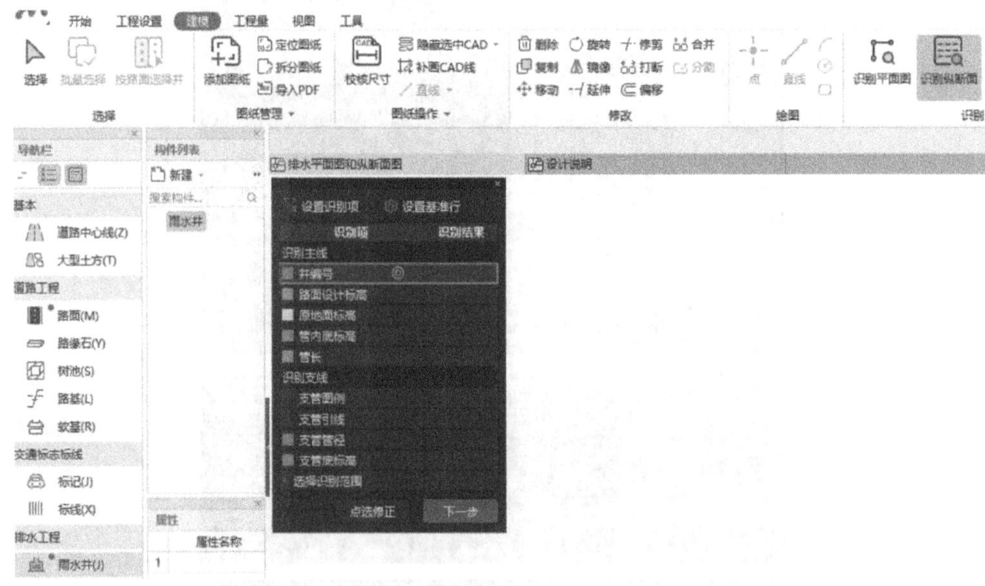

图 5-3-4 “识别纵断面图”对话框

根据对话框提示,在绘图区域点选井编号信息,然后点击鼠标右键,命令自动跳转,依次完成主线、支线信息的提取,如图 5-3-5、图 5-3-6 所示。框选要识别的纵断面图,点击鼠标右键确认,如图 5-3-7 所示。选择完成后,检查识别的数据是否正确,如果出现错误,则点击“点选修正”命令进行修改,漏选的数据,单击数据即可识别,多余的数据单击数据即可取消。最后识别完成且检查正确后,点击“下一步”进入表格窗体,在表格窗体中可查看已经识别的数据,也可以对识别的数据进行编辑,如图 5-3-8 所示。平、纵断面识别完成之后进入原图校对。

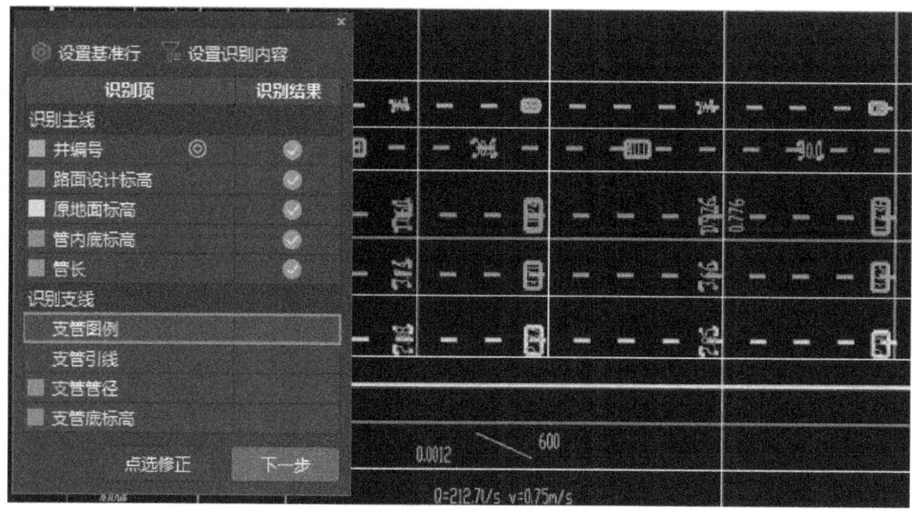

图 5-3-5 识别主线

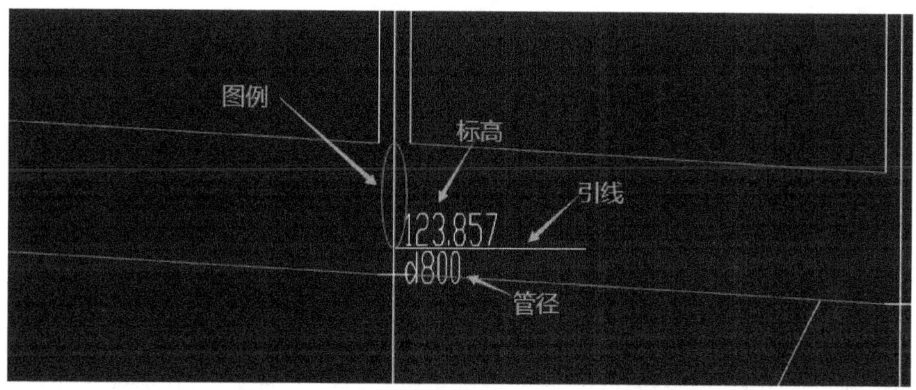

图 5-3-6 识别支线

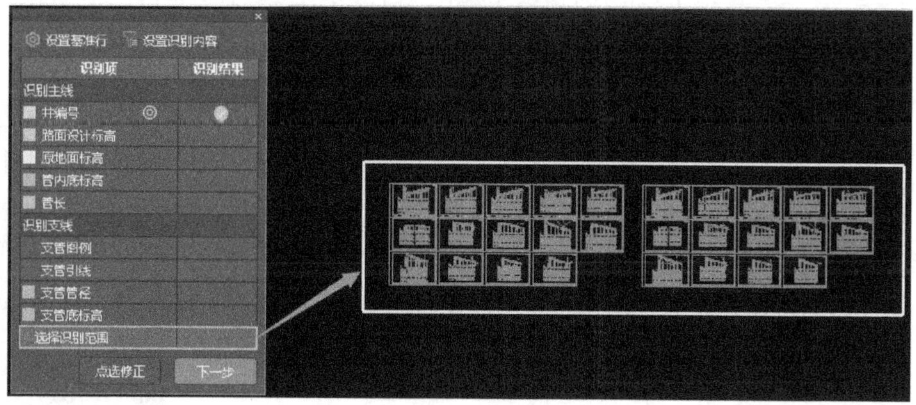

图 5-3-7 框选识别的纵断面图

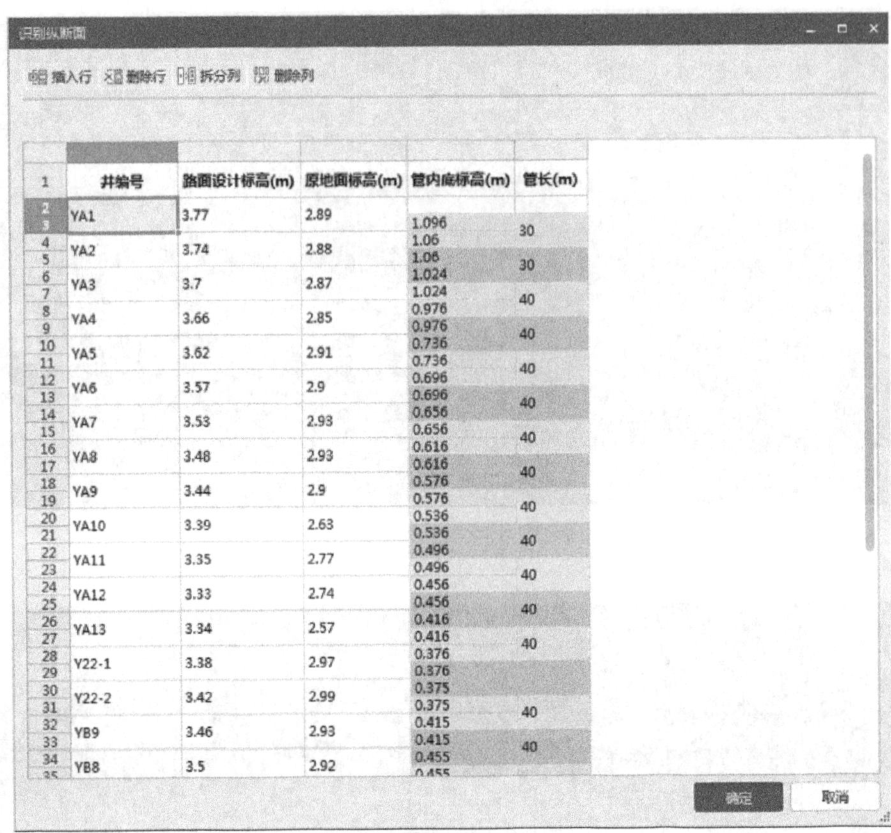

图 5-3-8 识别纵断面表格

3. 原图校对

点击识别菜单中的“原图校对”，弹出“原图校对”对话框，如图 5-3-9 所示。选择需要校对的信息，根据图纸核对图元的信息是否正确，如果不正确，则可以点击标注信息，进入编辑框中进行修改，也可以提取图纸中的信息，修改完成后点击鼠标右键或者 Enter 键确认，如图 5-3-10 所示。

5.3.3 排水原图校对

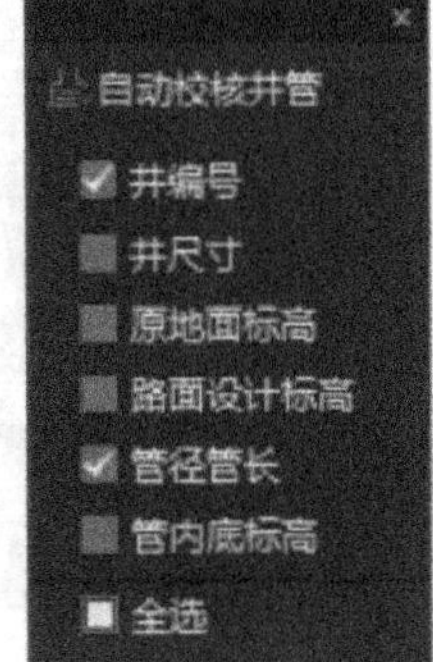

图 5-3-9 “原图校对”对话框

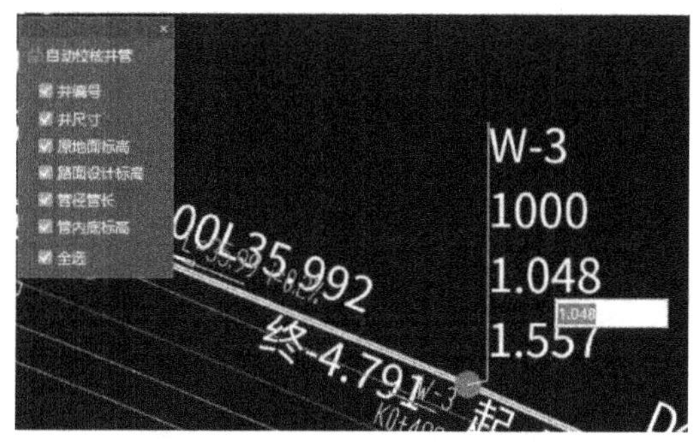

图 5-3-10　编辑框中修改校对

4. 查看排水计算表

5.3.4　查看排水计算表

排水平面图和纵断面图识别完成，校对无误后，点击雨水井二次编辑菜单中的“排水计算表”，弹出“排水计算表”对话框，如图 5-3-11 所示。根据施工图纸信息可在表中补全相关缺失信息，比如管基础图集、管材等。软件内置了云图集，可以根据图纸说明快速选择相关管井图集做法。另外，图中雨水口与雨水井的连管标高未标注的情况，可根据纵断面图中实际接口处的标高以及连管坡度，运用标高反推功能进行标高反推，完善连管标高。

排水计算表

井编号	井图集	井尺寸	类型	用途	落差(m)	跌差(m)	井深(m)	井顶标高(m)	原地面标高(m)	路面设计标高(m)	路床线标高(m)	管内底标高(m)	
YA1 至 YA16													
YA1		3000	(直线)			0	2.409	71.801	70.986	71.801	71.301	69.492	1.1
YA2		3000	(三通)			0.5	2.351	71.623	70.761	71.623	71.123	69.372 69.372	1.1
YA3		3000	(直线)			0	2.293	71.445	70.507	71.445	70.945	69.252 69.252	1.0
YA4		3000	(直线)			0	2.236	71.268	70.457	71.268	70.768	69.132 69.132	1.0
YA5		3000	(三通)			0.5	2.196	71.108	70.424	71.108	70.608	69.012 69.012	0.9
YA6		3000	(直线)			0	2.176	70.968	70.494	70.968	70.468	68.892 68.892	0.9
YA7		3000	(直线)			0	2.173	70.845	70.204	70.845	70.345	68.772 68.772	0.9
YA8		3000	(直线)			0	2.173	70.725	69.961	70.725	70.225	68.652 68.652	0.9
YA9		3000	(三通)			0.5	2.173	70.605	69.895	70.605	70.105	68.532 68.532	0.9
YA10		3000	(直线)			0	2.172	70.484	69.936	70.484	69.744	68.412 68.412	0.9
YA11		3000	(三通)			0.2	2.388	70.338	70.072	70.338	69.838	68.27 68.07	0.9
YA12		3000	(直线)			0	2.385	70.215	70.122	70.215	70.215	67.95 67.95	0.9
												67.83	

图 5-3-11　排水计算表

二、管道沟槽建模

1. 新建沟槽

点击导航栏中的“沟槽”按钮，在“构件列表”中点击“新建”，新建沟槽，根据图纸具体情况，确定新建单级沟槽，再根据图纸及施工组织计划的相关作业要求对沟槽属性进行修改。具体修改信息主要包括：作业方式、左右开挖方式、左右工作面宽、左右放坡系数、挖方土质定义等,如图 5-3-12 所示。

图 5-3-12 新建沟槽

2. 按管布置沟槽

沟槽属性设置完成后,在布置沟槽菜单栏中点击“按管布置沟槽”按钮,如图 5-3-13 所示。在绘图区域选择要生成沟槽的雨水管图元(可按快捷键 F3 批量选择),点击鼠标右键确认后,在对应的管位置下便可自动生成沟槽图元,如图 5-3-14 所示。

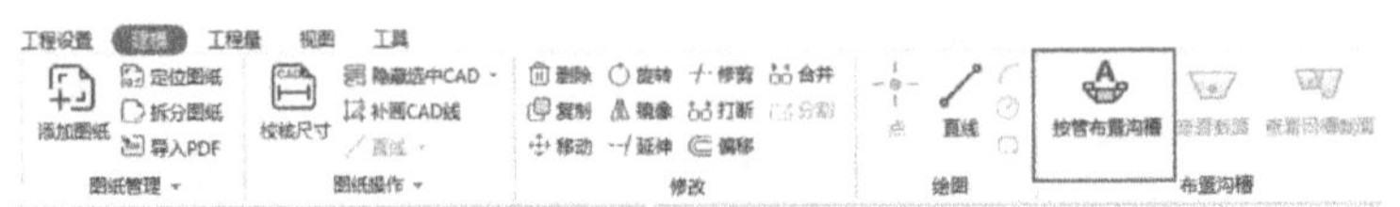

图 5-3-13 按管布置沟槽

5.3.5 按管布置沟槽

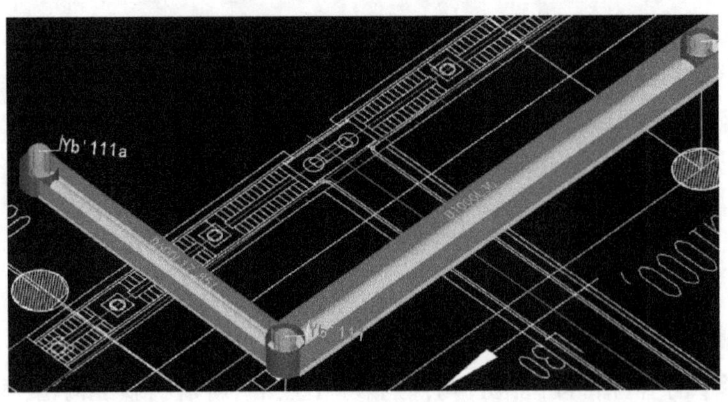

图 5-3-14 生成沟槽图元

3. 查看沟槽截面

生成沟槽图元后，还可以根据需要查看沟槽的截面，点击布置沟槽菜单中的“查看截面”按钮，然后在绘图区域中点击所要查看的构件，即可在绘图区域中查看沟槽截面，如图 5-3-15 所示。

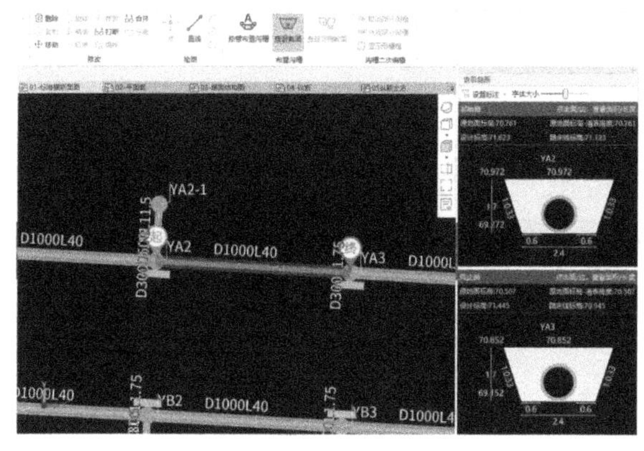

5.3.6 查看沟槽截面

图 5-3-15 生成沟槽及查看截面

4. 查看模型

根据工程图纸信息，整个雨水管道工程模型创建完成后，通过视图菜单中的“动态观察”即可检查管道模型是否完整正确，如图 5-3-16 所示。

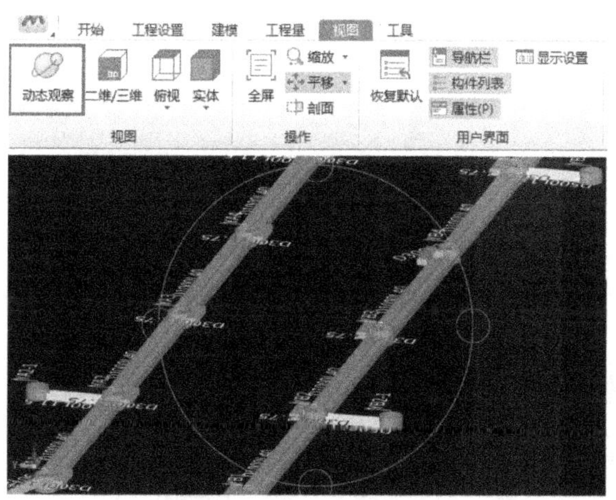

图 5-3-16 动态观察管道模型

三、工程量汇总

5.3.7 汇总计算与查看报表

1. 查量、核量

各专业建模完成之后，可以通过“汇总计算”查看工程量，具体步骤如下：

第一步:触发功能,如图5-3-17所示。

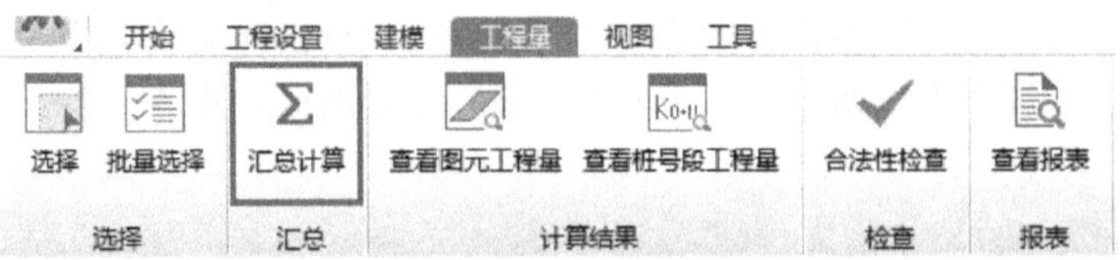

图5-3-17 汇总计算

第二步:选择要计算工程量的构件类型。点击"选择工程量",可以分别设置要计算并显示的清单、定额工程量,如图5-3-18所示。

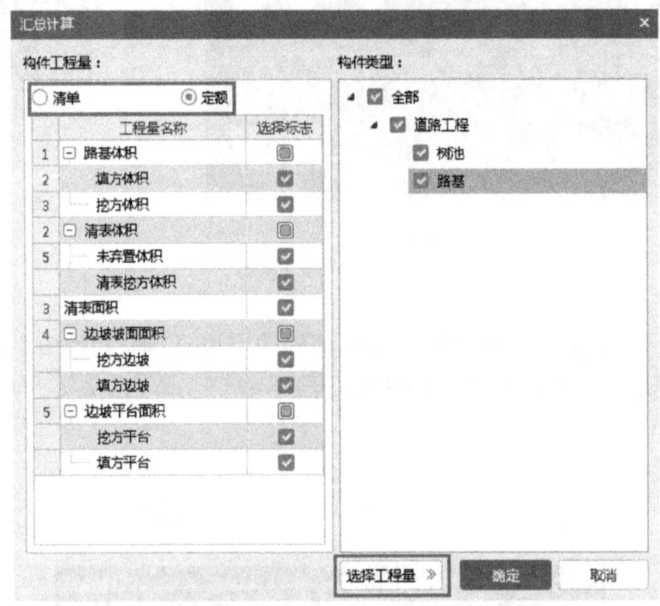

图5-3-18 选择工程量

在核对工程量时,可以通过"查看图元工程量"功能查看单个或多个图元的清单、定额工程量,其步骤如下:

第一步:触发功能,如图5-3-19所示。

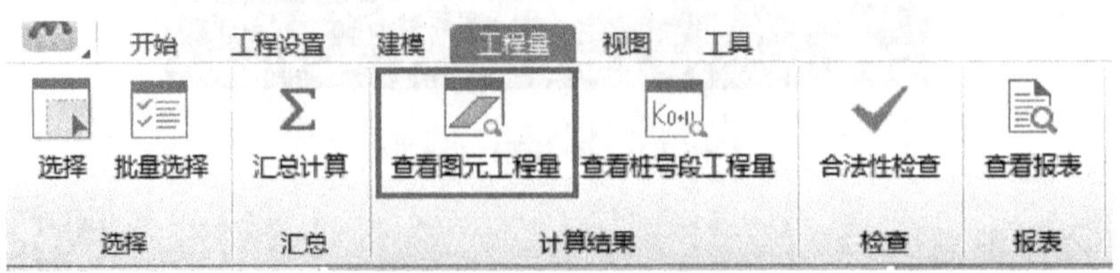

图5-3-19 查看图元工程量

第二步:选择要查看工程量的图元。以路基为例,点击单元格,表头上方显示工程量计算表达式。框选多个单元格,表头上方显示合计工程量,方便按桩号段核对工程量,如图5-3-20所示。

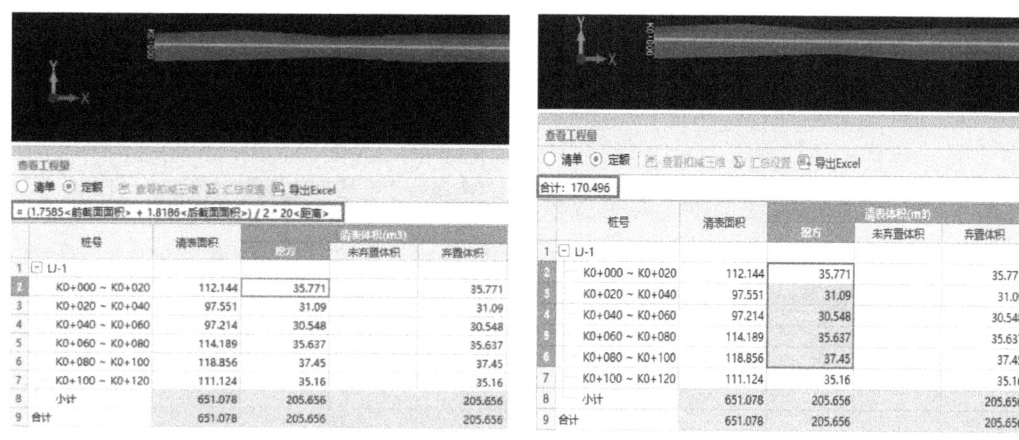

图 5-3-20　查看路基工程量

在核对工程量时，也可以通过“查看桩号段工程量”功能查看桩号段内图元的清单、定额工程量。具体步骤如下：

第一步：触发功能，如图 5-3-21 所示。

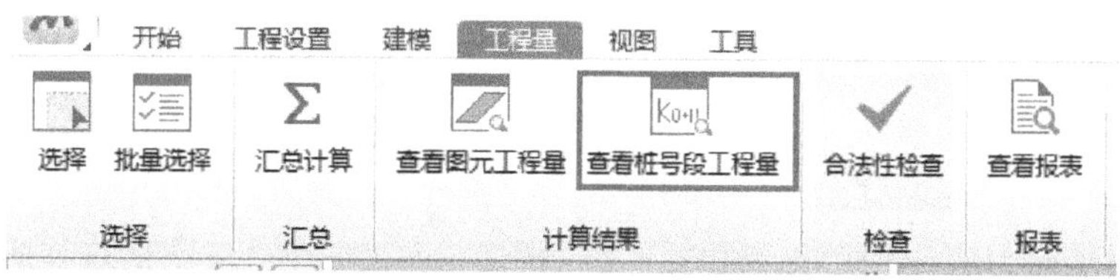

图 5-3-21　查看桩号段工程量

第二步：点击“选择桩号段”功能，查看选择的桩号段内的工程量及表达式，如图 5-3-22 所示。

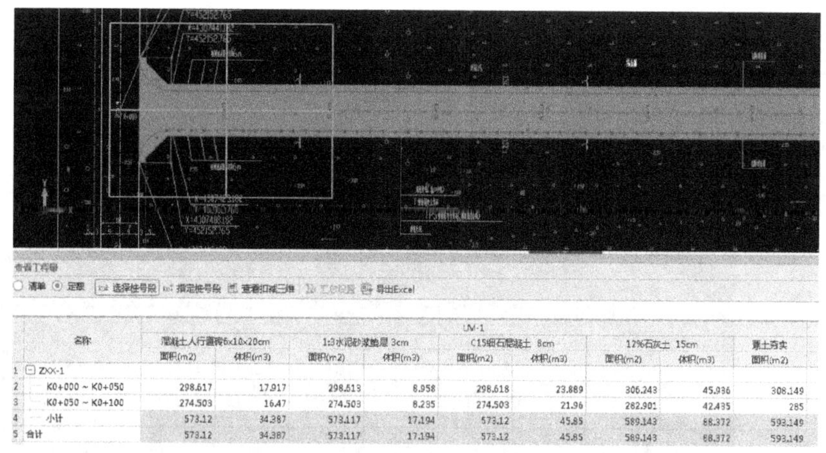

图 5-3-22　选择桩号段

第三步：点击“指定桩号段”功能，可批量选择桩号段，并查看工程量及表达式，如图 5-3-23 所示。

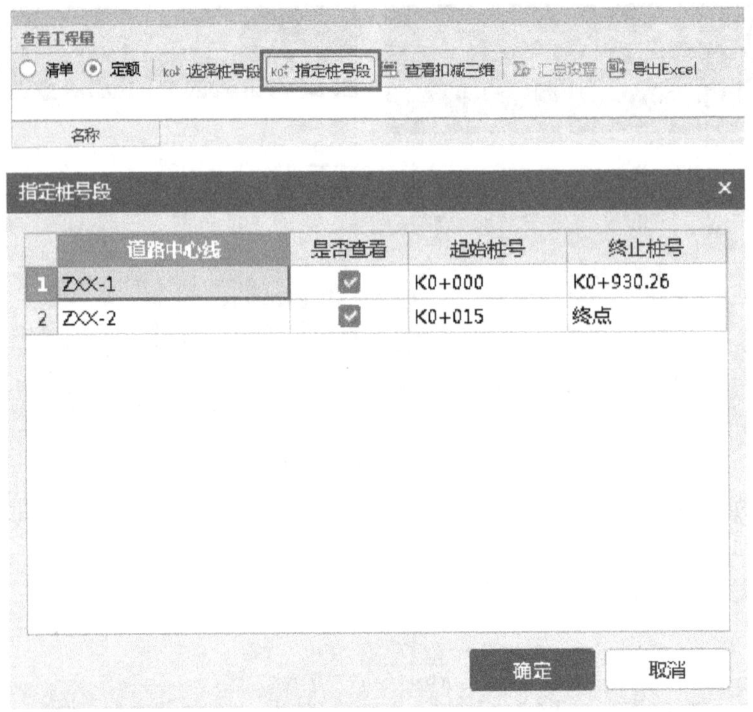

图 5-3-23　指定桩号段

第四步：以路面为例，点击“查看扣减三维”按钮，可以查看路面模型与其他构件模型的扣减关系，可更直观地查量对量，如图 5-3-24 所示。

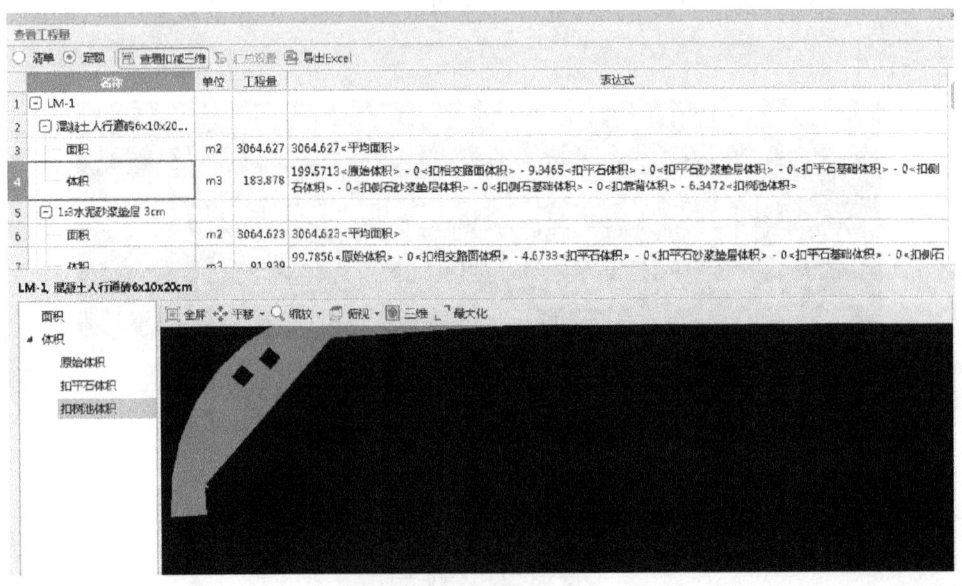

图 5-3-24　查看扣减三维

第五步:以路缘石为例,点击"汇总设置",可以按照不同的汇总条件汇总出量,如图 5-3-25 所示。

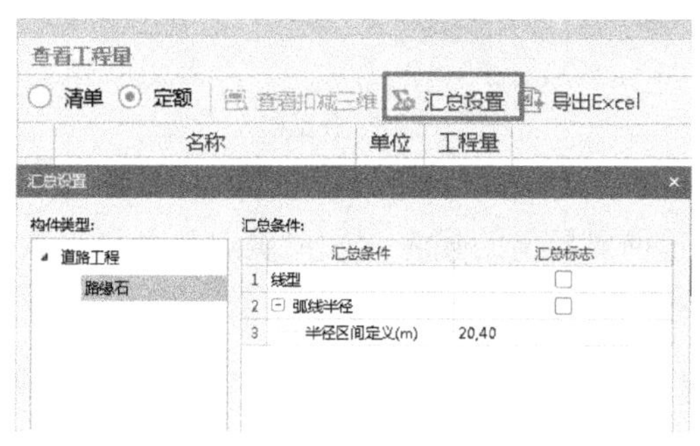

图 5-3-25 汇总设置

第六步:点击"导出 Excel",可以将当前的工程量导出为表格,如图 5-3-26 所示。

图 5-3-26 导出 Excel

2. 查看打印报表

查量、核量工作完成后,可以通过工程量菜单下的"查看报表"命令查看工程量表。通过设置不同构件类型的汇总条件,汇总出量,并显示在报表中,如图 5-3-27 所示。同时,根据需要可以选择表格模式或预览模式的报表。预览模式下可以调整报表显示的缩放比例,如图 5-3-28所示。

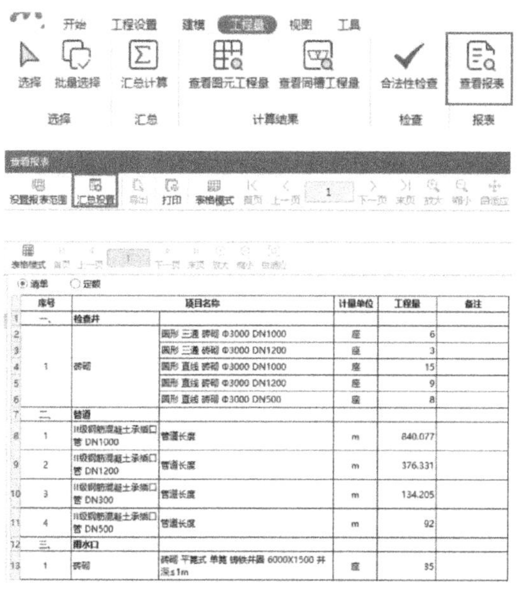

	序号	项目名称		计量单位	工程量	备注
1	一、	检查井				
2	1	砖砌	圆形 三通 砖砌 Φ3000 DN1000	座	6	
3			圆形 三通 砖砌 Φ3000 DN1200	座	3	
4			圆形 直线 砖砌 Φ3000 DN1000	座	15	
5			圆形 直线 砖砌 Φ3000 DN1200	座	9	
6			圆形 直线 砖砌 Φ3000 DN500	座	8	
7	二、	管道				
8	1	II级钢筋混凝土承插口管 DN1000	管道长度	m	840.077	
9	2	II级钢筋混凝土承插口管 DN1200	管道长度	m	376.331	
10	3	II级钢筋混凝土承插口管 DN300	管道长度	m	134.205	
11	4	II级钢筋混凝土承插口管 DN500	管道长度	m	92	
12	三、	雨水口				
13	1	砖砌	砖砌 平箅式 单箅 铸铁井圈 6000X1500 井深≤1m	座	35	

图 5-3-27 查看报表

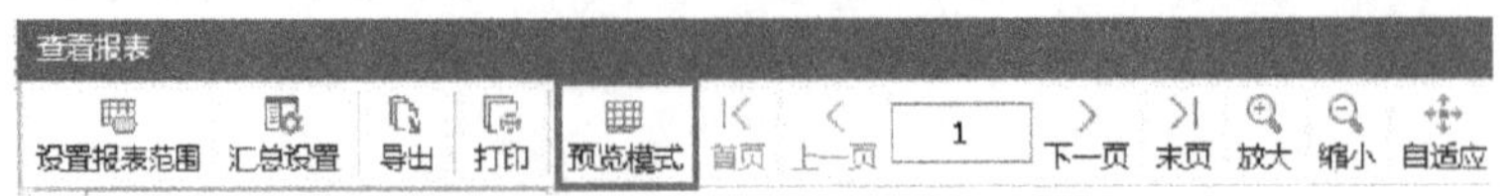

图 5-3-28 预览模式

最后可导出报表为 Excel 文件，用于对量及文件传递、备案等。导出的报表，可以选择清单或定额两种不同模式。选择要导出的报表，点击“确定”，选择报表的保存路径，点击“保存”后即可完成保存，如图 5-3-29 所示。

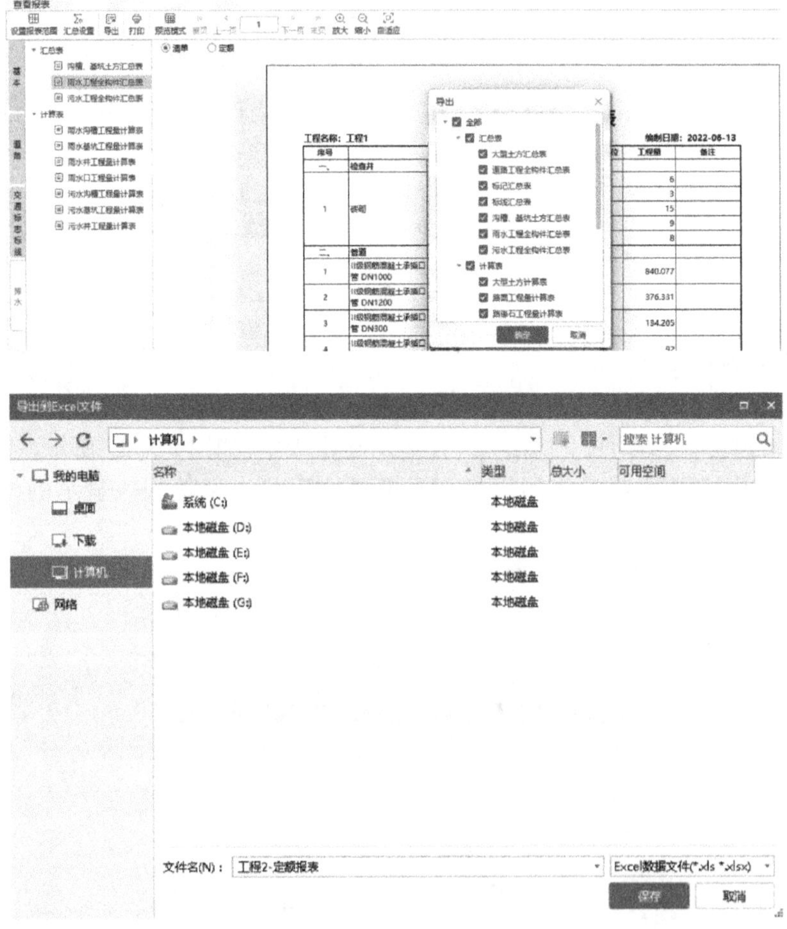

图 5-3-29 导出保存报表

任务实施

请结合某大街施工图进行软件操作练习。

任务总结与评价

<table>
<tr><td colspan="2">姓名</td><td></td><td>学号</td><td></td><td>成绩</td><td colspan="2"></td></tr>
<tr><td colspan="2">任务名称</td><td colspan="6">BIM 市政计量 GMA2021 软件应用</td></tr>
<tr><td colspan="4">评价内容</td><td>优秀</td><td>良好</td><td>合格</td><td>继续努力</td></tr>
<tr><td rowspan="3">任务实施</td><td>知识点一</td><td colspan="2">了解市政计量 GMA2021 软件计量的基本原理和特点</td><td></td><td></td><td></td><td></td></tr>
<tr><td>知识点二</td><td colspan="2">掌握软件道路工程建模的基本流程及方法</td><td></td><td></td><td></td><td></td></tr>
<tr><td>知识点三</td><td colspan="2">掌握软件排水工程建模的基本流程及方法</td><td></td><td></td><td></td><td></td></tr>
<tr><td colspan="2">总结收获</td><td colspan="6"></td></tr>
<tr><td colspan="2">任务综合评价</td><td colspan="6"></td></tr>
</table>

附录　市政工程清单项目及工程量计算规则

说明:以下附表均引自《市政工程工程量计算规范》(BG 50857—2013),本书保留其编号方式。

附表 A　土石方工程

土方工程(编号:040101)　　　　表 A.1

<table>
<tr><th>项目编码</th><th>项目名称</th><th>项目特征</th><th>计量单位</th><th>工程量计算规则</th><th>工作内容</th></tr>
<tr><td>040101001</td><td>挖一般土方</td><td rowspan="3">1. 土壤类别
2. 挖土深度</td><td rowspan="5">m³</td><td>按设计图示尺寸以体积计算</td><td rowspan="3">1. 排地表水
2. 土方开挖
3. 围护(挡土板)及拆除
4. 基底钎探
5. 场内运输</td></tr>
<tr><td>040101002</td><td>挖沟槽土方</td><td rowspan="2">按设计图示尺寸以基础垫层底面积乘以挖土深度计算</td></tr>
<tr><td>040101003</td><td>挖基坑土方</td></tr>
<tr><td>040101004</td><td>暗挖土方</td><td>1. 土壤类别
2. 平洞、斜洞(坡度)
3. 运距</td><td>按设计图示断面乘以长度以体积计算</td><td>1. 排地表水
2. 土方开挖
3. 场内运输</td></tr>
<tr><td>040101005</td><td>挖淤泥、流砂</td><td>1. 挖掘深度
2. 运距</td><td>按设计图示位置、界限以体积计算</td><td>1. 开挖
2. 运输</td></tr>
</table>

注:1. 沟槽、基坑、一般土方的划分为:底宽≤7m 且底长 >3 倍底宽为沟槽;底长≤3 倍底宽且底面积≤150m² 为基坑;超出上述范围则为一般土方。
2. 土壤的分类应按表 A.1-1 确定。
3. 如土壤类别不能准确划分时,招标人可注明为综合,由投标人根据地勘报告决定报价。
4. 土方体积应按挖掘前的天然密实体积计算。
5. 挖沟槽、基坑土方中的挖土深度,一般指原地面标高至槽、坑底的平均高度。
6. 挖沟槽、基坑、一般土方因工作面和放坡增加的工程量,是否并入各土方工程量中,按各省、自治区、直辖市或行业建设主管部门的规定实施。如并入各土方工程量中,编制工程量清单时,可按表 A.1-2、表 A.1-3 的规定计算;办理工程结算时,按经发包人认可的施工组织设计规定计算。
7. 挖沟槽、基坑、一般土方和暗挖土方清单项目的工作内容中仅包括了土方场内平衡所需的运输费用,如需土方外运时,按 040103002"余方弃置"项目编码列项。
8. 挖方出现流砂、淤泥时,如设计未明确,在编制工程量清单时,其工程量可为暂估值。结算时,应根据实际情况由发包人与承包人双方现场签证确认工程量。
9. 挖淤泥、流砂的运距可以不描述,但应注明由投标人根据施工现场实际情况自行考虑决定报价。

土壤分类表　　　　表 A.1-1

土壤分类	土壤名称	开挖方法
一、二类土	粉土、砂土(粉砂、细砂、中砂、粗砂、砾砂)、粉质黏土、弱～中盐渍土、软土(淤泥质土、泥炭、泥炭质土)、软塑红黏土、冲填土	用锹,少许用镐、条锄开挖。机械能全部直接铲挖满载者
三类土	黏土、碎石土(圆砾、角砾)、混合土、可塑与硬塑红黏土、强盐渍土、素填土、压实填土	主要用镐、条锄,少许用锹开挖。机械需部分刨松方能铲挖满载者或可直接铲挖但不能满载者
四类土	碎石土(卵石、碎石、漂石、块石)、坚硬红黏土、超盐渍土、杂填土	全部用镐、条锄挖掘,少许用撬棍挖掘。机械需普遍刨松方能铲挖满载者

放坡系数表

表 A.1-2

土壤类别	放坡起点(m)	人工开挖	机械开挖		
			在沟槽、坑内作业	在沟槽侧、坑边上作业	顺沟槽方向坑上作业
一、二类土	1.20	1:0.50	1:0.33	1:0.75	1:0.50
三类土	1.50	1:0.33	1:0.25	1:0.67	1:0.33
四类土	2.00	1:0.25	1:0.10	1:0.33	1:0.25

注:1. 沟槽、基坑中土类别不同时,分别按其放坡起点、放坡系数,依不同土类别厚度加权平均计算。

2. 计算放坡时,在交接处的重复工程量不予扣除,原槽、坑做基础垫层时,放坡自垫层上表面开始计算。

管沟施工每侧所需作面宽度计算表(单位:mm)

表 A.1-3

管道结构宽度	混凝土管道基础 90°	混凝土管道基础 >90°	金属管道	构筑物	
				无防潮层	有防潮层
500 以内	400	400	300	400	600
1000 以内	500	500	400		
2500 以内	600	500	400		
2500 以上	700	600	500		

注:管道结构宽:有管座按管道基础外缘计算,无管座按管道外径计算;构筑物按基础外缘计算。

石方工程(编号:040102)

表 A.2

项目编码	项目名称	项目特征	计量单位	工程量计算规则	工作内容
040102001	挖一般石方	1. 岩石类别 2. 开凿深度	m^3	按设计图示尺寸以体积计算	1. 排地表水 2. 石方开凿 3. 修整底、边 4. 场内运输
040102002	挖沟槽石方			按设计图示尺寸以基础垫层底面积乘以挖石深度计算	
040102003	挖基坑石方				

注:1. 沟槽、基坑、一般石方的划分为:底宽≤7m 且底长 >3 倍底宽为沟槽;底长≤3 倍底宽且底面积≤150m^2 为基坑;超出上述范围则为一般石方。

2. 岩石的分类应按表 A.2-1 确定。

3. 石方体积应按挖掘前的天然密实体积计算。

4. 挖沟槽、基坑、一般石方因工作面和放坡增加的工程量,是否并入各石方工程量中,按各省、自治区、直辖市或行业建设主管部门的规定实施。如并入各石方工程量中,编制工程量清单时,其所需增加的工程数量可为暂估值,且在清单项目中予以注明;办理工程结算时,按经发包人认可的施工组织设计规定计算。

5. 挖沟槽、基坑、一般石方清单项目的工作内容中仅包括了石方场内平衡所需的运输费用,如需石方外运时,按 040103002"余方弃置"项目编码列项。

6. 石方爆破按现行国家标准《爆破工程工程量计算规范》(GB 50862)相关项目编码列项。

岩石分类表 表 A.2-1

<table>
<tr><th colspan="2">岩石分类</th><th>代表性岩石</th><th>开挖方法</th></tr>
<tr><td colspan="2">极软岩</td><td>1. 全风化的各种岩石
2. 各种半成岩</td><td>部分用手凿工具、部分用爆破法开挖</td></tr>
<tr><td rowspan="2">软质岩</td><td>软岩</td><td>1. 强风化的坚硬岩或较硬岩
2. 中等风化～强风化的较软岩
3. 未风化～微风化的页岩、泥岩、泥质砂岩等</td><td>用风镐和爆破法开挖</td></tr>
<tr><td>较软岩</td><td>1. 中等风化～强风化的坚硬岩或较硬岩
2. 未风化～微风化的凝灰岩、千枚岩、泥灰岩、砂质泥岩等</td><td rowspan="3">用爆破法开挖</td></tr>
<tr><td rowspan="2">硬质岩</td><td>较硬岩</td><td>1. 微风化的坚硬岩
2. 未风化～微风化的大理岩、板岩、石灰岩、白云岩、钙质砂岩等</td></tr>
<tr><td>坚硬岩</td><td>未风化～微风化的花岗岩、闪长岩、辉绿岩、玄武岩、安山岩、片麻岩、石英岩、石英砂岩、硅质砾岩、硅质石灰岩等</td></tr>
</table>

回填方及土石运输(编号:040103) 表 A.3

<table>
<tr><th>项目编码</th><th>项目名称</th><th>项目特征</th><th>计量单位</th><th>工程量计算规则</th><th>工作内容</th></tr>
<tr><td>040103001</td><td>回填方</td><td>1. 密实度要求
2. 填方材料品种
3. 填方粒径要求
4. 填方来源、运距</td><td rowspan="2">m^3</td><td>1. 按挖方清单项目工程量加原地面线至设计要求标高间的体积，减基础、构筑物等埋入体积计算
2. 按设计图示尺寸以体积计算</td><td>1. 运输
2. 回填
3. 压实</td></tr>
<tr><td>040103002</td><td>余方弃置</td><td>1. 废弃料品种
2. 运距</td><td>按挖方清单项目工程量减利用回填方体积(正数)计算</td><td>余方点装料运输至弃置点</td></tr>
</table>

注:1. 填方材料品种为土时,可以不描述。
2. 填方粒径,在无特殊要求情况下,项目特征可以不描述。
3. 对于沟、槽坑等开挖后再进行回填方的清单项目,其工程量计算规则按第1条确定;场地填方等按第2条确定。其中,对工程量计算规则1,当原地面线高于设计要求标高时,则其体积为负值。
4. 回填方总工程量中若包括场内平衡和缺方内运两部分时,应分别编码列项。
5. 余方弃置和回填方的运距可以不描述,但应注明由投标人根据施工现场实际情况自行考虑决定报价。
6. 回填方如需缺方内运,且填方材料品种为土方时,是否在综合单价中计入购买土方的费用,由投标人根据工程实际情况自行考虑决定报价。

附表 B 道路工程

路基处理(编号:040201)　　表 B.1

项目编码	项目名称	项目特征	计量单位	工程量计算规则	工作内容
040201001	预压地基	1. 排水竖井种类、断面尺寸、排列方式、间距、深度 2. 预压方法 3. 预压荷载、时间 4. 砂垫层厚度	m^2	按设计图示尺寸以加固面积计算	1. 设置排水竖井、盲沟、滤水管 2. 铺设砂垫层、密封膜 3. 堆载、卸载或抽气设备安拆、抽真空 4. 材料运输
040201002	强夯地基	1. 夯击能量 2. 夯击遍数 3. 地耐力要求 4. 夯填材料种类			1. 铺设夯填材料 2. 强夯 3. 夯填材料运输
040201003	振冲密实(不填料)	1. 地层情况 2. 振密深度 3. 孔距 4. 振冲器功率			1. 振冲加密 2. 泥浆运输
040201004	掺石灰	含灰量	m^3	按设计图示尺寸以体积计算	1. 掺石灰 2. 夯实
040201005	掺干土	1. 密实度 2. 掺土率			1. 掺干土 2. 夯实
040201006	掺石	1. 材料品种、规格 2. 掺石率			1. 掺石 2. 夯实
040201007	抛石挤淤	材料品种、规格			1. 抛石挤淤 2. 填塞垫平、压实
040201008	袋装砂井	1. 直径 2. 填充料品种 3. 深度	m	按设计图示尺寸以长度计算	1. 制作砂袋 2. 定位沉管 3. 下砂袋 4. 拔管
040201009	塑料排水板	材料品种、规格			1. 安装排水板 2. 沉管插板 3. 拔管
040201010	振冲桩(填料)	1. 地层情况 2. 空桩长度、桩长 3. 桩径 4. 填充材料种类	1. m 2. m^3	1. 以米计量,按设计图示尺寸以桩长计算 2. 以立方米计量,按设计桩截面乘以桩长以体积计算	1. 振冲成孔、填料、振实 2. 材料运输 3. 泥浆运输
040201011	砂石桩	1. 地层情况 2. 空桩长度、桩长 3. 桩径 4. 成孔方法 5. 材料种类、级配		1. 以米计量,按设计图示尺寸以桩长(包括桩尖)计算 2. 以立方米计量,按设计桩截面乘以桩长(包括桩尖)以体积计算	1. 成孔 2. 填充、振实 3. 材料运输

续上表

项目编码	项目名称	项 目 特 征	计量单位	工程量计算规则	工 作 内 容
040201012	水泥粉煤灰碎石桩	1. 地层情况 2. 空桩长度、桩长 3. 桩径 4. 成孔方法 5. 混合料强度等级	m	按设计图示尺寸以桩长(包括桩尖)计算	1. 成孔 2. 混合料制作、灌注、养护 3. 材料运输
040201013	深层水泥搅拌桩	1. 地层情况 2. 空桩长度、桩长 3. 桩截面尺寸 4. 水泥强度等级、掺量		按设计图示尺寸以桩长计算	1. 预搅下钻、水泥浆制作、喷浆搅拌提升成桩 2. 材料运输
040201014	粉喷桩	1. 地层情况 2. 空桩长度、桩长 3. 桩径 4. 粉体种类、掺量 5. 水泥强度等级、石灰粉要求			1. 预搅下钻、喷粉搅拌提升成桩 2. 材料运输
040201015	高压水泥旋喷桩	1. 地层情况 2. 空桩长度、桩长 3. 桩截面 4. 旋喷类型、方法 5. 水泥强度等级、掺量			1. 成孔 2. 水泥浆制作、高压旋喷注浆 3. 材料运输
040201016	石灰桩	1. 地层情况 2. 空桩长度、桩长 3. 桩径 4. 成孔方法 5. 掺合料种类、配合比		按设计图示尺寸以桩长(包括桩尖)计算	1. 成孔 2. 混合料制作、运输、夯填
040201017	灰土(砂)挤密桩	1. 地层情况 2. 空桩长度、桩长 3. 桩径 4. 成孔方法 5. 灰土级配			1. 成孔 2. 灰土拌和、运输、填充、夯实
040201018	柱锤冲扩桩	1. 地层情况 2. 空桩长度、桩长 3. 桩径 4. 成孔方法 5. 桩体材料种类、配合比		按设计图示尺寸以桩长计算	1. 安拔套管 2. 冲孔、填料、夯实 3. 桩体材料制作、运输
040201019	地基注浆	1. 地层情况 2. 成孔深度、间距 3. 浆液种类及配合比 4. 注浆方法 5. 水泥强度等级、用量	1. m 2. m^3	1. 以米计量,按设计图示尺寸以深度计算 2. 以立方米计量,按设计图示尺寸以加固体积计算	1. 成孔 2. 注浆导管制作、安装 3. 浆液制作、压浆 4. 材料运输

续上表

项目编码	项目名称	项 目 特 征	计量单位	工程量计算规则	工 作 内 容
040201020	褥垫层	1. 厚度 2. 材料品种、规格及比例	1. m^2 2. m^3	1. 以平方米计算，按设计图示尺寸以铺设面积计算 2. 以立方米计量，按设计图示尺寸以铺设体积计算	1. 材料拌和、运输 2. 铺设 3. 压实
040201021	土工合成材料	1. 材料品种、规格 2. 搭接方式	m^2	按设计图示以面积计算	1. 基层整平 2. 铺设 3. 固定
040201022	排水沟、截水沟	1. 断面尺寸 2. 基础、垫层：材料品种、厚度 3. 砌体材料 4. 砂浆强度等级 5. 伸缩缝填塞 6. 盖板材质、规格	m	按设计图示以长度计算	1. 模板制作、安装、拆除 2. 基础、垫层铺筑 3. 混凝土拌和、运输、浇筑 4. 侧墙浇捣或砌筑 5. 勾缝、抹面 6. 盖板安装
040201023	盲沟	1. 材料品种、规格 2. 断面尺寸			铺筑

道 路 基 层（编号：040202） 表 B. 2

项目编码	项目名称	项 目 特 征	计量单位	工程量计算规则	工 作 内 容
040202001	路床（槽）整形	1. 部位 2. 范围	m^2	按设计道路底基层图示尺寸以面积计算，不扣除各类井所占面积	1. 放样 2. 整修路拱 3. 碾压成型
040202002	石灰稳定土	1. 含灰量 2. 厚度		按设计图示尺寸以面积计算，不扣除各类井所占面积	1. 拌和 2. 运输 3. 铺筑 4. 找平 5. 碾压 6. 养护
040202003	水泥稳定土	1. 水泥含量 2. 厚度			
040202004	石灰、粉煤灰、土	1. 配合比 2. 厚度			
040202005	石灰、碎石、土	1. 配合比 2. 碎石规格 3. 厚度			
040202006	石灰、粉煤灰、碎（砾）石	1. 配合比 2. 碎（砾）石规格 3. 厚度			
040202007	粉煤灰	厚度			
040202008	矿渣				

续上表

项目编码	项目名称	项 目 特 征	计量单位	工程量计算规则	工 作 内 容
040202009	砂砾石	1. 石料规格 2. 厚度	m^2	按设计图示尺寸以面积计算，不扣除各类井所占面积	1. 拌和 2. 运输 3. 铺筑 4. 找平 5. 碾压 6. 养护
040202010	卵石				
040202011	碎石				
040202012	块石				
040202013	山皮石				
040202014	粉煤灰三渣	1. 配合比 2. 厚度			
040202015	水泥稳定碎(砾)石	1. 水泥含量 2. 石料规格 3. 厚度			
040202016	沥青稳定碎石	1. 沥青品种 2. 石料规格 3. 厚度			

注：1. 道路工程厚度应以压实后为准。

2. 道路基层设计截面如为梯形时，应按其截面平均宽度计算面积，并在项目特征中对截面参数加以描述。

道 路 面 层(编号:040203) 表 B.3

项目编码	项目名称	项 目 特 征	计量单位	工程量计算规则	工 作 内 容
040203001	沥青表面处治	1. 沥青品种 2. 层数	m^2	按设计图示尺寸以面积计算，不扣除各种井所占面积，带平石的面层应扣除平石所占面积	1. 喷油、布料 2. 碾压
040203002	沥青贯入式	1. 沥青品种 2. 石料规格 3. 厚度			1. 摊铺碎石 2. 喷油、布料 3. 碾压
040203003	透层、黏层	1. 材料品种 2. 喷油量			1. 清理下承面 2. 喷油、布料
040203004	封层	1. 材料品种 2. 喷油量 3. 厚度			1. 清理下承面 2. 喷油、布料 3. 压实
040203005	黑色碎石	1. 材料品种 2. 石料规格 3. 厚度			1. 清理下承面 2. 拌和、运输 3. 摊铺、整形 4. 压实
040203006	沥青混凝土	1. 沥青品种 2. 沥青混凝土种类 3. 石料粒径 4. 掺合料 5. 厚度			

续上表

项目编码	项目名称	项 目 特 征	计量单位	工程量计算规则	工 作 内 容
040203007	水泥混凝土	1. 混凝土强度等级 2. 掺合料 3. 厚度 4. 嵌缝材料	m^2	按设计图示尺寸以面积计算，不扣除各种井所占面积，带平石的面层应扣除平石所占面积	1. 模板制作、安装、拆除 2. 混凝土拌和、运输、浇筑 3. 拉毛 4. 压痕或刻防滑槽 5. 伸缝 6. 缩缝 7. 锯缝、嵌缝 8. 路面养护
040203008	块料面层	1. 块料品种、规格 2. 垫层：材料品种、厚度、强度等级			1. 铺筑垫层 2. 铺砌块料 3. 嵌缝、勾缝
040203009	弹性面层	1. 材料品种 2. 厚度			1. 配料 2. 铺贴

注：水泥混凝土路面中传力杆和拉杆的制作、安装应按附表J钢筋工程中相关项目编码列项。

人行道及其他（编码：040204） 表B.4

项目编码	项目名称	项 目 特 征	计量单位	工程量计算规则	工 作 内 容
040204001	人行道整形、碾压	1. 部位 2. 范围	m^2	按设计人行道图示尺寸以面积计算，不扣除侧石、树池和各类井所占面积	1. 放样 2. 碾压
040204002	人行道块料铺设	1. 块料品种、规格 2. 基础、垫层：材料品种、厚度 3. 图形		按设计图示尺寸以面积计算，不扣除各类井所占面积，但应扣除侧石、树池所占面积	1. 基础、垫层铺筑 2. 块料铺设
040204003	现浇混凝土人行道及进口坡	1. 混凝土强度等级 2. 厚度 3. 基础、垫层：材料品种、厚度			1. 模板制作、安装、拆除 2. 基础、垫层铺筑 3. 混凝土拌和、运输、浇筑
040204004	安砌侧（平、缘）石	1. 材料品种、规格 2. 基础、垫层：材料品种、厚度	m	按设计图示中心线长度计算	1. 开槽 2. 基础、垫层铺筑 3. 侧（平、缘）石安砌
040204005	现浇侧（平、缘）石	1. 材料品种 2. 尺寸 3. 形状 4. 混凝土强度等级 5. 基础、垫层：材料品种、厚度			1. 模板制作、安装、拆除 2. 开槽 3. 基础、垫层铺筑 4. 混凝土拌和、运输、浇筑

续上表

项目编码	项目名称	项 目 特 征	计量单位	工程量计算规则	工 作 内 容
040204006	检查井升降	1. 材料品种 2. 检查井规格 3. 平均升(降)高度	座	按设计图示路面标高与原有的检查井发生正负高差的检查井的数量计算	1. 提升 2. 降低
040204007	树池砌筑	1. 材料品种、规格 2. 树池尺寸 3. 树池盖面材料品种	个	按设计图示数量计算	1. 基础、垫层铺筑 2. 树池砌筑 3. 盖面材料运输、安装
040204008	预制电缆沟铺设	1. 材料品种 2. 规格尺寸 3. 基础、垫层：材料品种、厚度 4. 盖板品种、规格	m	按设计图示中心线长度计算	1. 基础、垫层铺筑 2. 预制电缆沟安装 3. 盖板安装

交通管理设施(编码:040205) 表 B.5

项目编码	项目名称	项 目 特 征	计量单位	工程量计算规则	工 作 内 容
040205001	人(手)孔井	1. 材料品种 2. 规格尺寸 3. 盖板材质、规格 4. 基础、垫层：材料品种、厚度	座	按设计图示数量计算	1. 基础、垫层铺筑 2. 井身砌筑 3. 勾缝(抹面) 4. 井盖安装
040205002	电缆保护管	1. 材料品种 2. 规格	m	按设计图示以长度计算	敷设
040205003	标杆	1. 类型 2. 材质 3. 规格尺寸 4. 基础、垫层：材料品种、厚度 5. 油漆品种	根	按设计图示数量计算	1. 基础、垫层铺筑 2. 制作 3. 喷漆或镀锌 4. 底盘、拉盘、卡盘及杆件安装
040205004	标志板	1. 类型 2. 材质、规格尺寸 3. 板面反光膜等级	块		制作、安装
040205005	视线诱导器	1. 类型 2. 材料品种	只		安装

续上表

项目编码	项目名称	项目特征	计量单位	工程量计算规则	工作内容
040205006	标线	1. 材料品种 2. 工艺 3. 线型	1. m 2. m^2	1. 以米计量，按设计图示以长度计算 2. 以平方米计量，按设计图示尺寸以面积计算	1. 清扫 2. 放样 3. 画线 4. 护线
040205007	标记	1. 材料品种 2. 类型 3. 规格尺寸	1. 个 2. m^2	1. 以个计量，按设计图示数量计算 2. 以平方米计量，按设计图示尺寸以面积计算	
040205008	横道线	1. 材料品种 2. 形式	m^2	按设计图示尺寸以面积计算	
040205009	清除标线	清除方法			清除
040205010	环形检测线圈	1. 类型 2. 规格、型号	个	按设计图示数量计算	1. 安装 2. 调试
040205011	值警亭	1. 类型 2. 规格 3. 基础、垫层：材料品种、厚度	座	按设计图示数量计算	1. 基础、垫层铺筑 2. 安装
040205012	隔离护栏	1. 类型 2. 规格、型号 3. 材料品种 4. 基础、垫层：材料品种、厚度	m	按设计图示以长度计算	1. 基础、垫层铺筑 2. 制作、安装
040205013	架空走线	1. 类型 2. 规格、型号			架线
040205014	信号灯	1. 类型 2. 灯架材质、规格 3. 基础、垫层：材料品种、厚度 4. 信号灯规格、型号、组数	套	按设计图示数量计算	1. 基础、垫层铺筑 2. 灯架制作、镀锌、喷漆 3. 底盘、拉盘、卡盘及杆件安装 4. 信号灯安装、调试
040205015	设备控制机箱	1. 类型 2. 材质、规格尺寸 3. 基础、垫层：材料品种、厚度 4. 配置要求	台		1. 基础、垫层铺筑 2. 安装 3. 调试
040205016	管内配线	1. 类型 2. 材质 3. 规格、型号	m	按设计图示以长度计算	配线

续上表

项目编码	项目名称	项 目 特 征	计量单位	工程量计算规则	工 作 内 容
040205017	防撞筒(墩)	1. 材料品种 2. 规格、型号	个	按设计图示数量计算	制作、安装
040205018	警示柱	1. 类型 2. 材料品种 3. 规格、型号	根		
40205019	减速垄	1. 材料品种 2. 规格、型号	m	按设计图示以长度计算	
040205020	监控摄像机	1. 类型 2. 规格、型号 3. 支架形式 4. 防护罩要求	台	按设计图示数量计算	1. 安装 2. 调试
040205021	数码相机	1. 规格、型号 2. 立杆材质、形式 3. 基础、垫层：材料品种、厚度	套		1. 基础、垫层铺筑 2. 安装 3. 调试
040205022	道闸机	1. 类型 2. 规格、型号 3. 基础、垫层：材料品种、厚度			
040205023	可变信息情报板	1. 类型 2. 规格、型号 3. 立(横)杆材质、形式 4. 配置要求 5. 基础、垫层：材料品种、厚度			
040205024	交通智能系统调试	系统类别	系统		系统调试

注：1. 本节清单项目如发生破除混凝土路面、土石方开挖、回填夯实等，应分别按附表 K 拆除工程及附表 A 土石方工程中相关项目编码列项。

2. 除清单项目特殊注明外，各类垫层应按《市政工程工程量计算规范》(GB 50857—2013)附录中相关项目编码列项。

3. 立电杆按《市政工程工程量计算规范》(GB 50857—2013)附录 H 路灯工程中相关项目编码列项。

4. 值警亭按半成品现场安装考虑，实际采用砖砌等形式的，按现行国家标准《房屋建筑与装饰工程工程量计算规范》(GB 50854)中相关项目编码列项。

5. 与标杆相连的，用于安装标志板的配件应计入标志板清单项目内。

附表 C 桥涵工程

桩　　基(编号:040301)　　表 C.1

<table>
<tr><th>项目编码</th><th>项目名称</th><th>项 目 特 征</th><th>计量单位</th><th>工程量计算规则</th><th>工 作 内 容</th></tr>
<tr><td>040301001</td><td>预制钢筋混凝土方桩</td><td>1. 地层情况
2. 送桩深度、桩长
3. 桩截面
4. 桩倾斜度
5. 混凝土强度等级</td><td rowspan="2">1. m
2. m^3
3. 根</td><td rowspan="2">1. 以米计量,按设计图示尺寸以桩长(包括桩尖)计算
2. 以立方米计量,按设计图示桩长(包括桩尖)乘以桩的断面面积计算
3. 以根计量,按设计图示数量计算</td><td>1. 工作平台搭拆
2. 桩就位
3. 桩机移位
4. 沉桩
5. 接桩
6. 送桩</td></tr>
<tr><td>040301002</td><td>预制钢筋混凝土管桩</td><td>1. 地层情况
2. 送桩深度、桩长
3. 桩外径、壁厚
4. 桩倾斜度
5. 桩尖设置及类型
6. 混凝土强度等级
7. 填充材料种类</td><td>1. 工作平台搭拆
2. 桩就位
3. 桩机移位
4. 桩尖安装
5. 沉桩
6. 接桩
7. 送桩
8. 桩芯填充</td></tr>
<tr><td>040301003</td><td>钢管桩</td><td>1. 地层情况
2. 送桩深度、桩长
3. 材质
4. 管径、壁厚
5. 桩倾斜度
6. 填充材料种类
7. 防护材料种类</td><td>1. t
2. 根</td><td>1. 以吨计量,按设计图示尺寸以质量计算
2. 以根计量,按设计图示数量计算</td><td>1. 工作平台搭拆
2. 桩就位
3. 桩机移位
4. 沉桩
5. 接桩
6. 送桩
7. 切割钢管、精割盖帽
8. 管内取土、余土弃置
9. 管内填芯、刷防护材料</td></tr>
<tr><td>040301004</td><td>泥浆护壁成孔灌注桩</td><td>1. 地层情况
2. 空桩长度、桩长
3. 桩径
4. 成孔方法
5. 混凝土种类、强度等级</td><td>1. m
2. m^3
3. 根</td><td>1. 以米计量,按设计图示尺寸以桩长(包括桩尖)计算
2. 以立方米计量,按不同截面在桩长范围内以体积计算
3. 以根计量,按设计图示数量计算</td><td>1. 工作平台搭拆
2. 桩机移位
3. 护筒埋设
4. 成孔、固壁
5. 混凝土制作、运输、灌注、养护
6. 土方废浆外运
7. 打桩场地硬化及泥浆池、泥浆沟</td></tr>
</table>

续上表

项目编码	项目名称	项目特征	计量单位	工程量计算规则	工作内容
040301005	沉管灌注桩	1. 地层情况 2. 空桩长度、桩长 3. 复打长度 4. 桩径 5. 沉管方法 6. 桩尖类型 7. 混凝土种类、强度等级	1. m 2. m^3 3. 根	1. 以米计量，按设计图示尺寸以桩长（包括桩尖）计算 2. 以立方米计量，按设计图示桩长（包括桩尖）乘以桩的断面面积计算 3. 以根计量，按设计图示数量计算	1. 工作平台搭拆 2. 桩机移位 3. 打（沉）拔钢管 4. 桩尖安装 5. 混凝土制作、运输、灌注、养护
040301006	干作业成孔灌注桩	1. 地层情况 2. 空桩长度、桩长 3. 桩径 4. 扩孔直径、高度 5. 成孔方法 6. 混凝土种类、强度等级			1. 工作平台搭拆 2. 桩机移位 3. 成孔、扩孔 4. 混凝土制作、运输、灌注、振捣、养护
040301007	挖孔桩土（石）方	1. 土（石）类别 2. 挖孔深度 3. 弃土（石）运距	m^3	按设计图示尺寸（含护壁）截面面积乘以挖孔深度以立方米计算	1. 排地表水 2. 挖土、凿石 3. 基底钎探 4. 土（石）方外运
040301008	人工挖孔灌注桩	1. 桩芯长度 2. 桩芯直径、扩底直径、扩底高度 3. 护壁厚度、高度 4. 护壁材料种类、强度等级 5. 桩芯混凝土种类、强度等级	1. m^3 2. 根	1. 以立方米计量，按桩芯混凝土体积计算 2. 以根计量，按设计图示数量计算	1. 护壁制作、安装 2. 混凝土制作、运输、灌注、振捣、养护
040301009	钻孔压浆桩	1. 地层情况 2. 桩长 3. 钻孔直径 4. 骨料品种、规格 5. 水泥强度等级	1. m 2. 根	1. 以米计量，按设计图示尺寸以桩长计算 2. 以根计量，按设计图示数量计算	1. 钻孔、下注浆管、投放骨料 2. 浆液制作、运输、压浆
040301010	灌注桩后注浆	1. 注浆导管材料、规格 2. 注浆导管长度 3. 单孔注浆量 4. 水泥强度等级	孔	按设计图示以注浆孔数计算	1. 注浆导管制作、安装 2. 浆液制作、运输、压浆
040301011	截桩头	1. 桩类型 2. 桩头截面、高度 3. 混凝土强度等级 4. 有无钢筋	1. m^3 2. 根	1. 以立方米计量，按设计桩截面面积乘以桩头长度以体积计算 2. 以根计量，按设计图示数量计算	1. 截桩头 2. 凿平 3. 废料外运

续上表

项目编码	项目名称	项目特征	计量单位	工程量计算规则	工作内容
040301012	声测管	1. 材质 2. 规格型号	1. t 2. m	1. 按设计图示尺寸以质量计算 2. 按设计图示尺寸以长度计算	1. 检测管截断、封头 2. 套管制作、焊接 3. 定位、固定

注:1. 地层情况按表 A.1-1 和表 A.2-1 的规定,并根据岩土工程勘察报告按单位工程各地层所占比例(包括范围值)进行描述。对无法准确描述的地层情况,可注明由投标人根据岩土工程勘察报告自行决定报价。

2. 各类混凝土预制桩以成品桩考虑,应包括成品桩购置费,如果用现场预制,应包括现场预制桩的所有费用。
3. 项目特征中的桩截面、混凝土强度等级、桩类型等可直接用标准图代号或设计桩型进行描述。
4. 打试验桩和打斜桩应按相应项目编码单独列项,并应在项目特征中注明试验桩或斜桩(斜率)。
5. 项目特征中的桩长应包括桩尖,空桩长度 = 孔深 - 桩长,孔深为自然地面至设计桩底的深度。
6. 泥浆护壁成孔灌注桩是指在泥浆护壁条件下成孔,采用水下灌注混凝土的桩。其成孔方法包括冲击钻成孔、冲抓锥成孔、回旋钻成孔、潜水钻成孔、泥浆护壁的旋挖成孔等。
7. 沉管灌注桩的沉管方法包括捶击沉管法、振动沉管法、振动冲击沉管法、内夯沉管法等。
8. 干作业成孔灌注桩是指不用泥浆护壁和套管护壁的情况下,用钻机成孔后,下钢筋笼,灌注混凝土的桩,适用于地下水位以上的土层。其成孔方法包括螺旋钻成孔、螺旋钻成孔扩底、干作业的旋挖成孔等。

基坑与边坡支护(编码:040302) 表 C.2

项目编码	项目名称	项 目 特 征	计量单位	工程量计算规则	工 作 内 容
040302001	圆木桩	1. 地层情况 2. 桩长 3. 材质 4. 尾径 5. 桩倾斜度	1. m 2. 根	1. 以米计量,按设计图示尺寸以桩长(包括桩尖)计算 2. 以根计量,按设计图示数量计算	1. 工作平台搭拆 2. 桩机移位 3. 桩制作、运输、就位 4. 桩靴安装 5. 沉桩
040302002	预制钢筋混凝土板桩	1. 地层情况 2. 送桩深度、桩长 3. 桩截面 4. 混凝土强度等级	1. m^3 2. 根	1. 以立方米计量,按设计图示桩长(包括桩尖)乘以桩的断面面积计算 2. 以根计量,按设计图示数量计算	1. 工作平台搭拆 2. 桩就位 3. 桩机移位 4. 沉桩 5. 接桩 6. 送桩
040302003	地下连续墙	1. 地层情况 2. 导墙类型、截面 3. 墙体厚度 4. 成槽深度 5. 混凝土种类、强度等级 6. 接头形式	m^3	按设计图示墙中心线长乘以厚度乘以槽深,以体积计算	1. 导墙挖填、制作、安装、拆除 2. 挖土成槽、固壁、清底置换 3. 混凝土制作、运输、灌注、养护 4. 接头处理 5. 土方、废浆外运 6. 打桩场地硬化及泥浆池、泥浆沟

续上表

项目编码	项目名称	项 目 特 征	计量单位	工程量计算规则	工 作 内 容
040302004	咬合灌注桩	1. 地层情况 2. 桩长 3. 桩径 4. 混凝土种类、强度等级 5. 部位	1. m 2. 根	1. 以米计量，按设计图示尺寸以桩长计算 2. 以根计量，按设计图示数量计算	1. 桩机移位 2. 成孔、固壁 3. 混凝土制作、运输、灌注、养护 4. 套管压拔 5. 土方、废浆外运 6. 打桩场地硬化及泥浆池、泥浆沟
040302005	型钢水泥土搅拌墙	1. 深度 2. 桩径 3. 水泥掺量 4. 型钢材质、规格 5. 是否拔出	m^3	按设计图示尺寸以体积计算	1. 钻机移位 2. 钻进 3. 浆液制作、运输、压浆 4. 搅拌、成桩 5. 型钢插拔 6. 土方、废浆外运
040302006	锚杆（索）	1. 地层情况 2. 锚杆（索）类型、部位 3. 钻孔直径、深度 4. 杆体材料品种、规格、数量 5. 是否预应力 6. 浆液种类、强度等级	1. m 2. 根	1. 以米计量，按设计图示尺寸以钻孔深度计算 2. 以根计量，按设计图示数量计算	1. 钻孔、浆液制作、运输、压浆 2. 锚杆（索）制作、安装 3. 张拉锚固 4. 锚杆（索）施工平台搭设、拆除
040302007	土钉	1. 地层情况 2. 钻孔直径、深度 3. 置入方法 4. 杆体材料品种、规格、数量 5. 浆液种类、强度等级			1. 钻孔、浆液制作、运输、压浆 2. 土钉制作、安装 3. 土钉施工平台搭设、拆除
040302008	喷射混凝土	1. 部位 2. 厚度 3. 材料种类 4. 混凝土类别、强度等级	m^2	按设计图示尺寸以面积计算	1. 修整边坡 2. 混凝土制作、运输、喷射、养护 3. 钻排水孔、安装排水管 4. 喷射施工平台搭设、拆除

现浇混凝土构件（编码：040303） 表 C.3

项目编码	项目名称	项目特征	计量单位	工程量计算规则	工作内容
040303001	混凝土垫层	混凝土强度等级	m^3	按设计图示尺寸以体积计算	1. 模板制作、安装、拆除 2. 混凝土拌和、运输、浇筑 3. 养护
040303002	混凝土基础	1. 混凝土强度等级 2. 嵌料（毛石）比例			
040303003	混凝土承台	混凝土强度等级			
040303004	混凝土墩（台）帽	1. 部位 2. 混凝土强度等级			
040303005	混凝土墩（台）身				
040303006	混凝土支撑梁及横梁				
040303007	混凝土墩（台）盖梁				
040303008	混凝土拱桥拱座	混凝土强度等级			
040303009	混凝土拱桥拱肋				
040303010	混凝土拱上构件	1. 部位 2. 混凝土强度等级			
040303011	混凝土箱梁				
040303012	混凝土连续板	1. 部位 2. 结构形式 3. 混凝土强度等级			
040303013	混凝土板梁				
040303014	混凝土板拱	1. 部位 2. 混凝土强度等级			
040303015	混凝土挡墙墙身	1. 混凝土强度等级 2. 泄水孔材料品种、规格 3. 滤水层要求 4. 沉降缝要求			1. 模板制作、安装、拆除 2. 混凝土拌和、运输、浇筑 3. 养护 4. 抹灰 5. 泄水孔制作、安装 6. 滤水层铺筑 7. 沉降缝
040303016	混凝土挡墙压顶	1. 混凝土强度等级 2. 沉降缝要求			

续上表

项目编码	项目名称	项 目 特 征	计量单位	工程量计算规则	工 作 内 容
040303017	混凝土楼梯	1. 结构形式 2. 底板厚度 3. 混凝土强度等级	1. m^2 2. m^3	1. 以平方米计量，按设计图示尺寸以水平投影面积计算 2. 以立方米计量，按设计图示尺寸以体积计算	1. 模板制作、安装、拆除 2. 混凝土拌和、运输、浇筑 3. 养护
040303018	混凝土防撞护栏	1. 断面 2. 混凝土强度等级	m	按设计图示尺寸以长度计算	
040303019	桥面铺装	1. 混凝土强度等级 2. 沥青品种 3. 沥青混凝土种类 4. 厚度 5. 配合比	m^2	按设计图示尺寸以面积计算	1. 模板制作、安装、拆除 2. 混凝土拌和、运输、浇筑 3. 养护 4. 沥青混凝土铺装 5. 碾压
040303020	混凝土桥头搭板	混凝土强度等级	m^3	按设计图示尺寸以体积计算	1. 模板制作、安装、拆除 2. 混凝土拌和、运输、浇筑 3. 养护
040303021	混凝土搭板枕梁				
040303022	混凝土桥塔身	1. 形状 2. 混凝土强度等级			
040303023	混凝土连系梁				
040303024	混凝土其他构件	1. 名称、部位 2. 混凝土强度等级			
040303025	钢管拱混凝土	混凝土强度等级			混凝土拌和、运输、压注

注：台帽、台盖梁均应包括耳墙、背墙。

预制混凝土构件（编码：040304） 表 C.4

项目编码	项目名称	项 目 特 征	计量单位	工程量计算规则	工 作 内 容
040304001	预制混凝土梁	1. 部位 2. 图集、图纸名称 3. 构件代号、名称 4. 混凝土强度等级 5. 砂浆强度等级	m^3	按设计图示尺寸以体积计算	1. 模板制作、安装、拆除 2. 混凝土拌和、运输、浇筑 3. 养护 4. 构件安装 5. 接头灌缝 6. 砂浆制作 7. 运输
040304002	预制混凝土柱				
040304003	预制混凝土板				

续上表

<table>
<tr><th>项目编码</th><th>项目名称</th><th>项 目 特 征</th><th>计量单位</th><th>工程量计算规则</th><th>工 作 内 容</th></tr>
<tr><td>040304004</td><td>预制混凝土挡土墙墙身</td><td>1. 图集、图纸名称
2. 构件代号、名称
3. 结构形式
4. 混凝土强度等级
5. 泄水孔材料种类、规格
6. 滤水层要求
7. 砂浆强度等级</td><td rowspan="2">m^3</td><td rowspan="2">按设计图示尺寸以体积计算</td><td>1. 模板制作、安装、拆除
2. 混凝土拌和、运输、浇筑
3. 养护
4. 构件安装
5. 接头灌缝
6. 泄水孔制作、安装
7. 滤水层铺设
8. 砂浆制作
9. 运输</td></tr>
<tr><td>040304005</td><td>预制混凝土其他构件</td><td>1. 部位
2. 图集、图纸名称
3. 构件代号、名称
4. 混凝土强度等级
5. 砂浆强度等级</td><td>1. 模板制作、安装、拆除
2. 混凝土拌和、运输、浇筑
3. 养护
4. 构件安装
5. 接头灌浆
6. 砂浆制作
7. 运输</td></tr>
</table>

砌　　筑(编码 040305)　　表 C.5

<table>
<tr><th>项目编码</th><th>项目名称</th><th>项 目 特 征</th><th>计量单位</th><th>工程量计算规则</th><th>工 作 内 容</th></tr>
<tr><td>040305001</td><td>垫层</td><td>1. 材料品种、规格
2. 厚度</td><td rowspan="4">m^3</td><td rowspan="4">按设计图示尺寸以体积计算</td><td>垫层铺筑</td></tr>
<tr><td>040305002</td><td>干砌块料</td><td>1. 部位
2. 材料品种、规格
3. 泄水孔材料品种、规格
4. 滤水层要求
5. 沉降缝要求</td><td rowspan="3">1. 砌筑
2. 砌体勾缝
3. 砌体抹面
4. 泄水孔制作、安装
5. 滤水层铺设
6. 沉降缝</td></tr>
<tr><td>040305003</td><td>浆砌块料</td><td rowspan="2">1. 部位
2. 材料品种、规格
3. 砂浆强度等级
4. 泄水孔材料品种、规格
5. 滤水层要求
6. 沉降缝要求</td></tr>
<tr><td>040305004</td><td>砖砌体</td></tr>
<tr><td>040305005</td><td>护坡</td><td>1. 材料品种
2. 结构形式
3. 厚度
4. 砂浆强度等级</td><td>m^2</td><td>按设计图示尺寸以面积计算</td><td>1. 修整边坡
2. 砌筑
3. 砌体勾缝
4. 砌体抹面</td></tr>
</table>

注:1. 干砌块料、浆砌块料和砖砌体应根据工程部位不同,分别设置清单编码。

2. 本节清单项目中"垫层"指碎石、块石等非混凝土类垫层。

立 交 箱 涵(编码:040306) 表 C.6

项目编码	项目名称	项 目 特 征	计量单位	工程量计算规则	工 作 内 容
040306001	透水管	1. 材料品种、规格 2. 管道基础形式	m	按设计图示尺寸以长度计算	1. 基础铺筑 2. 管道铺设、安装
040306002	滑板	1. 混凝土强度等级 2. 石蜡层要求 3. 塑料薄膜品种、规格	m^3	按设计图示尺寸以体积计算	1. 模板制作、安装、拆除 2. 混凝土拌和、运输、浇筑 3. 养护 4. 涂石蜡层 5. 铺塑料薄膜
040306003	箱涵底板	1. 混凝土强度等级 2. 混凝土抗渗要求 3. 防水层工艺要求			1. 模板制作、安装、拆除 2. 混凝土拌和、运输、浇筑 3. 养护 4. 防水层铺涂
040306004	箱涵侧墙				1. 模板制作、安装、拆除 2. 混凝土拌和、运输、浇筑 3. 养护 4. 防水砂浆 5. 防水层铺涂
040306005	箱涵顶板				
040306006	箱涵顶进	1. 断面 2. 长度 3. 弃土运距	kt · m	按设计图示尺寸以被顶箱涵的质量,乘以箱涵的位移距离分节累计计算	1. 顶进设备安装、拆除 2. 气垫安装、拆除 3. 气垫使用 4. 钢刃角制作、安装、拆除 5. 挖土实顶 6. 土方场内外运输 7. 中继间安装、拆除
040306007	箱涵接缝	1. 材质 2. 工艺要求	m	按设计图示止水带长度计算	接缝

注:除箱涵顶进土方外,顶进工作坑等土方应按附表 A 土石方工程中相关项目编码列项。

钢 结 构(编码:040307) 表 C.7

项目编码	项目名称	项 目 特 征	计量单位	工程量计算规则	工 作 内 容
040307001	钢箱梁	1. 材料品种、规格 2. 部位 3. 探伤要求 4. 防火要求 5. 补刷油漆品种、色彩、工艺要求	t	按设计图示尺寸以质量计算。不扣除孔眼的质量,焊条、铆钉、螺栓等不另增加质量	1. 拼装 2. 安装 3. 探伤 4. 涂刷防火涂料 5. 补刷油漆
040307002	钢板梁				
040307003	钢桁梁				
040307004	钢拱				
040307005	劲性钢结构				

续上表

项目编码	项目名称	项目特征	计量单位	工程量计算规则	工作内容
040307006	钢结构叠合梁	1. 材料品种、规格 2. 部位 3. 探伤要求 4. 防火要求 5. 补刷油漆品种、色彩、工艺要求	t	按设计图示尺寸以质量计算。不扣除孔眼的质量，焊条、铆钉、螺栓等不另增加质量	1. 拼装 2. 安装 3. 探伤 4. 涂刷防火涂料 5. 补刷油漆
040307007	其他钢构件				
040307008	悬(斜拉)索	1. 材料品种、规格 2. 直径 3. 抗拉强度 4. 防护方式		按设计图示尺寸以质量计算	1. 拉索安装 2. 张拉、索力调整、锚固 3. 防护壳制作、安装
040307009	钢拉杆				1. 连接、紧锁件安装 2. 钢拉杆安装 3. 钢拉杆防腐 4. 钢拉杆防护壳制作、安装

装　　饰(编码:040308)　　表 C.8

项目编码	项目名称	项目特征	计量单位	工程量计算规则	工作内容
040308001	水泥砂浆抹面	1. 砂浆配合比 2. 部位 3. 厚度	m^2	按设计图示尺寸以面积计算	1. 基层清理 2. 砂浆抹面
040308002	剁斧石饰面	1. 材料 2. 部位 3. 形式 4. 厚度			1. 基层清理 2. 饰面
040308003	镶贴面层	1. 材质 2. 规格 3. 厚度 4. 部位			1. 基层清理 2. 镶贴面层 3. 勾缝
040308004	涂料	1. 材料品种 2. 部位			1. 基层清理 2. 涂料涂刷
040308005	油漆	1. 材料品种 2. 部位 3. 工艺要求			1. 除锈 2. 刷油漆

注：如遇本清单项目缺项时，可按现行国家标准《房屋建筑与装饰工程工程量计算规范》(GB 50854)中相关项目编码列项。

其　　他(编码:040309)　　表 C.9

项目编码	项目名称	项 目 特 征	计量单位	工程量计算规则	工 作 内 容
040309001	金属栏杆	1. 栏杆材质、规格 2. 油漆品种、工艺要求	1. t 2. m	1. 按设计图示尺寸以质量计算 2. 按设计图示尺寸以延长米计算	1. 制作、运输、安装 2. 除锈、刷油漆
040309002	石质栏杆	材料品种、规格	m	按设计图示尺寸以长度计算	制作、运输、安装
040309003	混凝土栏杆	1. 混凝土强度等级 2. 规格尺寸			
040309004	橡胶支座	1. 材质 2. 规格、型号 3. 形式	个	按设计图示数量计算	支座安装
040309005	钢支座	1. 规格、型号 2. 形式			
040309006	盆式支座	1. 材质 2. 承载力			
040309007	桥梁伸缩装置	1. 材料品种 2. 规格、型号 3. 混凝土种类 4. 混凝土强度等级	m	以米计量,按设计图示尺寸以延长米计算	1. 制作、安装 2. 混凝土拌和、运输、浇筑
040309008	隔声屏障	1. 材料品种 2. 结构形式 3. 油漆品种、工艺要求	m^2	按设计图示尺寸以面积计算	1. 制作、安装 2. 除锈、刷油漆
040309009	桥面排(泄)水管	1. 材料品种 2. 管径	m	按设计图示以长度计算	进水口、排(泄)水管制作、安装
040309010	防水层	1. 部位 2. 材料品种、规格 3. 工艺要求	m^2	按设计图示尺寸以面积计算	防水层铺涂

注:支座垫石混凝土按表 C.3 中混凝土基础项目编码列项。

附表 E 管网工程

管道铺设(编码:040501) 表 E.1

项目编码	项目名称	项目特征	计量单位	工程量计算规则	工作内容
040501001	混凝土管	1. 垫层、基础材质及厚度 2. 管座材质 3. 规格 4. 接口方式 5. 铺设深度 6. 混凝土强度等级 7. 管道检验及试验要求	m	按设计图示中心线长度以延长米计算。不扣除附属构筑物、管件及阀门等所占长度	1. 垫层、基础铺筑及养护 2. 模板制作、安装、拆除 3. 混凝土拌和、运输、浇筑、养护 4. 预制管枕安装 5. 管道铺设 6. 管道接口 7. 管道检验及试验
040501002	钢管	1. 垫层、基础材质及厚度 2. 材质及规格 3. 接口方式 4. 铺设深度 5. 管道检验及试验要求 6. 集中防腐运距			1. 垫层、基础铺筑及养护 2. 模板制作、安装、拆除 3. 混凝土拌和、运输、浇筑、养护 4. 管道铺设 5. 管道检验及试验 6. 集中防腐运输
040501003	铸铁管				
040501004	塑料管	1. 垫层、基础材质及厚度 2. 材质及规格 3. 连接形式 4. 铺设深度 5. 管道检验及试验要求			1. 垫层、基础铺筑及养护 2. 模板制作、安装、拆除 3. 混凝土拌和、运输、浇筑、养护 4. 管道铺设 5. 管道检验及试验
040501005	直埋式预制保温管	1. 垫层材质及厚度 2. 材质及规格 3. 接口方式 4. 铺设深度 5. 管道检验及试验的要求			1. 垫层铺筑及养护 2. 管道铺设 3. 接口处保温 4. 管道检验及试验
040501006	管道架空跨越	1. 管道架设高度 2. 管道材质及规格 3. 接口方式 4. 管道检验及试验要求 5. 集中防腐运距		按设计图示中心线长度以延长米计算。不扣除管件及阀门等所占长度	1. 管道架设 2. 管道检验及试验 3. 集中防腐运输
040501007	隧道(沟、管)内管道	1. 基础材质及厚度 2. 混凝土强度等级 3. 材质及规格 4. 接口方式 5. 管道检验及试验要求 6. 集中防腐运距		按设计图示中心线长度以延长米计算。不扣除附属构筑物、管件及阀门等所占长度	1. 基础铺筑、养护 2. 模板制作、安装、拆除 3. 混凝土拌和、运输、浇筑、养护 4. 管道铺设 5. 管道检测及试验 6. 集中防腐运输

续上表

项目编码	项目名称	项 目 特 征	计量单位	工程量计算规则	工 作 内 容
040501008	水平导向钻进	1. 土壤类别 2. 材质及规格 3. 一次成孔长度 4. 接口方式 5. 泥浆要求 6. 管道检验及试验要求 7. 集中防腐运距	m	按设计图示长度以延长米计算。扣除附属构筑物(检查井)所占的长度	1. 设备安装、拆除 2. 定位、成孔 3. 管道接口 4. 拉管 5. 纠偏、监测 6. 泥浆制作、注浆 7. 管道检测及试验 8. 集中防腐运输 9. 泥浆、土方外运
040501009	夯管	1. 土壤类别 2. 材质及规格 3. 一次夯管长度 4. 接口方式 5. 管道检验及试验要求 6. 集中防腐运距			1. 设备安装、拆除 2. 定位、夯管 3. 管道接口 4. 纠偏、监测 5. 管道检测及试验 6. 集中防腐运输 7. 土方外运
040501010	顶(夯)管工作坑	1. 土壤类别 2. 工作坑平面尺寸及深度 3. 支撑、围护方式 4. 垫层、基础材质及厚度 5. 混凝土强度等级 6. 设备、工作台主要技术要求	座	按设计图示数量计算	1. 支撑、围护 2. 模板制作、安装、拆除 3. 混凝土拌和、运输、浇筑、养护 4. 工作坑内设备、工作台安装及拆除
040501011	预制混凝土工作坑	1. 土壤类别 2. 工作坑平面尺寸及深度 3. 垫层、基础材质及厚度 4. 混凝土强度等级 5. 设备、工作台主要技术要求 6. 混凝土构件运距			1. 混凝土工作坑制作 2. 下沉、定位 3. 模板制作、安装、拆除 4. 混凝土拌和、运输、浇筑、养护 5. 工作坑内设备、工作台安装及拆除 6. 混凝土构件运输
040501012	顶管	1. 土壤类别 2. 顶管工作方式 3. 管道材质及规格 4. 中继间规格 5. 工具管材质及规格 6. 触变泥浆要求 7. 管道检验及试验要求 8. 集中防腐运距	m	按设计图示长度以延长米计算。扣除附属构筑物(检查井)所占的长度	1. 管道顶进 2. 管道接口 3. 中继间、工具管及附属设备安装、拆除 4. 管内挖、运土及土方提升 5. 机械顶管设备调向 6. 纠偏、监测 7. 触变泥浆制作、注浆 8. 洞口止水 9. 管道检测及试验 10. 集中防腐运输 11. 泥浆、土方外运

续上表

项目编码	项目名称	项目特征	计量单位	工程量计算规则	工作内容
040501013	土壤加固	1. 土壤类别 2. 加固填充材料 3. 加固方式	1. m 2. m^3	1. 按设计图示加固段长度以延长米计算 2. 按设计图示加固段体积以立方米计算	打孔、调浆、灌注
040501014	新旧管连接	1. 材质及规格 2. 连接方式 3. 带(不带)介质连接	处	按设计图示数量计算	1. 切管 2. 钻孔 3. 连接
040501015	临时放水管线	1. 材质及规格 2. 铺设方式 3. 接口形式	m	按放水管线长度以延长米计算,不扣除管件、阀门所占长度	管线铺设、拆除
040501016	砌筑方沟	1. 断面规格 2. 垫层、基础材质及厚度 3. 砌筑材料品种、规格、强度等级 4. 混凝土强度等级 5. 砂浆强度等级、配合比 6. 勾缝、抹面要求 7. 盖板材质及规格 8. 伸缩缝(沉降缝)要求 9. 防渗、防水要求 10. 混凝土构件运距	m	按设计图示尺寸以延长米计算	1. 模板制作、安装、拆除 2. 混凝土拌和、运输、浇筑、养护 3. 砌筑 4. 勾缝、抹面 5. 盖板安装 6. 防水、止水 7. 混凝土构件运输
040501017	混凝土方沟	1. 断面规格 2. 垫层、基础材质及厚度 3. 混凝土强度等级 4. 伸缩缝(沉降缝)要求 5. 盖板材质、规格 6. 防渗、防水要求 7. 混凝土构件运距	m	按设计图示尺寸以延长米计算	1. 模板制作、安装、拆除 2. 混凝土拌和、运输、浇筑、养护 3. 盖板安装 4. 防水、止水 5. 混凝土构件运输
040501018	砌筑渠道	1. 断面规格 2. 垫层、基础材质及厚度 3. 砌筑材料品种、规格、强度等级 4. 混凝土强度等级 5. 砂浆强度等级、配合比 6. 勾缝、抹面要求 7. 伸缩缝(沉降缝)要求 8. 防渗、防水要求	m	按设计图示尺寸以延长米计算	1. 模板制作、安装、拆除 2. 混凝土拌和、运输、浇筑、养护 3. 渠道砌筑 4. 勾缝、抹面 5. 防水、止水
040501019	混凝土渠道	1. 断面规格 2. 垫层、基础材质及厚度 3. 混凝土强度等级 4. 伸缩缝(沉降缝)要求 5. 防渗、防水要求 6. 混凝土构件运距	m	按设计图示尺寸以延长米计算	1. 模板制作、安装、拆除 2. 混凝土拌和、运输、浇筑、养护 3. 防水、止水 4. 混凝土构件运输
040501020	警示(示踪)带铺设	规格	m	按铺设长度以延长米计算	铺设

注:1. 管道架空跨越铺设的支架制作、安装及支架基础、垫层应按表 E.3 支架制作及安装相关清单项目编码列项。
2. 管道铺设项目中的做法如为标准设计,也可在项目特征中标注标准图集号。

管件、阀门及附件安装(编码:040502) 表 E.2

<table>
<tr><th>项目编码</th><th>项目名称</th><th>项 目 特 征</th><th>计量单位</th><th>工程量计算规则</th><th>工 作 内 容</th></tr>
<tr><td>040502001</td><td>铸铁管管件</td><td rowspan="2">1. 种类
2. 材质及规格
3. 接口形式</td><td rowspan="11">个</td><td rowspan="18">按设计图示数量计算</td><td>安装</td></tr>
<tr><td>040502002</td><td>钢管管件
制作、安装</td><td>制作、安装</td></tr>
<tr><td>040502003</td><td>塑料管管件</td><td>1. 种类
2. 材质及规格
3. 连接方式</td><td rowspan="3">安装</td></tr>
<tr><td>040502004</td><td>转换件</td><td>1. 材质及规格
2. 接口形式</td></tr>
<tr><td>040502005</td><td>阀门</td><td>1. 种类
2. 材质及规格
3. 连接方式
4. 试验要求</td></tr>
<tr><td>040502006</td><td>法兰</td><td>1. 材质、规格、结构形式
2. 连接方式
3. 焊接方式
4. 垫片材质</td><td>安装</td></tr>
<tr><td>040502007</td><td>盲堵板
制作、安装</td><td>1. 材质及规格
2. 连接方式</td><td rowspan="2">制作、安装</td></tr>
<tr><td>040502008</td><td>套管
制作、安装</td><td>1. 形式、材质及规格
2. 管内填料材质</td></tr>
<tr><td>040502009</td><td>水表</td><td>1. 规格
2. 安装方式</td><td rowspan="3">安装</td></tr>
<tr><td>040502010</td><td>消火栓</td><td>1. 规格
2. 安装部位、方式</td></tr>
<tr><td>040502011</td><td>补偿器
(波纹管)</td><td rowspan="2">1. 规格
2. 安装方式</td></tr>
<tr><td>040502012</td><td>除污器
组成、安装</td><td>套</td><td>组成、安装</td></tr>
<tr><td>040502013</td><td>凝水缸</td><td>1. 材料品种
2. 型号及规格
3. 连接方式</td><td rowspan="6">组</td><td>制作、安装</td></tr>
<tr><td>040502014</td><td>调压器</td><td rowspan="3">1. 规格
2. 型号
3. 连接方式</td><td rowspan="5">安装</td></tr>
<tr><td>040502015</td><td>过滤器</td></tr>
<tr><td>040502016</td><td>分离器</td></tr>
<tr><td>040502017</td><td>安全水封</td><td rowspan="2">规格</td></tr>
<tr><td>040502018</td><td>检漏(水)管</td></tr>
</table>

注:040502013 项目的凝水缸应按表 E.4 管道附属构筑物相关清单项目编码列项。

支架制作及安装(编码:040503) 表 E.3

项目编码	项目名称	项 目 特 征	计量单位	工程量计算规则	工 作 内 容
040503001	砌筑支墩	1. 垫层材质、厚度 2. 混凝土强度等级 3. 砌筑材料、规格、强度等级 4. 砂浆强度等级、配合比	m^3	按设计图示尺寸以体积计算	1. 模板制作、安装、拆除 2. 混凝土拌和、运输、浇筑、养护 3. 砌筑 4. 勾缝、抹面
040503002	混凝土支墩	1. 垫层材质、厚度 2. 混凝土强度等级 3. 预制混凝土构件运距			1. 模板制作、安装、拆除 2. 混凝土拌和、运输、浇筑、养护 3. 预制混凝土支墩安装 4. 混凝土构件运输
040503003	金属支架制作、安装	1. 垫层、基础材质及厚度 2. 混凝土强度等级 3. 支架材质 4. 支架形式 5. 预埋件材质及规格	t	按设计图示质量计算	1. 模板制作、安装、拆除 2. 混凝土拌和、运输、浇筑、养护 3. 支架制作、安装
040503004	金属吊架制作、安装	1. 吊架形式 2. 吊架材质 3. 预埋件材质及规格			制作、安装

管道附属构筑物(编码:040504) 表 E.4

项目编码	项目名称	项 目 特 征	计量单位	工程量计算规则	工 作 内 容
040504001	砌筑井	1. 垫层、基础材质及厚度 2. 砌筑材料品种、规格、强度等级 3. 勾缝、抹面要求 4. 砂浆强度等级、配合比 5. 混凝土强度等级 6. 盖板材质、规格 7. 井盖、井圈材质及规格 8. 踏步材质、规格 9. 防渗、防水要求	座	按设计图示数量计算	1. 垫层铺筑 2. 模板制作、安装、拆除 3. 混凝土拌和、运输、浇筑、养护 4. 砌筑、勾缝、抹面 5. 井圈、井盖安装 6. 盖板安装 7. 踏步安装 8. 防水、止水
040504002	混凝土井	1. 垫层、基础材质及厚度 2. 混凝土强度等级 3. 盖板材质、规格 4. 井盖、井圈材质及规格 5. 踏步材质、规格 6. 防渗、防水要求			1. 垫层铺筑 2. 模板制作、安装、拆除 3. 混凝土拌和、运输、浇筑、养护 4. 井圈、井盖安装 5. 盖板安装 6. 踏步安装 7. 防水、止水

续上表

<table>
<tr><th>项目编码</th><th>项目名称</th><th>项 目 特 征</th><th>计量单位</th><th>工程量计算规则</th><th>工 作 内 容</th></tr>
<tr><td>040504003</td><td>塑料检查井</td><td>1. 垫层、基础材质及厚度
2. 检查井材质、规格
3. 井筒、井盖、井圈材质及规格</td><td>座</td><td>按设计图示数量计算</td><td>1. 垫层铺筑
2. 模板制作、安装、拆除
3. 混凝土拌和、运输、浇筑、养护
4. 检查井安装
5. 井筒、井圈、井盖安装</td></tr>
<tr><td>040504004</td><td>砖砌井筒</td><td>1. 井筒规格
2. 砌筑材料品种、规格
3. 砌筑、勾缝、抹面要求
4. 砂浆强度等级、配合比
5. 踏步材质、规格
6. 防渗、防水要求</td><td rowspan="2">m</td><td rowspan="2">按设计图示尺寸以延长米计算</td><td>1. 砌筑、勾缝、抹面
2. 踏步安装</td></tr>
<tr><td>040504005</td><td>预制混凝土井筒</td><td>1. 井筒规格
2. 踏步规格</td><td>1. 运输
2. 安装</td></tr>
<tr><td>040504006</td><td>砌体出水口</td><td>1. 垫层、基础材质及厚度
2. 砌筑材料品种、规格
3. 砌筑、勾缝、抹面要求
4. 砂浆强度等级及配合比</td><td rowspan="4">座</td><td rowspan="4">按设计图示数量计算</td><td>1. 垫层铺筑
2. 模板制作、安装、拆除
3. 混凝土拌和、运输、浇筑、养护
4. 砌筑、勾缝、抹面</td></tr>
<tr><td>040504007</td><td>混凝土出水口</td><td>1. 垫层、基础材质及厚度
2. 混凝土强度等级</td><td>1. 垫层铺筑
2. 模板制作、安装、拆除
3. 混凝土拌和、运输、浇筑、养护</td></tr>
<tr><td>040504008</td><td>整体化粪池</td><td>1. 材质
2. 型号、规格</td><td>安装</td></tr>
<tr><td>040504009</td><td>雨水口</td><td>1. 雨水箅子及圈口材质、型号、规格
2. 垫层、基础材质及厚度
3. 混凝土强度等级
4. 砌筑材料品种、规格
5. 砂浆强度等级及配合比</td><td>1. 垫层铺筑
2. 模板制作、安装、拆除
3. 混凝土拌和、运输、浇筑、养护
4. 砌筑、勾缝、抹面
5. 雨水箅子安装</td></tr>
</table>

相关问题及说明 表 E.5

相关问题及说明
E.5.1 本章清单项目所涉及土方工程的内容应按附表 A 土石方工程中相关项目编码列项。
E.5.2 刷油、防腐、保温工程、阴极保护及牺牲阳极应按现行国家标准《通用安装工程工程量计算规范》(GB 50856)附录 M 刷油、防腐蚀、绝热工程中相关项目编码列项。
E.5.3 高压管道及管件、阀门安装,不锈钢管及管件、阀门安装,管道焊缝无损探伤应按现行国家标准《通用安装工程工程量计算规范》(GB 50856)附录 H 工业管道中相关项目编码列项。
E.5.4 管道检验及试验要求应按各专业的施工验收规范及设计要求,对已完管道工程进行的管道吹扫、冲洗消毒、强度试验、严密性试验、闭水试验等内容进行描述。
E.5.5 阀门电动机需单独安装,应按现行国家标准《通用安装工程工程量计算规范》(GB 50856)附录 K 给排水、采暖、燃气工程中相关项目编码列项。
E.5.6 雨水口连接管应按表 E.1 管道铺设中相关项目编码列项。

附表 J　钢筋工程

钢 筋 工 程(编号:040901)　　表 J.1

<table>
<tr><th>项目编码</th><th>项目名称</th><th>项 目 特 征</th><th>计量单位</th><th>工程量计算规则</th><th>工 作 内 容</th></tr>
<tr><td>040901001</td><td>现浇构件钢筋</td><td rowspan="4">1. 钢筋种类
2. 钢筋规格</td><td rowspan="7">t</td><td rowspan="7">按设计图示质量计算</td><td rowspan="4">1. 制作
2. 运输
3. 安装</td></tr>
<tr><td>040901002</td><td>预制构件钢筋</td></tr>
<tr><td>040901003</td><td>钢筋网片</td></tr>
<tr><td>040901004</td><td>钢筋笼</td></tr>
<tr><td>040901005</td><td>先张法预应力钢筋(钢丝、钢绞线)</td><td>1. 部位
2. 预应力筋种类
3. 预应力筋规格</td><td>1. 张拉台座制作、安装、拆除
2. 预应力筋制作、张拉</td></tr>
<tr><td>040901006</td><td>后张法预应力钢筋(钢丝束、钢绞线)</td><td>1. 部位
2. 预应力筋种类
3. 预应力筋规格
4. 锚具种类、规格
5. 砂浆强度等级
6. 压浆管材质、规格</td><td>1. 预应力筋孔道制作安装
2. 锚具安装
3. 预应力筋制作、张拉
4. 安装压浆管道
5. 孔道压浆</td></tr>
<tr><td>040901007</td><td>型钢</td><td>1. 材料种类
2. 材料规格</td><td>1. 制作
2. 运输
3. 安装、定位</td></tr>
<tr><td>040901008</td><td>植筋</td><td>1. 材料种类
2. 材料规格
3. 植入深度
4. 植筋胶品种</td><td>根</td><td>按设计图示数量计算</td><td>1. 定位、钻孔、清孔
2. 钢筋加工成型
3. 注胶、植筋
4. 抗拔试验
5. 养护</td></tr>
<tr><td>040901009</td><td>预埋铁件</td><td rowspan="2">1. 材料种类
2. 材料规格</td><td>t</td><td>按设计图示质量计算</td><td rowspan="2">1. 制作
2. 运输
3. 安装</td></tr>
<tr><td>040901010</td><td>高强螺栓</td><td>1. t
2. 套</td><td>1. 按设计图示质量计算
2. 按设计图示数量计算</td></tr>
</table>

注:1. 现浇构件中伸出构件的锚固钢筋、预制构件的吊钩和固定位置的支撑钢筋等,应并入钢筋工程量内。除设计标明的搭接外,其他施工搭接不计算工程量,由投标人在报价中综合考虑。

2. 钢筋工程所列"型钢"是指劲性骨架的型钢部分。

3. 凡型钢与钢筋组合(除预埋铁件外)的钢格栅,应分别列项。

附表 K 拆除工程

拆 除 工 程(编号:041001) 表 K.1

项目编码	项目名称	项 目 特 征	计量单位	工程量计算规则	工 作 内 容
041001001	拆除路面	1. 材质 2. 厚度	m^2	按拆除部位以面积计算	1. 拆除、清理 2. 运输
041001002	拆除人行道				
041001003	拆除基层	1. 材质 2. 厚度 3. 部位			
041001004	铣刨路面	1. 材质 2. 结构形式 3. 厚度			
041001005	拆除侧、平(缘)石	材质	m	按拆除部位以延长米计算	
041001006	拆除管道	1. 材质 2. 管径			
041001007	拆除砖石结构	1. 结构形式 2. 强度等级	m^3	按拆除部位以体积计算	
041001008	拆除混凝土结构				
041001009	拆除井	1. 结构形式 2. 规格尺寸 3. 强度等级	座	按拆除部位以数量计算	
041001010	拆除电杆	1. 结构形式 2. 规格尺寸	根		
041001011	拆除管片	1. 材质 2. 部位	处		

注:1. 拆除路面、人行道及管道清单项目的工作内容中均不包括基础及垫层拆除,发生时按相应清单项目编码列项。
2. 伐树、挖树蔸应按现行国家标准《园林绿化工程工程量计算规范》(GB 50858)中相应清单项目编码列项。

附表 L 措施工程

脚手架工程(编号:041101) 表 L.1

项目编码	项目名称	项 目 特 征	计量单位	工程量计算规则	工 作 内 容
041101001	墙面脚手架	墙高	m^2	按墙面水平边线长度乘以墙面砌筑高度计算	1. 清理场地 2. 搭设、拆除脚手架、安全网 3. 材料场内外运输
041101002	柱面脚手架	1. 柱高 2. 柱结构外围周长		按柱结构外围周长乘以柱砌筑高度计算	

续上表

项目编码	项目名称	项目特征	计量单位	工程量计算规则	工作内容
041101003	仓面脚手架	1. 搭设方式 2. 搭设高度	m^2	按仓面水平面积计算	1. 清理场地 2. 搭设、拆除脚手架、安全网 3. 材料场内外运输
041101004	沉井脚手架	沉井高度		按井壁中心线周长乘以井高计算	
041101005	井字架	井深	座	按设计图示数量计算	1. 清理场地 2. 搭、拆井字架 3. 材料场内外运输

注：各类井的井深按井底基础以上至井盖顶的高度计算。

混凝土模板及支架(编号:041102) 表 L. 2

项目编码	项目名称	项目特征	计量单位	工程量计算规则	工作内容
041102001	垫层模板	构件类型	m^2	按混凝土与模板接触面的面积计算	1. 模板制作、安装、拆除、整理、堆放 2. 模板粘接物及模内杂物清理、刷隔离剂 3. 模板场内外运输及维修
041102002	基础模板				
041102003	承台模板				
041102004	墩(台)帽模板	1. 构件类型 2. 支模高度			
041102005	墩(台)身模板				
041102006	支撑梁及横梁模板				
041102007	墩(台)盖梁模板				
041102008	拱桥拱座模板				
041102009	拱桥拱肋模板				
041102010	拱上构件模板				
041102011	箱梁模板				
041102012	柱模板				
041102013	梁模板				
041102014	板模板				
041102015	板梁模板				
041102016	板拱模板				
041102017	挡墙模板				

续上表

项目编码	项目名称	项 目 特 征	计量单位	工程量计算规则	工 作 内 容
041102018	压顶模板	构件类型	m^2	按混凝土与模板接触面的面积计算	1. 模板制作、安装、拆除、整理、堆放 2. 模板粘接物及模内杂物清理、刷隔离剂 3. 模板场内外运输及维修
041102019	防撞护栏模板				
041102020	楼梯模板				
041102021	小型构件模板				
041102022	箱涵滑(底)板模板	1. 构件类型 2. 支模高度			
041102023	箱涵侧墙模板				
041102024	箱涵顶板模板				
041102025	拱部衬砌模板	1. 构件类型 2. 衬砌厚度 3. 拱跨径			
041102026	边墙衬砌模板				
041102027	竖井衬砌模板	1. 构件类型 2. 壁厚			
041102028	沉井井壁(隔墙)模板	1. 构件类型 2. 支模高度			
041102029	沉井顶板模板				
041102030	沉井底板模板	构件类型			
041102031	管(渠)道平基模板				
041102032	管(渠)道管座模板				
041102033	井顶(盖)板模板				
041102034	池底模板				
041102035	池壁(隔墙)模板	1. 构件类型 2. 支模高度			
041102036	池盖模板				
041102037	其他现浇构件模板	构件类型			

续上表

项目编码	项目名称	项 目 特 征	计量单位	工程量计算规则	工 作 内 容
041102038	设备螺栓套	螺栓套孔深度	个	按设计图示数量计算	1. 模板制作、安装、拆除、整理、堆放 2. 模板粘接物及模内杂物清理、刷隔离剂 3. 模板场内外运输及维修
041102039	水上桩基础支架、平台	1. 位置 2. 材质 3. 桩类型	m^2	按支架、平台搭设的面积计算	1. 支架、平台基础处理 2. 支架、平台的搭设、使用及拆除 3. 材料场内外运输
041102040	桥涵支架	1. 部位 2. 材质 3. 支架类型	m^3	按支架搭设的空间体积计算	1. 支架地基处理 2. 支架的搭设、使用及拆除 3. 支架预压 4. 材料场内外运输

注:原槽浇灌的混凝土基础、垫层不计算模板。

参考文献

[1] 中华人民共和国住房和城乡建设部,中华人民共和国国家质量监督检验检疫总局 ,建设工程工程量清单计价规范:GB 50500—2013[S]. 北京:中国计划出版社,2013.

[2] 中华人民共和国住房和城乡建设部. 市政工程工程量计算规范:GB 50857—2013[S]. 北京:中国计划出版社,2014.

[3] 山东省建设工程造价管理总站. 山东省市政工程消耗量定额(2016 版)[S]. 北京:中国计划出版社,2016.

[4] 山东省建设工程造价管理总站. 山东省建设工程费用项目组成及计算规则[S]. 北京:中国计划出版社,2016.

[5] 郭良娟. 市政工程计量与计价[M]. 3 版. 北京:北京大学出版社,2017.

[6] 袁建新. 市政工程计量与计价[M]. 3 版. 北京:中国建筑工业出版社,2012.